电子产品工艺

主　编　李宗宝　王文魁

副主编　王日龙　赵　群　王　媛

　　　　吕明珠　郭　妍　韩松楠

北京理工大学出版社
BEIJING INSTITUTE OF TECHNOLOGY PRESS

内 容 简 介

本书为适应工艺技术的新发展,以满足高新电子企业生产一线高技术岗位相关的工艺知识和工艺技能为目标,采用工作过程导向的课程教学理念,以现代电子产品生产过程为主线,以电子产品为载体,通过任务引领的项目教学方式,把现代电子产品生产工艺相应的内容融入工作任务中,具体直观地介绍了高素质劳动者所必需的电子产品制造工艺知识、基本技能和职业素养。包括电子产品制造工艺总体认识、常用电子元器件的识别与检测、通孔插装元器件电子产品的手工装配焊接、通孔插装元器件的自动焊接工艺、印制电路板的制作工艺、表面贴装工艺与设备、电子产品整机的成套装配工艺、电子产品工艺文件和质量管理等内容。

本书按照基于工作过程的任务引领课程方式按项目进行编写。编写结构打破原有的内容顺序,按照工作任务和过程进行重新序化。语言叙述结合实际,通俗易懂。全书共分 8 个项目,每个项目均以实际工作任务驱动做引领,进行理论知识引入,在此基础上进行任务实施,再进行相关知识的拓展,最后进行知识梳理和练习巩固。

本书可作为高职高专院校电子类专业及相关专业的教材,也可作为从事电子产品生产的技术人员的参考书。

版权专有　侵权必究

图书在版编目(CIP)数据

电子产品工艺 / 李宗宝,王文魁主编. —北京:北京理工大学出版社,2019.8(2022.12 重印)
ISBN 978-7-5682-7368-8

Ⅰ. ①电…　Ⅱ. ①李…②王…　Ⅲ. ①电子产品-生产工艺　Ⅳ. ①TN05

中国版本图书馆 CIP 数据核字(2019)第 169015 号

出版发行 /	北京理工大学出版社有限责任公司
社　　址 /	北京市海淀区中关村南大街 5 号
邮　　编 /	100081
电　　话 /	(010)68914775(总编室)
	(010)82562903(教材售后服务热线)
	(010)68944723(其他图书服务热线)
网　　址 /	http://www.bitpress.com.cn
经　　销 /	全国各地新华书店
印　　刷 /	三河市华骏印务包装有限公司
开　　本 /	787 毫米×1092 毫米　1/16
印　　张 /	17.75
字　　数 /	420 千字
版　　次 /	2019 年 8 月第 1 版　2022 年 12 月第 3 次印刷
定　　价 /	45.00 元

责任编辑 / 陈莉华
文案编辑 / 陈莉华
责任校对 / 杜　枝
责任印制 / 施胜娟

图书出现印装质量问题,请拨打售后服务热线,本社负责调换

前言 Preface

目前，我国高等职业技术院校的应用电子技术专业和电子信息工程技术专业大都把电子产品工艺课程作为专业的主干课程。通过本课程的学习，使学生熟知常用电子元器件的技术指标，能熟练使用常用电子仪器与检测设备对其进行测试和质检，会熟练使用一般电子产品生产设备，掌握电子产品的装接方法，能根据电子产品电路进行产品加工工艺的制定，对产品进行参数、技术指标的测试，能够进行一线车间的技术和工艺管理，并使学生具有强烈的安全、环保、成本、产品质量、团队合作等意识，养成良好的电子行业职业道德，为从事电子产品工艺工作打下坚实的基础。

现代电子产品生产自动化程度越来越高，对生产线设备的操作要求越来越严格，工艺文件的编制与执行、质量监控成为电子产品工艺的重点内容。因此，根据教学实际需要，结合设备实际，我们编写了本书。

本书是针对电子产品工艺和生产人员所从事的识读电子产品工艺文件、分拣与测试电子元器件、制作印制电路板、装配电子产品、焊接电子线路板、装配电子整机、检验电子产品质量、检修电子产品等典型工作任务进行分析后，归纳总结出其所需求的电子产品生产、组装、调试、检测、维修等能力要求而编写的。

本书编写的特点如下。

（1）本书编写基于行动导向的课程教学理念。以现代电子产品生产工艺为主体，通过任务引领的教学活动，使学生具备本专业的高素质劳动者所必需的电子产品生产工艺基础知识、基本技能和职业素养。

（2）本书按照电子产品生产工艺涉及的电子产品装配基本知识和常用的工艺、设备进行编写。紧紧围绕工作任务完成的需要来选择和组织课程内容，突出工作任务与知识的联系，让学生在完成任务的过程中，掌握电子产品工艺知识和装配技能，并养成适应电子生产企业规范和防护意识的职业素养。

（3）知识、技能、素养融为一体。以典型的小型电子产品为载体，通过任务的引领，展开相关的必要理论知识。并通过实际动手完成任务，把电子产品工艺的操作技能和基本职业素养融汇其中。

（4）本书的编写结构打破原有的内容顺序，按照工作任务和过程进行重新序化。由简单到复杂，由单一到综合，内容循序渐进；注重实际应用，突出综合能力的培养。

（5）语言叙述结合实际，通俗易懂，并有微课视频二维码。在语言叙述上力求理论联系实际，阐述通俗易懂，重要知识点编有二维码，可扫码观看，有助于教师组织教案，便于学生线上线下自主学习。

为适应工艺技术的新发展，本书以满足高新电子企业生产一线高技术岗位相关的工艺知识和工艺技能为目标，采用工作过程导向的课程教学理念，以现代电子产品生产过程为主线，以电子产品为载体，通过任务引领的项目教学活动，使学生具备本专业的高素质劳动者所必需的电子产品制造工艺知识、基本技能和职业素养。全书共分8个项目，项目1是对电子产品制造工艺总体的认识；项目2介绍了通孔插装常用电子元器件的识别与检测；项目3介绍了通孔插装元器件电子产品的手工装配焊接；项目4介绍了通孔插装元器件的自动焊接工艺，包括浸焊和波峰焊工艺；项目5介绍了印制电路板的制作工艺，包括手工制作印制电路板和印制电路板的生产工艺；项目6介绍了表面贴装元件的手工装接；项目7介绍了表面贴装元器件的贴片再流焊工艺与设备；项目8介绍了电子产品整机的成套装配工艺，包括电子产品的整机装调和质量管理。

  本书由大连职业技术学院李宗宝、辽宁建筑职业学院王文魁担任主编，辽宁轻工职业学院王日龙、渤海船舶职业学院赵群、大连职业技术学院王媛、辽宁装备制造职业技术学院吕明珠、辽宁省交通高等专科学校郭妍、辽阳天河消防自动设备制造有限公司韩松楠担任副主编。李宗宝编写了项目1至项目3，并对本书进行了统稿，王文魁编写了项目5，王日龙编写了项目4，王媛编写了项目2中的2.2节，郭妍编写了项目6，赵群编写了项目7，韩松楠提供了工艺标准和工艺文件样例。在此，对书后参考文献所列的各位作者表示真诚感谢。

  鉴于编者水平、经验有限，书中错误和疏漏在所难免，恳请广大读者批评指正。

编　者

目录

▶ **项目 1 电子产品制造工艺的认识** ·· 1

1.1　任务驱动 ·· 1
　1.1.1　任务目标 ·· 1
　1.1.2　任务要求 ·· 2
1.2　知识储备 ·· 2
　1.2.1　电子产品制造工艺技术的发展 ··· 2
　1.2.2　电子产品制造的基本工艺流程 ··· 5
　1.2.3　电子产品制造的生产防护 ··· 7
　1.2.4　电子产品制造的可靠性试验 ··· 11
1.3　任务实施 ·· 15
　1.3.1　对电子产品制造的基本认识 ··· 15
　1.3.2　网上查找电子产品制造的相关知识 ··· 15
1.4　知识拓展 ·· 15
　1.4.1　电子产品生产的标准化 ··· 15
　1.4.2　电子产品的认证 ··· 16
知识梳理 ·· 24
思考与练习 ·· 25

▶ **项目 2 通孔插装常用电子元器件的识别与检测** ··· 27

2.1　任务驱动 ·· 27
　2.1.1　任务目标 ·· 27
　2.1.2　任务要求 ·· 28
2.2　知识储备 ·· 29
　2.2.1　电阻器的识别与检测 ··· 29
　2.2.2　电容器的识别与检测 ··· 36
　2.2.3　电感器的识别与检测 ··· 42
　2.2.4　二极管的识别与检测 ··· 48
　2.2.5　三极管的识别与检测 ··· 51
　2.2.6　电声器件的识别与检测 ··· 54
　2.2.7　开关、接插件的识别与检测 ··· 58

2.2.8　印制电路板的认识 ………………………………………………………… 64
2.3　任务实施 …………………………………………………………………………… 66
　2.3.1　对各种元器件进行识别 ……………………………………………………… 66
　2.3.2　用万用表对各种元器件进行检测 …………………………………………… 67
2.4　知识拓展 …………………………………………………………………………… 67
　2.4.1　各国半导体分立器件的命名 ………………………………………………… 67
　2.4.2　继电器 ………………………………………………………………………… 70
知识梳理 …………………………………………………………………………………… 72
思考与练习 ………………………………………………………………………………… 72

▶ 项目3　通孔插装元器件电子产品的手工装配焊接 …………………………… 74

3.1　任务驱动 …………………………………………………………………………… 74
　3.1.1　任务目标 ……………………………………………………………………… 74
　3.1.2　任务要求 ……………………………………………………………………… 75
3.2　知识储备 …………………………………………………………………………… 77
　3.2.1　常用焊接材料与工具 ………………………………………………………… 77
　3.2.2　元器件引线的成形工艺 ……………………………………………………… 82
　3.2.3　导线的加工处理工艺 ………………………………………………………… 83
　3.2.4　通孔插装电子元器件的插装工艺 …………………………………………… 84
　3.2.5　通孔插装电子元器件的手工焊接工艺 ……………………………………… 86
　3.2.6　手工焊接缺陷分析 …………………………………………………………… 91
　3.2.7　手工拆焊方法 ………………………………………………………………… 94
3.3　任务实施 …………………………………………………………………………… 95
　3.3.1　手工装配焊接的工艺流程设计 ……………………………………………… 95
　3.3.2　元器件的检测与引线成形 …………………………………………………… 95
　3.3.3　元器件的插装焊接 …………………………………………………………… 96
　3.3.4　装接后的检查测试 …………………………………………………………… 96
3.4　知识拓展 …………………………………………………………………………… 97
　3.4.1　常用导线和绝缘材料 ………………………………………………………… 97
　3.4.2　黏结材料 ……………………………………………………………………… 103
知识梳理 …………………………………………………………………………………… 104
思考与练习 ………………………………………………………………………………… 105

▶ 项目4　通孔插装元器件的自动焊接工艺 ……………………………………… 106

4.1　任务驱动 …………………………………………………………………………… 106
　4.1.1　任务目标 ……………………………………………………………………… 106
　4.1.2　任务要求 ……………………………………………………………………… 107
4.2　知识储备 …………………………………………………………………………… 109

4.2.1 浸焊 ·· 109
4.2.2 波峰焊技术 ·· 111
4.2.3 波峰焊机 ·· 116
4.2.4 波峰焊接缺陷分析 ··· 119
4.3 任务实施 ·· 122
4.3.1 印制电路板插装波峰焊接工艺设计 ··· 122
4.3.2 通孔插装元器件的检测与准备 ·· 122
4.3.3 通孔插装元器件的插装 ··· 123
4.3.4 波峰焊接设备的准备 ··· 124
4.3.5 波峰焊接的实施 ··· 124
4.3.6 装接后的检查测试 ··· 124
4.4 知识拓展 自动插装设备 ··· 125
知识梳理 ··· 127
思考与练习 ··· 127

项目 5 印制电路板的制作工艺

5.1 任务驱动 ·· 129
5.1.1 任务目标 ·· 129
5.1.2 任务要求 ·· 129
5.2 知识储备 ·· 130
5.2.1 半导体集成电路的识别与检测 ·· 130
5.2.2 手工制作印制电路板工艺 ·· 133
5.2.3 印制电路板的生产工艺 ··· 136
5.3 任务实施 ·· 145
5.3.1 印制电路板手工设计 ··· 145
5.3.2 印制电路板手工制作 ··· 148
5.3.3 印制电路板插装焊接 ··· 151
5.3.4 装接后的检查测试 ··· 151
5.4 知识拓展 ·· 152
5.4.1 印制电路板的质量检验 ··· 152
5.4.2 表面组装印制电路板的制造 ·· 155
知识梳理 ··· 158
思考与练习 ··· 159

项目 6 表面贴装元件电子产品的手工装接

6.1 任务驱动 ·· 160
6.1.1 任务目标 ·· 160
6.1.2 任务要求 ·· 161

6.2 知识储备 162
6.2.1 表面贴装技术 162
6.2.2 表面贴装元器件 164
6.2.3 表面贴装工艺材料 177
6.2.4 表面贴装元器件的手工装接工艺 178
6.2.5 表面贴装工艺流程 179
6.3 任务实施 180
6.3.1 元器件的检测与准备 180
6.3.2 电路板的手工装接 181
6.3.3 装接后的检查测试 183
6.4 知识拓展 184
6.4.1 SMT 元器件的手工拆焊 184
6.4.2 BGA 集成电路的修复性植球 185
知识梳理 186
思考与练习 186

▶ 项目7 表面贴装元器件的贴片再流焊 188

7.1 任务驱动 188
任务：贴片 FM 收音机表面贴装再流焊 188
7.1.1 任务目标 188
7.1.2 任务要求 189
7.2 知识储备 191
7.2.1 表面贴装元器件的贴焊工艺 191
7.2.2 锡膏印制机 196
7.2.3 贴片机 199
7.2.4 再流焊接机 205
7.2.5 再流焊质量缺陷分析 213
7.3 任务实施 215
7.3.1 印制电路板贴片再流焊接工艺设计 215
7.3.2 电子元器件检测与准备 216
7.3.3 表面贴装电子元器件的装贴 219
7.3.4 再流焊的实施 219
7.3.5 装接后的检查测试 219
7.4 知识拓展 220
7.4.1 表面贴装产品检测装置 220
7.4.2 微组装技术 224
知识梳理 230
思考与练习 230

项目 8　电子产品整机的成套装配工艺 ································· 232

8.1　任务驱动 ·· 232
　　任务：多功能无线蓝牙音响整机装调 ······································· 232
　　8.1.1　任务目标 ·· 232
　　8.1.2　任务要求 ·· 233
8.2　知识储备 ·· 233
　　8.2.1　电子产品整机装配基础 ··· 233
　　8.2.2　电子产品整机组装工艺过程 ··· 235
　　8.2.3　电子工艺文件的识读与编制 ··· 237
　　8.2.4　电子产品整机调试 ·· 246
　　8.2.5　电子产品整机质检 ·· 254
8.3　任务实施 ·· 256
　　8.3.1　单片机试验板制作 ·· 256
　　8.3.2　多功能无线蓝牙音响制作及调试 ······································ 261
8.4　知识拓展 ·· 265
　　8.4.1　电子产品的可靠性分析 ··· 265
　　8.4.2　电子产品生产的全面质量管理 ·· 268
知识梳理 ·· 270
思考与练习 ·· 270

参考文献 ·· 272

项目 1 电子产品制造工艺的认识

1.1 任务驱动

任务：家用电子产品制造工艺的认识

现代生活中电子产品的使用无处不在，家用电子产品也很多，常用的有电视机、电冰箱、洗衣机、热水器、空调机、电饭煲、电磁炉、扫地机等。这些家用的电子产品是怎么制造出来的？制造的流程和工艺有哪些？通过本项目的学习，你会对电子产品制造的过程和工艺有个大概的整体了解。

1.1.1 任务目标

1. 知识目标

（1）掌握电子产品制造工艺的概念和相关工艺技术。
（2）了解电子产品制造工艺技术的发展概况和发展方向。
（3）掌握电子产品制造的基本工艺流程。
（4）清楚电子产品制造的主要生产防护是静电防护。
（5）清楚电子产品制造的可靠性试验。
（6）了解电子产品生产的标准化和电子产品的认证。

2. 技能目标

（1）能够叙述电子产品制造工艺的发展阶段。
（2）能够说出电子产品制造的基本工艺流程。
（3）能够识别静电防护标识。

(4) 能够识别各国主要的电子产品认证标识。

1.1.2 任务要求

(1) 通过教师讲解和自主学习，清楚电子产品制造工艺的基础知识。
(2) 通过上网查找资料，完成教师布置的可靠性试验的方法等任务。

1.2 知识储备

1.2.1 电子产品制造工艺技术的发展

1. 电子产品制造工艺概述

工艺（Technology/Craft）是指生产者利用各类生产设备和生产工具，对各种原材料、半成品进行加工或处理，使之最终成为符合技术要求产品的艺术。它是人们在生产产品过程中不断积累并经过实践总结出的操作经验和技术能力，包括生产中采用的技术、方法、流程。

对于现代化的工业产品来说，工艺不仅仅是针对原材料的加工或生产的操作而言，而是从设计到销售，包括产品制造的每个环节的整个生产过程。

对于工业企业及其所制造的产品来说，工艺工作的出发点是为了提高劳动生产率，生产优质产品以及增加生产利润的企业组织生产和指导生产的一种重要手段，它建立在对于时间、速度、能源、方法、流程、生产手段、工作环境、组织机构、劳动管理、质量控制等诸多因素的科学研究之上，指导企业从原材料采购开始，覆盖加工、制造、检验等每个环节，直到成品包装、入库、运输和销售，为企业组织有节奏的均衡生产提供科学的依据。

电子产品制造工艺是对于电子产品生产而言的，生产过程涵盖从原材料进厂到成品出厂的每个环节。这些环节主要包括原材料和元器件检验、单元电路或配件制造、将单元电路和配件组装成电子产品整机系统等过程，每个过程的工艺各不相同。

制造一台电子产品整机，会涉及很多方面的技术，且随着企业生产规模、设备、技术力量和生产产品的种类不同，其工艺技术类型也有所不同。与电子产品制造有关的工艺技术主要包括以下几种。

1）机械加工和成形工艺

电子产品的结构件是通过机械加工而成的，机械类工艺包括车、钳、刨、铣、锥、磨、铸、锻、冲等。机械加工和成形的主要功能是改变材料的几何形状，使之满足产品的装配连接。机械加工后，一般还要进行表面处理，提高表面装饰性，使产品具有新颖感，同时起到防腐抗蚀的作用。表面处理包括刷丝、抛光、印刷、油漆、电镀、氧化、铭牌制作等工艺。如果结构件为塑料件，一般采用塑料成形工艺，主要可分为压塑工艺、注塑工艺及部分吹塑工艺等。

2）装配工艺

电子产品生产制造中装配的目的是实现电气连接，装配工艺包括元器件引脚成形、插装、焊接、连接、清洗、调试等工艺。其中，焊接工艺又可分为手工烙铁焊接工艺、浸焊工艺、波峰焊工艺、再流焊工艺等；连接工艺又可分为导线连接工艺、胶合工艺、紧固件连接工艺等。

3）化学工艺

为了提高产品的防腐抗蚀能力，又使外形装饰美观，一般要进行化学处理。化学工艺包括电镀、浸渍、灌注、三防、油漆、胶木化、助焊剂、防氧化等工艺。

4）其他工艺

其他工艺包括保证质量的检验工艺、老化筛选工艺、热处理工艺等。

2. 电子产品制造工艺技术的发展概况

自从发明无线电那天起，电子产品制造技术就相伴而生了。但在电子管时代，人们仅用手工烙铁焊接电子产品，电子管收音机是当时的主要产品。随着20世纪40年代晶体管的诞生，高分子聚合物出现，以及印制电路板研制成功，人们开始尝试将晶体管以及通孔元件直接焊接在印制电路板上，使电子产品结构变得紧凑、体积开始缩小。到了20世纪50年代，英国人研制出世界上第一台波峰焊接机，在人们将晶体管等通孔元器件插装在印制电路板上后，采用波峰焊接技术实现了通孔组件的装联，半导体收音机、黑白电视机迅速在世界各地普及流行。波峰焊接技术的出现开辟了电子产品大规模工业化生产的新纪元，它对世界电子工业生产技术发展的贡献是无法估量的。

20世纪60年代，在电子表行业以及军用通信中，为了实现电子表和军用通信产品的微型化，人们开发出无引线电子元器件，即贴片件，并被直接焊接到印制电路板的表面，从而达到了电子表微型化的目的，这就是今天称为表面贴装技术（SMT）的雏形。

美国是世界上贴片件和SMT起源最早的国家，并一直重视在投资类电子产品和军事装备领域发挥SMT在高组装密度和高可靠性能方面的优势，具有很高的水平。

日本在20世纪70年代从美国引进SMT，应用于消费类电子产品领域，并投入巨资大力加强基础材料、基础技术和推广应用方面的开发研究工作。从20世纪80年代中后期起，加速了SMT在电子产业设备领域中的推广应用，仅用了4年时间就使SMT在计算机和通信设备中的应用数量增长了近30%，在传真机中增长40%，使日本很快超过了美国，在SMT方面处于世界领先地位。

欧洲各国SMT的起步较晚，但他们重视发展并有较好的工业基础，发展速度也很快。其发展水平和整机中贴片件的使用率仅次于日本和美国。20世纪80年代以来，新加坡、韩国、中国香港和中国台湾不惜投入巨资，纷纷引进先进技术，使SMT获得较快的发展。

我国SMT的应用起步于20世纪80年代初期，最初从美国、日本成套引进SMT生产线，用于彩电调谐器生产。之后应用于录像机、摄像机及袖珍式高档多波段收音机、随身听等生产中。近几年在计算机、通信设备、汽车电子、医疗设备、航空航天电子等产品中也得到广泛应用。随着改革开放的深入及中国加入WTO，一些美国、日本、新加坡厂商将SMT加工厂搬到了中国。SMT的设备制造商与中国合作，还把一些SMT设备制造业也迁入中国。例如，英国DEK公司和日本日立公司分别在东莞和南京生产印刷机，美国HELLER公司和BTU公司在上海生产回流焊炉，日本松下公司和美国环球公司分别在苏州和深圳蛇口生产贴片机等。如今我国已经成为世界最大的电子加工工厂，SMT的发展前景非常广阔。目前，我国的SMT设备已经与国际接轨，但设计、制造、工艺、管理技术等方面与国际还有差距。我们应该加强基础理论学习，开展深入的工艺研究，提高工艺水平和管理能力，努力使我国真正成为电子制造大国、电子制造强国。

3. 电子产品制造工艺技术的发展阶段

电子产品的装联工艺是建立在器件封装形式变化基础上的，即一种新型器件的出现，必然会创新出一种新的装联技术和工艺，从而促进装联工艺技术的进步。

随着电子元器件小型化、高集成度的发展，电子组装技术也经历了手工、半自动插装浸焊、全自动插装波峰焊和SMT等4个阶段，目前SMT正向窄间距和超窄间距的微组装方向发展，如表1-1所示。

表1-1 电子产品制造工艺技术的发展阶段

阶段	元件	IC器件	器件的封装形式	典型产品	产品特点	组装技术
第一代（20世纪50年代）	长引线、大型、高电压	电子管	电子管座	电子管收音机、仪器	笨重厚大、速度慢、功能少、功耗大、不稳定	扎线、配线分立元件、分立走线、金属底板、手工烙铁焊接
第二代（20世纪60年代）	轴向引线小型化元件	晶体管	有引线、金属壳封装	通用仪器、黑白电视机	质量较轻、功耗降低、多功能	分立元件、单面印的板、平面布线、半自动插装、浸焊
第三代（20世纪70年代）	单、双列直插集成电路和径间引线元件或可编带的轴向引线元件	集成电路	双列直插式金属、陶瓷、塑料封装，后期开始出现表面贴装器件（SMD）	便携式薄型仪器、彩色电视机	便携式、薄型、低功耗	双面印制板、初级多层板、自动插装、浸焊、波峰焊
第四代（20世纪80—90年代）	表面安装、异形结构	大规模、超大规模集成电路	SMD向微型化发展，有了BGA、CSP、Flip Chip、MCM	小型高密度仪器、录像机	袖珍式、轻便、多功能、微功耗、稳定可靠	SMT：从自动贴装、回流焊、波峰焊，向窄间距、超窄间距SMT发展
第五代（21世纪）	复合表面装配，三维结构	无源与有源的集成混合元件、三维立体组件	晶圆级封装（WLP）和系统级封装（SIP）	超小型高密度仪器、手机	超小型、超薄型、智能化、高可靠	微组装：SMT与IC、HIC结合，多晶圆键合

从表1-1中可以看出，电子产品制造工艺技术的发展阶段为：电子管时代→晶体管时代→集成电路时代→表面安装时代→微组装时代。期间经历的3次革命为：通孔插装→表面安装→微组装。

4. 电子产品制造工艺技术的发展方向

按照电子产品制造工艺技术的发展，可大体分为电子通孔插装技术（THT）、表面安装技术（SMT）、微电子组装技术，如表1-2所示。

表 1-2　电子产品制造工艺技术

电子产品制造工艺技术	电子通孔插装技术（THT）	
	表面安装技术（SMT）	
	微电子组装技术	厚/薄膜集成电路技术（HIC）
		多芯片组件技术（MCM）
		芯片直接贴装技术（DCA）

微电子组装技术（Microelectronics Packaging Technology 或 Microelectronics Assembling Technology，MPT 或 MAT）是目前迅速发展的新一代电子产品制造技术，包括多种新的组装技术及工艺。

表面安装技术大大缩小了印制电路板的面积，提高了电路的可靠性。但集成电路功能的增加，必然使它的 I/O 引脚增加，如 I/O 引脚的间距不变，IO 引脚数量增加 1 倍，BGA 封装的面积也会增加 1 倍，而 QFP 封装的面积将增加 3 倍。为了获取更小的封装面积、更高的电路板利用率，组装技术已向元器件级、芯片级渗透。MPT 是芯片级的组装，把裸片组装到高性能电路基片上，使之成为具有独立功能的电气模块甚至完整的电子产品。

微电子组装技术主要有 3 个研究方向：一是基片技术，即研究微电子线路的承载、连接方式，它直接导致厚/薄膜集成电路的发展和大圆片规模集成电路的提出，并为芯片直接贴装（DCA）技术和芯片组件（MCM）技术打下基础；二是芯片直接贴装技术，包括多种把芯片直接贴装到基片上以后进行连接的方法，如板载芯片（COB）技术、带自动键合（TAB）技术、倒装芯片（FC）技术等；三是多芯片组件技术，包括二维组装和三维组装等多种组件方式。这 3 个研究方向是共同促进、相辅相成的。

1.2.2　电子产品制造的基本工艺流程

1. 电子产品的分级

按 IPC-STD-001 中《电子电气组装件焊接要求》标准的规定，根据电子产品最终使用条件进行分级，可分为三级。一级为通用电子产品，指组装完整，可以满足主要使用功能要求的电子产品。二级为专用服务类电子产品，指具有持续的性能和持久的寿命，需要不间断服务的电子产品。三级为高性能电子产品，指具有持续的高性能或能严格按指令运行的电子设备和电子产品，使用环境非常苛刻，不允许停歇，需要时产品必须有效，如生命救治和其他关键的电子设备系统。

2. 电子产品制造的分级

在电子产品制造过程中，根据装配单位的大小、复杂程度和特点的不同，可将电子产品制造分成不同的等级。

（1）元件级。它是指通用电路元器件、分立元器件、集成电路等的装配，是装配级别中的最低级别。

（2）插件级。它是指组装和互连装有元器件的印制电路板或插件板等。

（3）系统级。它是将插件级组装件，通过连接器、电线电缆等组装成具有一定功能的完整的电子产品整机系统。系统级又可根据电子产品的设备规模分为插箱板级和箱柜级。

3. 电子产品制造装联工艺

随着电子技术的不断发展和新型元器件的不断出现，电子产品制造的装联技术也在不断变化和发展。电子产品制造的装联工艺如表1-3所示。

表1-3 电子产品制造装联工艺

序号	装联阶段	主要工艺
1	装联前准备阶段	元器件、电路板的可焊性测试
2		元器件引线的预处理（引线的搪锡、成形）
3		导线的端头处理
4		电路板的复验和预处理
5	电路板组装阶段	组装形式：通孔插装、表面安装、混合安装
6		电气互联：手工焊接、波峰焊接、回流焊接、压接、绕接、胶接
7		清洗：手工清洗、超声波清洗、水清洗、半水清洗、清洁度检测
8		防护与加固
9		电路的修复与改装
10	整机装配阶段	机械安装：螺纹连接与止动
11		电气互联：焊接、压接、绕接、胶接
12		电缆组装件制作
13		防护与加固

4. 电子产品制造的工艺流程

一般电子产品的生产业务流程是从采购元件到给客户提供产品的整个过程。电子产品的装配过程是先将零件、元器件组装成部件，再将部件组装成整机。电子产品的加工制造过程一般需要经过电路板的装配测试和整机的装配测试，其中电路板的装配测试包括贴片生产（SMT）、插装生产、测试等过程。整机的装配测试包括整机组装、整机老化、整机复测、产品包装等过程。电子产品的具体生产工艺流程如图1-1所示。

（1）采购：采购物料。

（2）入厂检验：抽检入厂部品，保证入厂部品的质量。

（3）准备：使元件插装方便，排列整齐，提高产品质量及后道工序工作改率。

（4）SMT生产：贴片生产，检查SMT贴片质量并进行修补。

（5）插件：将元作按具体工艺要求插装到规定位置。

（6）波峰焊接：将插装件进行波峰焊接。

（7）装焊：波峰焊接后剪脚，检查修复波峰焊接不良焊点及对无法进行波峰焊接的元件进行手工补焊。

（8）ICT测试：针床测试，部品的各引脚电压、焊接状况的测试。

（9）板卡功能测试：对电路板的各项功能进行模拟测试。

（10）整机装配：进行整机装配。

（11）整机测试：对整机的各项功能进行检测。
（12）整机老化：高温老化测试，保证机器在恶劣环境下的工作质量。
（13）产品复测：老化后再次对产品进行功能操作的检测。
（14）安全、外观检查：对机器安全方面的各项指标进行检测。
（15）包装：对产品的附件进行检查。
（16）出厂检验：对包装完成的整机进行抽检，以判断批量生产是否合格。
（17）入库、发货：检查确认合格后发货。

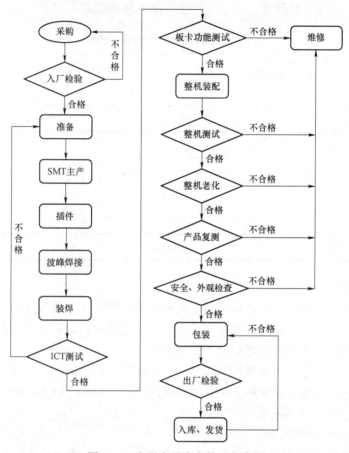

图1-1 电子产品生产的工艺流程

1.2.3 电子产品制造的生产防护

电子产品制造过程中，会受到各种环境因素的影响，为了保证电子产品的质量，在生产过程中要进行防静电、防电磁、防潮湿等生产防护。电子产品制造的主要生产防护是静电防护。

1. 静电的产生

静电，顾名思义，就是静止的电荷，任何两种不同材质的物体接触后再分离即可产生静电（表面电阻率为 $10^{11} \sim 10^{13}$ Ω·cm 的物质极易产生静电），如高分子化合物、人工合成材料（打蜡地板、人造地毯）。

静电是一种客观自然现象,产生的方式有多种,如接触、摩擦等。人体自身动作或与其他物体的摩擦,就可以产生几千伏甚至上万伏的静电。产生可以听见"啪啪"声的放电需要累积大约 2 000 V 的电荷,而 3 000 V 就可以感觉到小的电击,5 000 V 可以看见火花。

在生产环境中,操作机器、包装塑料袋、人体来回走动等,都很容易产生静电。

空气的相对湿度对静电产生影响较大。例如,在相对湿度为 10%~20%的环境中走过地毯,将产生 35 000 V 静电,而在湿度为 65%~90%的环境中走过地毯,只产生 1 500 V 静电。

一般电子工厂工作人员经常工作场所产生的静电强度如表 1-4 所示。

表 1-4 工作场所产生的静电强度

活动情形	静电强度/V	
	10%~20%相对湿度	65%~95%相对湿度
走过地毯	35 000	1 500
走过塑料地板	12 000	250
拿起塑料活页夹、袋	7 000	600
拿起塑料带	20 000	1 000
在椅子上工作	6 000	100
工作椅垫摩擦	18 000	1 500

2. 静电的特性

(1) 电气特性。高电压、低电量、小电流和作用时间短(一般情况下)。

(2) 分布特性。由于同种电荷相互排斥,导体上的静电荷总是分布在表面上,一般情况下分布是不均匀的,导体尖端的电荷分布特别密集。

(3) 放电特性。静电放电以极高的强度很迅速地发生,通常将产生足够的热量熔化半导体芯片的内部电路,在电子显微镜下观察向外吹出的小子弹孔,静电一般经过物体表面。

3. 静电在电子工业中的危害

1) 静电对电子产品的损害

静电可分为静电起电(ESA)和静电放电(Electro-Static Discharge,ESD)两个过程,静电产生后在一般情况下看不见,所以很容易被忽略,但是有些电子元件对静电是很敏感的。如带有足够高电荷的螺钉起子靠近有相反电势的集成电路(IC)时,电荷"跨接",会引起ESD。ESD 以极高的强度很迅速地发生,通常会产生大量的热量,足以熔化半导体芯片的内部电路,在电子显微镜下可看到向外吹出的小子弹孔,引起即时的和不可逆转的损坏。尤其是 MOS 元件,它使用了很薄的金属氧化层,在静电 170 V 时就会被击坏。互补金属氧化物半导体(Complementary Metal Oxide Semiconductor,CMOS)或电气可编程只读内存(Electrical Programmable Read Only Memory,EPROM)等常见元件,可分别被只有 250 V 和 100 V 的 ESD 电势差所破坏。

此外,线性集成块、数字化双极性集成块、激光器等对静电也很敏感。如果在成形、插装焊接、安装、更换这些元件时不注意静电防护，就会损伤这些元件或者影响其功能或使用寿命，从而降低产品质量，造成不必要的损失。静电引起的元件立即损坏约占 10%，其他 90% 被损伤的元件虽还可以用，但可靠性会大大降低。据统计，在电子产品生产企业中，半导体的损坏 59% 都是由静电所致。大部分器件的静电破坏电压都在几百至几千伏，而在干燥的环境中人活动所产生的静电可达几千伏到几万伏，如走路或拆装泡沫材料都可产生几千或几万伏。

2）静电对电子产品损害的特性

（1）隐蔽性。人体不能直接感知静电，除非发生静电放电，但是发生静电放电时人体也不一定能有电击的感觉，这是因为人体感知的静电放电电压为 2~3 kV，所以静电具有隐蔽性。

（2）潜在性。有些电子元器件受到静电损伤后的性能没有明显的下降，但多次累加放电会给器件造成内伤而形成隐患，因此静电对器件的损伤具有潜在性。

（3）随机性。可以这么说，从一个元件产生以后，一直到它损坏以前，所有的过程都受到静电的威胁，而这些静电的产生也具有随机性。

（4）复杂性。静电放电损伤的失效分析工作，因电子产品的精、细、微小的结构特点而费时、费事、费钱，不但要求分析人员具有较高的技术，而且往往需要使用扫描电镜等高精密仪器。即使如此，有些静电损伤现象也难以与其他原因造成的损伤加以区别，使人误把静电损伤失效当作其他失效。这在对静电放电损害未充分认识之前，常常归因于早期失效或情况不明的失效，从而不自觉地掩盖了失效的真正原因。所以，静电对电子器件损害的分析具有复杂性。

4. 电子产品生产的静电防护

1）常见防静电符号标识

（1）ESD 敏感符号。三角形内有一斜杠跨越的手，用于表示容易受到 ESD 损害的电子元件或组件，如图 1-2（a）所示。

（2）ESD 防护符号。它与 ESD 敏感符号的不同之处在于有一圆弧包围着三角形，而没有斜杠跨越的手，如图 1-2（b）所示，它用于表示被设计为对 ESD 敏感元件或设备提供 ESD 防护的器具。

(a) (b)

图 1-2 防静电标识

(a) ESD 敏感符号；(b) ESD 防护符号

一般情况下，防静电材料为黑色，但并不是所有防静电材料都是黑色的。没有 ESD 警告标识未必意味着该组件不是 ESD 敏感的，当质疑一组件的静电敏感性而无定论时，必须将其作为静电敏感组件处理。

2）电子产品生产中防静电的作用

（1）降低因静电破坏所带来的生产成本增加。由于静电对部分元件造成破坏，致使该元件完全失去功能，器件不能工作。在进行功能检查时，会表现出这样或那样的故障现象。将故障机转至维修部分进行维修，势必造成人力、物力增加，此现象约占受静电损坏元件总数的 10%。

（2）提高生产效率及产品质量。因静电损坏元件，生产直通率下降，相当一部分时间用于故障确认、原因分析，从而降低了生产效率。在生产维修时将元件进行拆、焊过程中对 PCB 走线、焊盘牢固度都会有不同程度的影响，特别是将本已固定到机器外壳上的故障板，拆下后再重新固定，对产品的牢固性会有很大影响。

（3）延长产品使用寿命。静电损坏元件约 90%为间歇性（或部分）失去功能，器件虽可工作，但不稳定，维修次数增加。在产品已经正常使用的情况下，每增加一次维修，产品质量就会不同程度地下降一次，产品寿命相应随之缩短。

3）静电的防护措施

（1）静电防护的原则。

① 在静电安全工作区域使用或作业静电敏感元件（如防静电工作台）。安全的工作区域是指所有导电性与绝缘性物体不得存在足够破坏组件的电荷，所以整个工作区域必须备有完整的导电材料和接地系统以及适当的离子化空气产生器。

② 用静电屏蔽容器（如带有特殊标志的包装袋或盒子）周转及存放静电敏感元件或电路板（如 SMT 周转架），检查静电屏蔽容器内部，如有能够引起静电放电的物品要将其取出（如塑料袋、塑料泡沫等）。不能反复使用包装容器，除非使用前检查过。

③ 定期检查所采取的静电防护措施（物品、方法）是否正常（如接地良好与否、防静电手环是否合格）。保持工作场所的整洁，把不需要的物品从工作场所挪走（如梳子、食品、软饮料盒、自粘胶带、影印件、塑料袋、聚苯乙烯泡沫材料等）。

（2）常见防静电措施。

① 最大限度地防止静电产生。

a. 增加空气湿度（30%～70%）。

b. 采用抗静电材料，如防静电包装袋、周转箱、包装箱、工作台。

c. 导电性物体接地。

d. 绝缘性物体离子中和。

② 静电泄放。带电物体失去电荷的现象称为放电。常见的放电现象有以下 3 种。

a. 接地放电。例如，戴防静电手腕带、用防静电台垫（地垫）、电源采用三相四线制（接地放电）；生产线体、工作桌面、设备充分接地（接地放电）；穿工作服（接地放电）；使电动工具充分接地（接地放电）。

b. 尖端放电，如无线手环、避雷针。

c. 静电中和。

③ 静电屏蔽。一个接地的金属网罩，可以隔离内外电场的相互影响，这就是静电屏蔽，如高压设备外围设置金属网罩、电子仪器外面安装金属外壳。避免静电敏感元件或电路板与塑料制品或工具放在一起。

静电防护工作是一项系统工程,任何环节的失误或疏漏,都会导致静电防护工作的失败。更不能存在侥幸心理,要时刻保持警惕,检查各项防护措施是否有疏漏。

1.2.4　电子产品制造的可靠性试验

1. 电子产品的可靠性

电子产品的可靠性是指电子产品在规定的条件下和规定的时间内达到规定功能的能力。其中"规定的条件"是指电子产品工作时所处的全部环境条件,包括自然因素(温度、湿度、气压等)、机械受力(振动、冲击、碰撞等)、辐射(电磁辐射等)及使用因素(工作时间、频次、供电等)。电子产品的可靠性是电子产品的内在质量特性,这种特性是在设计中奠定的、在生产中保证的、由试验加以承认的、在使用中考验并得到验证的。因此,可靠性是电子产品自身属性的组成部分。

电子产品的可靠性是与电子产业的发展紧密联系的,随着电子技术的飞速发展,科技含量较高的电子产品,尤其是与尖端技术、宇航产品密切相关的电子产品,能否有良好、准确的技术性能,能否在一定的环境中长时间、稳定地工作,性能是否可靠,是评价电子产品质量的一个重要指标。可靠性是电子产品质量的重要组成部分。

2. 电子产品可靠性试验

检验电子产品的可靠性,通常是通过对电子产品进行可靠性试验来完成的。为评价分析电子产品的可靠性而进行的试验,广义地说,包括各种环境条件下的模拟试验和现场试验。模拟试验按试验项目可分为环境试验、寿命试验和特殊试验;按试验目的可分为筛选试验、鉴定试验和验收试验;按试验性质可分为破坏性试验和非破坏性试验。

电子产品在设计、应用过程中,不断经受自身和外界气候环境及机械环境的影响,而仍能够正常工作,这就需要以试验设备对其进行验证,这个验证基本分为研发试验、试产试验、量产抽检3个部分。

目前可靠性试验设备主要分为两大类:一是环境试验设备;二是力学试验设备。环境试验设备主要包括高低温试验箱、恒温恒湿箱、高低温交变箱、高低温交变湿热试验箱、高温老化箱、低温老化箱、可编程式试验箱、臭氧老化箱、盐雾试验箱、大型步入式实验室及紫外试验箱等。而力学试验设备主要包括振动台、电磁振动台、模拟运输台、模拟运输振动台及跌落台。其中振动台又分为水平方向的、垂直方向的、水平加垂直的(分台面和同台面的两种)以及水平垂直左右的。习惯上,把水平加垂直的叫作四度空间振动台;而水平垂直左右的叫作六度空间振动台。

1) 环境试验

(1) 电子产品的环境要求。

产品的环境适应能力是通过环境试验得到评价和认证的,环境试验一般在产品的定型阶段进行,为此我国颁布了电子产品环境要求及其试验方法和标准,下面以电子测量仪器产品为例,将电子产品按照环境要求分为3组。

Ⅰ组:在良好环境中使用的仪器,操作时要细心,只允许受到轻微的振动,这类仪器都是精密仪器。

Ⅱ组:在一般环境中使用的仪器,允许受到一般的振动和冲击。实验室中常用的仪器都属这一类。

Ⅲ组：在恶劣环境中使用的仪器，允许在频繁的搬动和运输中受到较大的振动和冲击。室外和工业现场使用的仪器都属这一类。

（2）影响电子产品的主要环境因素。

电子产品在储存、运输和使用过程中，经常受到周围各种环境因素的影响，影响电子产品的环境因素有温度、湿度、大气压力、太阳辐射、雨、风、冰雪、灰尘和沙尘、盐雾、腐蚀性气体、霉菌、昆虫及其他有害动物、振动、冲击、地震、碰撞、离心加速度、声振、摇摆、电磁干扰及雷电等。识别这些环境因素，有助于研究环境对产品造成的影响，从而在产品制造过程中选择耐受环境因素的工艺、材料和结构。

① 气候因素。气候环境因素主要包括温度、湿度、气压、盐雾大气污染及日照等，这些因素对电子产品的影响主要表现在电气性能下降、温升过高、运动部位不灵活、结构损坏，甚至不能正常工作。减少气候因素对电子产品影响的方法有以下几个：

a. 在产品设计中采取防尘、防潮措施，必要时可以在电子产品中设置驱潮装置。

b. 采取有效的散热措施，控制温度的上升。

c. 选用耐蚀性良好的金属材料、耐湿性高的绝缘材料以及化学稳定性好的材料等。

d. 采用电镀、喷漆、化学涂覆等防护方法，防止霉菌、盐雾等因素对电子产品的影响。

② 机械因素。电子产品在使用、运输过程中，所受到的振动、冲击、离心加速度等机械作用，都会对电子产品产生影响。例如，元器件损坏、失效或电气参数改变，结构件断裂或过大变形，金属件的疲劳破坏等。减少机械因素对电子产品影响的方法有以下几个：

a. 在产品结构设计和包装设计中采取提高耐振动、抗冲击能力的措施。对电子产品内部的零、部件必须严格工艺要求，加强连接结构，在运输过程中采用软性内包装及强度较大的硬性外包装进行保护。

b. 采取减振缓冲措施，如加装防振垫圈等，保证产品内部的电子元器件和机械零部件在机械条件作用下不致损坏和失效。

③ 电磁干扰因素。电磁干扰在生活空间中无处不在，如来自空间的电磁干扰、来自大气层的闪电、工业和民用设备所产生的无线电能量释放以及生活中的静电等。由于电磁干扰因素的存在，随时可能造成电子电器产品的工作不稳定，使其性能降低直至功能失效。另外，电子设备本身在工作中也发出电磁干扰信号，对其他电子产品形成干扰，各种干扰重叠后又形成新的干扰源，对设备造成更大危害，这就需要在设计产品时考虑如何将电磁干扰信号抑制到最小，减少电磁干扰因素对电子产品的影响。

减少电磁干扰的方法主要有以下几个：

a. 电磁场屏蔽法，防止或抑制高频电磁场的干扰，将辐射能量限制在一定的范围内，减少对外界的影响。

b. 采取有效的接地措施，屏蔽外部的干扰信号。

④ 生物环境因素。电子产品在使用、运输过程中，受到包括霉菌、昆虫和动物等生物环境因素的影响。减少生物环境因素影响的方法主要有以下几个：

a. 抑制霉菌的发芽。霉菌最适宜的发芽温度为20～30 ℃，相应地相对湿度为80%～90%。

b. 不提供昆虫栖息的环境。对电子产品危害最大的昆虫有白蚁、蠹虫、木蜂、蟑螂等。

c. 不提供小动物进入的空间。对电子产品危害最大的动物有鼠、蛇、鸟等。

(3) 电子产品的环境试验。

为了通过试验验证环境因素对电子产品造成的影响，我国现行的国家标准对电工电子产品环境试验做出了规定。GB/T 2421 明确了电工电子产品基本环境试验规程的总则，GB/T 2422 明确了电工电子产品环境试验的术语，GB/T 2424 则明确了电工电子产品环境试验的导则，GB/T 2423 由 51 个标准组成，规定了包括高低温、恒定湿热、交变湿热、冲击、碰撞、倾跌与翻倒、自由跌落、振动、稳态加速度、长霉、盐雾、低气压及腐蚀等试验的方法。

① 环境试验的分类。环境试验就其手段来分有自然暴露试验、人工模拟试验和现场试验。自然暴露试验是将受试样品暴露在自然环境条件下进行观察和测试。人工模拟试验是通过试验仪器（温湿度箱、振动台、模拟运输台等）模拟产品在运输和使用过程中的气候及机械环境的试验；现场试验是将受试样品安装在使用现场，在实际使用条件下进行观察和测试。

② 环境试验的分组和顺序。一般电子产品通常要进行多个项目的环境试验，如高温、低温及温度变化、湿热及交变湿热冲击、碰撞、振动、低气压等，才能充分反映出产品的实际使用情况。在试验过程中，合理的分组和顺序的排列非常重要，应该按照产品要求进行试验；否则，试验的结果将会产生差异，形成不同严酷程度的效果。

(4) 环境试验的主要内容。

按照 GB 2423 规定的环境试验方法和试验标准进行电子产品的实验室模拟环境试验。由于不同产品所处环境条件各不相同，所选择的环境试验方法也就不同，还可根据不同产品及使用环境的特点进行针对性的试验。电子产品的种类很多，许多产品标准都规定了其特殊的试验项目要求，如长霉、盐雾、密封、防尘、噪声、耐热、耐燃及模拟汽车运输试验等。

① 机械环境试验。模拟电子产品在运输（包装状态）过程中和使用（非包装状态）过程中所受到的机械力作用影响时的性能变化。机械环境试验主要包括冲击、振动、跌落、弹跳、摇摆、噪声、恒定加速、堆码、模拟运输等。

② 气候环境试验。针对电子产品在储存或工作中的气候环境模拟的试验，包括温度、湿度、气压和淋雨等。

温度试验分为高温、低温、温度循环、快速温变、温度冲击等；温湿度试验分为高温高湿、高温低湿、低温低湿、温湿度循环；气压试验为气压高度试验；淋雨试验分为雨淋、积冰、冻雨试验等。

③ 生物、化学环境试验。模拟产品在储存、运输和使用中遭受的化学和霉菌环境影响的性能变化。生物环境条件包括霉菌、昆虫和动物等。化学活性物质环境条件包括盐雾、臭氧、二氧化硫等。

④ 电气环境条件。模拟产品在储存、运输和使用中遭受雷电和电磁场作用影响时的性能变化。

2) 寿命试验

评价和分析产品寿命特征的试验称为寿命试验。寿命试验是考查产品寿命规律性的试验，是产品最后阶段的试验；是在规定条件下，模拟产品实际工作状态和储存状态，投入一定样品进行的试验。试验中要记录样品失效的时间，并对这些失效时间进行统计分析，以评估产品的可靠性、失效率、平均寿命等参数。对于大部分电子产品，寿命是最主要的一个可靠性特征量。因此，可靠性试验往往指的就是寿命试验。寿命试验分为工作状态的工作寿命试验和非工作状态的储存寿命试验两种。因储存寿命试验时间太长，故通常采用工作寿命试验，即功率老化试验。为了缩短试验周期、减少样品数量和试验费用，常常采用加速寿命试验。在不改变产品的失效机理和增添新的失效因子的前提下，提高试验应力（相对于工作状态的实际应力或产品的额定承受应力），以加速产品的失效过程。

（1）电子产品的寿命。

电子产品的寿命是指它能够完成某一特定功能的时间。在日常生活中，电子产品的寿命可以从3个角度来认识。

① 产品的期望寿命。它与产品的设计和生产过程有关。原理方案的选择、材料的利用、加工的工艺水平，决定了产品在出厂时可能达到的期望寿命。可以通过寿命试验获得产品寿命的统计学数据。

② 产品的使用寿命。它与产品的使用条件、用户的使用习惯和是否规范操作有关。使用寿命的长短往往与某些意外情况是否发生有关。

③ 产品的技术寿命。IT 行业是技术更新换代最快的行业。新技术的出现使老产品被淘汰，即使老产品在物理上没有损坏、电气性能上没有任何毛病，也失去了存在的意义和使用的价值。IT 行业公认的摩尔定律是成立的，它决定了产品的技术寿命。

（2）寿命试验的内容特征。

通过统计产品在试验过程中的失效率及平均寿命等指标来表示。寿命试验分为全寿命试验、有效寿命试验和平均寿命试验。全寿命是指产品一直用到不能使用的全部时间；有效寿命是指产品并没有损坏，只是性能指标下降到了一定程度（如额定值的70%）；平均寿命主要是针对整机产品的平均无故障工作时间（MTBF），是对试验的各个样品相邻两次失效之间工作时间的平均值，简单理解就是产品寿命的平均值，MTBF 是描述产品寿命最常用的指标。

寿命试验是在实验室中模拟实际工作状态或储存状态，投入一定量的样品进行试验，记录样品数量、试验条件、失效个数、失效时间等，进行统计分析，从而评估产品的可靠性特征值。

以试验项目来划分，寿命试验可分为长期寿命试验和加速寿命试验。长期寿命试验是将产品在一定条件下储存，定期测试其参数并定期进行例行试验，根据参数的变化确定产品的储存寿命。加速寿命试验是将产品分组，每组采用不同的应力，这种应力是由专门的设备来提供的。直到试验达到规定时间或每组的试验样品有一定数量失效为止，以此来统计产品的工作寿命时间。

3）特殊试验

特殊试验是检查产品适应特殊工作环境的能力，包括烟雾试验、防尘试验、抗霉菌试验和抗辐射试验等。特殊试验只对一些在特殊环境条件下使用的产品或按用户的特殊要求而进行的试验。特殊试验是使用特殊的仪器对产品进行试验和检查，主要有以下几种：

（1）红外线检查。用红外线探头对产品局部的过热点进行检测，发现产品的缺陷。

（2）X 射线检查。使用 X 射线照射方法检查被测对象，如检查线缆内部的缺陷，发现元器件或整机内部有无异物等。

（3）放射性泄漏检查。使用辐射探测器检查元器件的漏气率。

4）现场使用试验

现场使用试验是最符合实际情况的试验，有些电子设备，不经过现场的使用就不允许大批量地投入生产。所以，通过产品的使用履历记载，就可以统计产品的使用和维修情况，提供最可靠的产品实际无故障工作时间。

1.3 任务实施

1.3.1 对电子产品制造的基本认识

（1）电子产品制造工艺的概念。
（2）电子产品制造工艺技术的发展。
（3）电子产品制造的基本工艺流程。
（4）电子产品制造的生产防护。

1.3.2 网上查找电子产品制造的相关知识

（1）电子产品制造的可靠性试验的方法。
（2）电子产品的认证标识。

1.4 知识拓展

1.4.1 电子产品生产的标准化

1. 标准与标准化
（1）标准是衡量事物的准则，是人们从事标准化活动的理论总结，是对标准化本质特征的概括。
（2）为适应科学发展和合理组织生产的需要，在产品质量、品种规格、零部件通用等方面规定的统一技术标准，称为标准化。
（3）标准和标准化二者是密切联系的。标准是标准化活动的核心，而标准化活动则是孕育标准的摇篮。

2. 电子产品生产中的标准化
电子产品生产中的标准化主要有以下 5 种。
（1）简化方法。
（2）互换性方法。
（3）通用化方法。
（4）组合方法。
（5）优选方法。

3. 管理标准
管理标准是运用标准化的方法，对企业中具有科学依据而经实践证明行之有效的各种管理内容、管理流程、管理责权、管理办法和管理凭证等所制定的标准。主要包括以下内容。

(1) 经营管理标准。
(2) 技术管理标准。
(3) 生产管理标准。
(4) 质量管理标准。
(5) 设备管理标准。

4. 生产组织标准

生产组织标准是进行生产组织形式的科学手段。它可以分为以下几类：
(1) 生产的"期量"标准。
(2) 生产能力标准。
(3) 资源消耗标准。
(4) 组织方法标准。

1.4.2 电子产品的认证

1. 认证的概念

国际标准化组织（ISO）对认证一词的定义有："用合格证书或合格标志证明某一产品、过程或服务符合特定标准或其他规范性文件的活动"（1983年）；"由可以充分信任的第三方证实某一鉴定的产品或服务充分符合特定的标准或全部的技术规范的活动"（1986年）；"由第三方确认产品、过程或服务符合特定要求并给予书面保证的程序"（1996年）。根据以上定义，可以将认证理解为认证就是出具证明的活动，这种活动能够提供产品、过程及服务符合性的证据。认证分为第一方、第二方和第三方，以第三方身份提供这种证明的活动是第三方认证，专门从事认证活动的机构就是提供这种证明的认证机构。

按照认证活动的对象，认证可以分为体系认证和产品认证。体系认证是对企业管理体系的一种规范管理活动的认证。目前，电子产品制造业比较普遍采用的认证体系有质量管理体系（ISO 9000）、环境管理体系（ISO 14000）和职业健康安全管理体系（OHSAS 18000）等。产品认证是为确认不同产品与其标准规定符合性的活动，是对产品进行质量评价检查、监督和管理的一种有效方法，通常也作为一种产品进入市场的准入手段，被许多国家采用。产品认证分为强制性认证（如我国的3C认证、欧盟的CE认证）和自愿性认证（如美国的UL认证、我国的CQC认证），世界各国一般是根据本国的经济技术水平和社会发展的程度来决定，整体经济技术水平越高的国家，对认证的需求就越强烈。从事认证活动的机构一般都要经过所在国家（或地区）的认可或政府的授权，我国的3C强制性认证，就是由国务院授权，国家认证认可监督管理委员会负责建立、管理和组织实施的认证制度。

2. 产品认证

1) 产品认证的发展

20世纪初，随着科学技术的不断发展，电子产品的品种日益增多，产品的性能和结构也更加复杂，消费者在选择和购买产品时，由于自身知识的局限性，一般只关注产品的使用性能，而对产品在使用过程中的安全却疏于考虑。因为产品的使用性能可以通过销售商的简单介绍或操作演示产生直观的效果，而产品的安全性却不能通过直观或经验来做出判断。再有，卖方对自己产品的一些夸大宣传和市场的鱼龙混杂也难以令消费者放心。因此，对消费者来说，很难做出正确的选择。假如有一个公正的第三方组织对产品质量的真实性出具证明，就可以使消费者放心得多。与此同时，一些工业化国家为了保护人身安全，也开始制定法律和技术法规，第三方产品认证由此应运而生。世界上最早实行认证的国家是英国。1903年，由英国工程标准委员会（BSI）。首先创立了世界上第一个产品认证标志，即"BS"标识（因其构图像风筝，俗称"风筝标志"），该标识按照英国的商标法进行注册，成为受法律保护的标志。

20世纪中期，产品认证在工业发达国家基本得到普及，随着市场经济的成熟及标准化水平的提高，在国际贸易日益发展的今天，产品认证作为质量管理和贯彻标准的新兴手段，正逐步为世界各国所接受并重视。目前，产品认证范围已从防火、防触电、防爆等安全概念扩展到防电磁辐射的电磁兼容。随着全球化的能源紧缺，人类对产品的能效性越加关注，许多国家都建立了认证制度，颁布了适用于本国的产品标准或法令。目前，比较知名的认证标志主要有美国的UL和FCC、欧盟的CE、德国的TÜV和VDE及GS、加拿大的CSA。此外，澳大利亚和新西兰的SAA、日本的JIS和PSE、韩国的KTL以及俄罗斯、新加坡、墨西哥等国家和地区也制定了相应的市场准入制度。

我国的产品认证制度起步较晚，自1985年以来，随着原国家技术监督局的"中国电工产品安全认证"（CCEE，"长城认证"）和原国家进出口商品检验局的"进口安全质量许可制度"（CCIB）的开展，到2002年5月1日两种产品认证制度的整合，我国才真正建立并完善了与国际接轨的、符合标准及评定程序的、较为规范的产品认证体系及制度，即中国强制认证（3C）。

2）产品认证的意义

迄今为止，世界上许多国家或地区都建立了比较完整的产品认证体系，有些是政府立法强制的，也有些获得了消费者的全面认可。如果进入这个国家或地区的产品，已经获得该国家或地区的产品认证，贴有指定的认证标志，就等于获得了安全质量信誉卡，该国的海关、进口商、消费者对其产品就能够广泛地予以接受。因为贴有认证标志的产品，表明是经过公证的第三方证明完全符合标准和认证要求的。特别是对于欧美发达国家的消费者来说，带有认证标志的产品会给予他们高度的安全感和信任感，他们只信赖或者只愿意购买带有认证标志的产品。

在国际贸易流通领域中，产品认证也给生产企业和制造商带来许多潜在的利益。首先，使认证企业从申请开始，就依据认证机构的要求自觉执行规定的标准并进行质量管理，主动承担自身的质量责任，对生产全过程进行控制，使产品更加安全和可靠，大大减少了因产品不安全所造成的人身伤害，保证了消费者的利益；其次，由于产品所加贴的安全认证标志在消费者心中的可信度，引导消费者放心购买，促进了产品销售，从而给销售商及生产企业带来更大的利润；最后，企业的产品通过其他国家或地区的认证，贴有出口国的认证标志，有利于出口产品在国际市场的地位稳固，有利于在国际市场上公平、自由竞争，成为全球范围内消除贸易技术壁垒的有效手段。

3）产品认证的形式

在ISO/IEC出版物《认证的原则与实践》中，根据现行的质量认证模式，产品的认证形式可归纳为以下8种形式。

① 型式试验。按照规定的方法对产品的样品进行检验，证明样品是否符合标准和技术规范的要求。

② 型式试验+获证后监督（市场抽样检验）。从市场或供应商仓库中随机抽样检验，证

明产品质量是否持续符合认证要求。

③ 型式试验+获证后监督（工厂抽样检验）。从生产厂库房中抽取样品进行检验。

④ 第②种和第③种的综合。

⑤ 型式试验+初始工厂检查+获证后监督。质量体系复查加工厂检查和市场抽样。

⑥ 工厂质量体系评定+获证后质量体系复查。

⑦ 批量检验。根据规定的抽样方案，对一批产品进行抽样检验。

⑧ 100%检验。

由于上述第⑤种认证形式是从型式试验、质量体系检查和评价到获证后监督的全过程，涵盖最全面而被各国普遍采用，是国际标准化组织（ISO）推荐的认证形式。我国的3C产品认证也是采用的这种认证形式。

4）产品认证的依据

产品认证的主要依据有法律法规、技术标准和技术规范及合同。

（1）法律法规依据。有许多国家都对危及生命财产安全、人类健康的产品实施认证，大都采用立法的形式，即制定法律法规、建立认证制度、规定认证程序，指导认证的具体实施。主要有以下法律法规形式：

① 国家法令、国家和政府决议。

② 专门的产品认证法律法规、认证制度，属于产品认证立法。

③ 认证标志按照商标注册的法律执行。

（2）技术标准和技术规范。产品的安全性是由设计和结构来保证的，而设计与生产是按照相应的安全标准和技术规范来进行的。因此，产品的标准和技术规范就成为认证的主要依据。认证的技术标准和规范主要有国际标准、区域性标准、国家标准、合同约定等。其中大多数区域性标准和国家标准都是依据国际标准——国际标准化组织（ISO）标准制定的，ISO电子电工产品标准由国际电工委员会（IEC）负责制定，信息技术标准由ISO/IEC共同制定，我国的大部分3C产品认证标准采用国家标准（GB）。

ISO是国际标准化组织的英文缩写。它是1947年成立的非政府组织，是一个世界范围的国家标准机构的联合体。ISO的宗旨是，促进产品和服务的国际间交流及合作，促进世界标准化及其相关活动的发展。ISO制定国际标准的原则是一致、广泛和自愿。ISO的技术工作由独立的技术委员会、分委会和工作组来执行。在这些委员会中，来自全世界的有资格的工业部门、研究所、政府权威部门、消费者组织和国际组织的代表一起决定全球标准化的问题，ISO的标准覆盖了所有的学科。IEC是国际电工委员会的英文缩写。IEC于1906年成立，是一个全球性的组织，其宗旨是致力于所有电子电工产品及相关国际技术标准的制定，所涉及的领域包括电子、电磁、电声、信息技术、音/视频等。所制定的电子电工产品的标准被世界各国电子电工领域采用。

（3）合同约定。在国内外经济贸易活动中，买卖双方在签订合同、协议时，将有关产品安全性的要求做出明确规定，包括应该遵守的技术标准和规范，具体到标准中的某些具体内容及补充内容等，都作为认证的依据。

3. 国外产品认证

1）美国UL认证

（1）UL认证的认识。

UL 是美国保险商实验室联合公司的英文缩写,是美国的安全认证标志。UL 始建于 1894 年,最早是为保险公司提供保险产品检验服务的,又称保险商实验室。由于在完成保险产品的检验服务中建立了良好的信誉,佩有 UL 标志的保险产品逐步发展成为经检验确认符合安全标准要求的,被人们认可的安全产品。1958 年,UL 被美国主管部门承认为产品认证机构,并规定认证产品上要有 UL 标志。UL 认证标志如图 1-3 所示。

图 1-3 UL 认证标志
(a) 整机;(b) 列名;(c) 分级产品;(d) 元器件

UL 安全试验所是美国最具权威性的检验处所,也是业界从事安全试验和鉴定的较大的民间机构。它是个独立的、非营利性的、为公共安全做试验的专业机构。它采用科学的测试方法来研究确定各种材料、装置、产品、设备、建筑等对生命、财产有无危害和危害的程度;确定、编写、发行相应的标准和有助于减少及防止造成生命财产受到损失的资料,同时开展实情调研业务。

目前 UL 主要从事产品认证和体系认证,并出具相关的认证证明,确保进入市场的产品符合相关的安全标准,为人身健康和财产安全提供保障。UL 认证是自愿性的,但一直被广大消费者认可。在美国市场销售的涉及安全的产品如果佩有 UL 标志,就成为消费者购买产品的首要选择,UL 标志给予了消费者安全感。

UL 拥有一套严密的组织和管理体制,开发及产品认证有严格的标准程序,但与国际上其他认证机构在运作上大同小异,主要围绕产品和材料对人类生命、财产危害程度的认定、产品制造工艺方法的鉴定等内容。UL 由安全专家、政府官员、消费者、教育界、公用事业、保险业以及标准部门的代表组成理事会,由总经理决策并进行管理。经 UL 认证的产品和厂商每年在 UL 出版的《产品指南》上公布。目前,UL 在美国本土有 5 个实验室,总部设在芝加哥北部的北布鲁克镇,同时在中国台湾和中国香港分别设立了相应的实验室。UL 的认证及服务范围已扩充到世界各地,在我国由地区代理办理认证业务。UL 为促进国际贸易的发展、消除贸易技术壁垒发挥了积极的作用。

(2) UL 申请程序。

① 申请人提出申请。申请人填写书面申请,并用中英文提供相关产品的资料;UL 对产品资料进行确认,如资料齐全,UL 以书面方式通知申请人试验所依据的 UL 标准、测试费用、测试时间、样品数量等,并请申请人提交正式申请表以及跟踪服务协议书;申请人汇款、提交申请表并以特快专递方式寄送样品,应注意 UL 给定的项目号码。

② 样品测试。UL 实验室进行产品检测,一般在美国的 UL 实验室进行,也可接受经过审核的第三方测试数据;如果检测结果符合 UL 标准要求,UL 公司发出检测报告跟踪服务细则和安全标志;细则中包括产品描述和对 UL 区域检查员的指导说明;将检测报告副本提交申请人,跟踪服务细则副本提交每个生产厂。

③ 工厂检查。UL 区域检查员进行首次工厂检查,检查产品及其零部件在生产线和仓储

的情况，确认产品结构和零件与跟踪服务细则的一致性，如果细则中有要求，进行现场目击试验，当检查结果符合要求时，申请人获得使用 UL 标志的授权。

④ 获证后监督。检查员不定期到工厂检查，检查产品结构并做现场目击试验，每年至少检查 4 次，产品结构或部件如需变更，申请人应事先通知 UL，对于较小改动不需要重复试验，UL 可以迅速修改跟踪服务细则，使检查员接受这种改动；当产品改动影响到安全性时，需要申请人重新递交样品进行必要的检测；如果产品检测结果未能达到 UL 标准要求，UL 向申请人通知存在的问题，申请人改进产品设计后，重新交验产品并及时将产品的改进内容告知 UL 工程师。

2）欧盟 CE 认证

（1）CE 认证的认识。

CE 是法语"欧洲合格认证"的缩写，也代表"欧洲统一"的意思，是欧洲共同体的认证标志。欧盟法律明确规定，CE 属强制性认证，CE 标志是产品进入欧盟的"通行证"。不论是欧盟还是其他国家的产品，在欧盟市场上自由流通，必须加贴 CE 标志。CE 只限于产品不危及人类、动物和货品安全方面的基本安全要求，CE 标志是安全合格标志而非质量合格标志。对已加贴 CE 标志进入市场的产品，如发现不符合安全要求，要责令从市场收回，持续违反有关 CE 标志规定的，将被限制或禁止进入欧盟市场。

需要加贴 CE 标志的产品涉及电子、机械、建筑、医疗器械和设备、玩具、无线电和电信终端设备、压力容器、热水锅炉、民用爆炸物、游乐船、升降设备、燃气设备、非自动衡器、爆炸环境中使用的设备和保护系统等。

（2）CE 认证申请程序。

① 申请人提出申请。申请人口头或书面提出初步申请；申请人填写申请表并将申请表、产品使用说明书和技术文件提交 CE 实验室，必要时提供一台样机。

② CE 认证机构对申请资料进行确认。确认提交资料的内容，确定检验标准及检验项目并报价；申请人确认报价，将样品和有关技术文件提交实验室；CE 向申请人发出收费通知，申请人支付认证费用；CE 实验室对产品测试及技术文件进行审阅，包括文件是否完善、文件是否按欧共体官方语言（英语、德语或法语）书写，如果不完善或未使用规定语言，通知申请人改进。

③ 样品测试。如果试验不合格，CE 实验室及时通知申请人，允许申请人对产品进行改进，直到试验合格；申请人应对原申请中的技术资料进行更改，以便反映更改后的实际情况；CE 实验室向申请人发整改费用补充收费通知；申请人支付整改费用；若测试合格，无须工厂检查，CE 实验室向申请人提供测试报告或技术文件、CE 符合证明及 CE 标志。

④ 申请人签署 CE 保证自我声明，在产品上贴 CE 标志。

（3）CE 标志的使用。

对需要加施 CE 标志的产品，在投放欧盟市场前，由制造商或其销售代理商加施 CE 标志。CE 标志应加贴在产品铭牌上，当产品本体不适于标识时，可加贴到产品的包装上。当产品涉及两个或两个以上指令要求时，必须满足所有指令要求后才能加贴 CE 标志。指令中对 CE 合格标志另有规定要求时，按指令要求进行。缩小或放大 CE 标志，应遵守规定比例。CE 标志各部分的垂直尺寸必须基本相同，不得小于 5 mm。CE 标志必须清晰可辨、不易擦掉。图 1-4 是 CE 认证标志。

图 1-4 CE 认证标志

CE 标志是符合欧洲指令标志，可以取代所有符合其他成员国家认证的标志（如德国的 GS 认证）。成员国应将 CE 标志纳入国家法规和管理程序中，产品上可加贴任何其他标志，但必须满足下列条件。

① 该标志具有与 CE 标志不同的功能，CE 为其提供了附加价值（如指令未涉及的环境问题）。

② 加贴的是不易引起混淆的法律标志，如商标等。

③ 该标志不得在含义或形式上与 CE 标志产生混淆。

3）其他知名的国家认证

（1）德国 VDE 和 TÜV、GS 认证。

① VDE 是德国电气工程师协会的简称，也是德国的产品认证标志。VDE 按照欧盟统一标准或德国工业标准进行检测，认证的产品范围包括家用及商用的电子、电气设备和材料、工业和医疗设备及电子元器件等。针对不同产品，VDE 分别以不同的认证标志来表示。

② 德国莱茵公司技术监督公司 TÜV 是德国最大的产品安全及质量认证机构，是一家德国政府公认的检验机构，也是与 FCC、CE、CSA 和 UL 并列的权威认证机构，凡是销往德国的产品，其安全使用标准必须经过 TÜV 认证。

③ GS 是欧洲市场公认的安全认证标志，意为"德国安全"。GS 认证是以德国产品安全法为依据、按照欧盟统一标准或德国工业标准进行检测的一种自愿性认证，是欧洲市场公认的德国安全认证标志。和 CE 不同的是，GS 标志并没有法律强制要求，GS 标志可以替代 VDE 标志，等同于满足欧共体 CE 标志的要求。

图 1-5（a）是一种 VDE 认证标志，适用于依据设备安全法规的产品或器具，如医疗器械、电气零部件及布线附件等；图 1-5（b）是 GS 认证标志，适用于依据设备安全法规制造的专门设备及整机产品；图 1-5（c）是 TÜV 认证标志，出现在各种 IT 产品和家用电器上。

图 1-5 几种知名的认证标志

(a) VDE 认证标志；(b) GS 认证标志；(c) TÜV 认证标志；(d) CSA 认证标志；(e) FCC 认证标志；
(f) PCT 认证标志；(g) 菱形 PSE 认证标志；(h) 圆形 PSE 认证标志

（2）加拿大 CSA 认证。

CSA 是加拿大标准协会的缩写。CSA 成立于 1919 年，是加拿大首家制定工业标准的非营利性机构，目前是加拿大最大的世界上最著名的安全认证机构，CSA 标志是世界上知名的产品安全认可标志之一。图 1-5（d）是 CSA 标志。CSA 对电子、电气、机械、办公设备、建材、环保、太阳能、医疗防火安全、运动及娱乐等方面的各类型产品提供安全认证。

（3）美国 FCC 认证。

FCC 是美国联邦通信委员会的缩写，FCC 制定了很多涉及电子设备的电磁兼容性和操作人员人身安全等一系列产品质量和性能的标准，目的是为减少电磁干扰，控制无线电的频率范围，确保电信网络、电气产品正常工作。FCC 认证的依据是"FCC 法规"和美国国家标准协会（ANSI）制定的标准，还有电子电气工程师协会（IEEE）下属的 EMC 学会制定的标准，这些标准已经广泛使用并得到世界上不少国家的技术监督部门或类似机构的认可。FCC 的认证标志如图 1-5（e）所示，加贴标志的产品表示已经通过 FCC 认证。FCC 所涉及的产品范围主要有音/视频产品、信息技术类产品、电信传输类产品及电子玩具等。

(4) 俄罗斯 GOST/PCT 认证。

自从 1995 年《产品及认证服务法》颁布之后,俄罗斯开始实行产品强制认证制度,对需要提供安全认证的商品从最初的数十种发展到现在的数千种,商品上市基本实行了准入制度,要求国内市场上市商品必须有强制认证标志。按照俄罗斯法律,商品如果属于强制认证范围,不论是在俄罗斯生产的还是进口的,都应依据现行的安全规定,通过认证并领取俄罗斯标准计量委员会核发的《商品质量证书》(GOST 证书)和《卫生安全证书》,才能进入俄罗斯市场。对于绝大多数中国商品而言,只要获得带有 PCT 标志的 GOST 国家标准证书,就等于拿到了进入俄罗斯国门的通行证。强制认证产品范围主要包括食品、家用电器、电子产品、轻工业品、化妆品、家具、玩具、陶瓷等。图 1-5 (f) 是 GOST 证书上的 PCT 标志。

(5) 日本 DENAN 认证。

日本在 2001 年 4 月 1 日颁布并开始实施"日本电气安全用电法",简称"电安法"(DENAN)。它将电气产品及材料分为特殊和非特殊两类:特殊电气产品及材料共有 111 项,必须由授权的评估机构进行强制验证,经验证合格后,加贴菱形 PSE 标志,见图 1-5 (g);非特殊电气产品及材料共有 340 项,可以采用自我声明的形式,加贴圆形 PSE 标志,如图 1-5 (h) 所示。

4. 中国强制认证(3C)

1) 3C 认证标志

3C (China Compulsory Certification) 是中国强制认证的简称,由 3 个"C"组成的图案也是强制性产品认证的标志,如图 1-6 所示。范围涉及人类健康和安全、动植物生命和健康、环境保护与公共安全的部分产品,由国家认证认可监督管理委员会统一以目录的形式发布,同时确定统一的技术法规、标准和合格评定程序、产品标志及收费标准。

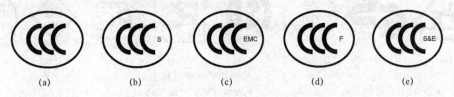

图 1-6 3C 认证标志

(a) 一般认证标志;(b) 安全认证标志;(c) 电磁兼容类认证标志;(d) 消防认证标志;(e) 安全与电磁兼容认证标志

2) 3C 认证的背景

在 2002 年 5 月 1 日以前的十几年里,我国曾存在进出口检验和质量检验两套强制性产品认证管理体系。"CCIB"(产品安全认证)用来专门认证进口产品(共发布两批目录 47 大类 139 种产品),"CCEE"(长城认证)用于认证在国内销售的产品(共发布 3 批目录 107 种产品)。出现了同一种进口产品需要两次认证、加贴两个标志、执行两种评定程序及两种收费标准的重复情况。

我国加入 WTO 后,为履行有关承诺,中国在产品认证认可管理方面实施"4 个统一",即统一目录、统一标准(技术法规、合格评定程序)、统一认证标志、统一收费。"中国强制认证(3C 认证)"应运而生,使强制性产品认证真正成为政府维护公共安全、维护消费者利益、打击伪劣产品和欺诈活动的工具。3C 也是一种产品准入制度,凡列入强制产品认证目录内的、未获得强制认证证书或未按规定加贴认证标志的产品,一律不得出厂、进口、销售和在经营服务场所使用。

3）3C 认证的管理

我国由国务院授权国家认证认可监督管理委员会（CNCA）负责强制性产品认证制度的建立、管理和组织实施。由政府的标准化部门负责制定技术法规，通过对产品本身及其制造环节的质量体系进行检查，评价产品是否符合技术法规及标准的要求，以确定产品是否可以生产、销售经营和使用。经国家质检总局和国家认证认可监督管理委员会批准，中国质量认证中心（CQC）成为第一个承担国家强制性产品认证工作的机构，接受并办理国内外企业的认证申请、实施认证并发放证书。获得 CQC 产品认证证书，加贴 CQC 产品认证标志，就意味着该产品被国家级认证机构认证为安全的、符合国家相应的质量标准。

4）3C 认证的意义和作用

强制性产品认证制度，是为维护广大消费者人身安全和财产损失、保护动植物生命安全、保护环境、保护国家安全，依照有关法律法规实施的一种对产品是否符合国家强制标准、技术规则的合格评定制度。有利于增加出口产品在国际上的可信度，提高产品在国际市场的地位，消除全球范围内的贸易技术壁垒。

5）3C 认证的流程

3C 认证的工作流程如图 1-7 所示。

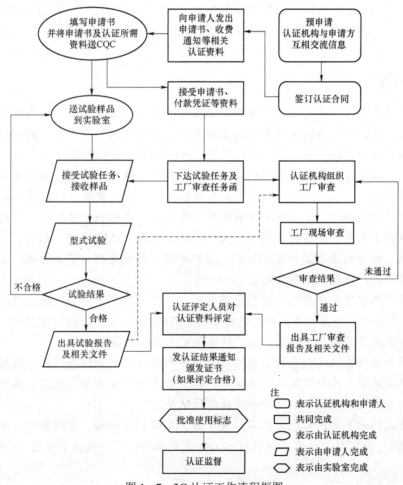

图 1-7　3C 认证工作流程框图

（1）申请人提出认证申请。

申请人通过互联网或代理机构填写认证申请表。认证机构对申请资料评审，向申请人发出收费通知和送交样品，通知申请人支付认证费用；认证机构向检测机构下达测试任务，申请人将样品送交指定检测机构检测。

（2）产品型式试验。

检测机构按照企业提交的产品标准及技术要求，对样品进行检测与试验；型式试验合格后，检测机构出具型式试验报告，提交认证机构评定。

（3）工厂质量保证能力检查。

对初次申请 3C 认证的企业，认证机构向生产厂发出工厂检查通知，向认证机构工厂检查组下达工厂检查任务；检查人员要到生产企业进行现场检查，抽取样品测试，对产品的一致性进行核查；工厂检查合格后，检查组出具工厂检查报告，对存在的问题由生产厂整改，检查人员验证；检查组将工厂检查报告提交认证机构评定。

（4）批准认证证书和认证标志。

认证机构对认证结果做出评定，签发认证证书，准许申请人购买并在产品加贴认证标志。

（5）获证后监督。

认证机构对获证生产工厂的监督每年不少于一次（部分产品生产工厂每半年一次）；认证机构对检查组递交的监督检查报告和检测机构递交的抽样检测试验报告进行评定，评定合格的企业继续保持证书。

知识梳理

（1）电子产品制造工艺是指生产者利用各类生产设备和生产工具，对各种原材料、半成品进行加工或处理，使之最终成为符合技术要求的产品的艺术。与电子产品制造有关的工艺技术主要包括机械加工和成形工艺、装配工艺、化学工艺和其他工艺。

（2）电子产品制造工艺技术的发展分为电子管时代、晶体管时代、集成电路时代、表面安装时代、微组装时代 5 个阶段。期间经历了通孔插装、表面安装、微组装 3 次革命。

（3）电子产品制造的装联技术分为装联前准备阶段、电路板组装阶段、整机装配阶段。电子产品制造的工艺流程一般包括采购、入厂检验、准备、SMT 生产、插件、波峰焊接、装焊、ICT 测试、板卡功能测试、整机装配、整机测试、整机老化、产品复测、安全检查、外观检查、包装、出厂检验、入库或发货。

（4）电子产品制造的主要生产防护是静电防护。静电对电子产品的损害有隐蔽性、潜在性、随机性、复杂性等特性。常见防静电标识有 ESD 敏感符号、ESD 防护符号。静电的防护措施常见的有最大限度地防止静电产生、静电泄放和静电屏蔽。

（5）电子产品可靠性试验包括各种环境条件下的模拟试验和现场试验。模拟试验按试验项目可分为环境试验、寿命试验和特殊试验；按试验目可分为筛选试验、鉴定试验和验收试验；按试验性质可分为破坏性试验和非破坏性试验。

（6）环境试验的主要内容包括机械环境试验、气候环境试验、生物和化学环境试验、电气环境条件试验。我国现行的国家标准对电工电子产品环境试验做出了规定，即 GB/T 2421～GB/T 2424。

（7）寿命试验是考查产品寿命规律性的试验，是产品最后阶段的试验。寿命试验分为工作状态的工作寿命试验和非工作状态的储存寿命试验两种。日常生活中电子产品的寿命可以从产品的期望寿命、使用寿命、技术寿命3个角度来认识。

（8）特殊试验是检查产品适应特殊工作环境的能力，包括烟雾试验、防尘试验、抗霉菌试验和抗辐射试验等。

（9）现场使用试验是最符合实际情况的试验，有些电子设备，不经过现场的使用就不允许大批量地投入生产。

（10）电子产品生产中的标准化主要有简化方法、互换性方法、通用化方法、组合方法、优选方法等5种。

（11）管理标准是运用标准化的方法，对企业中具有科学依据而经实践证明行之有效的各种管理内容、管理流程、管理责权、管理办法和管理凭证等所制定的标准。生产组织标准就是进行生产组织形式的科学手段。

（12）电子产品制造业普遍采用的认证体系有质量管理体系（ISO 9000）、环境管理体系（ISO 14000）和职业健康安全管理体系（OHSAS 18000）等。产品认证分为强制性认证（如我国的3C认证、欧盟的CE认证）和自愿性认证（如美国的UL认证、我国的CQC认证）。目前主要的认证标志有：美国UL认证、欧盟CE认证、德国VDE和TÜV及GS认证、加拿大CSA认证、俄罗斯GOST/PCT认证、日本DENAN认证、中国强制认证（3C）的标志。

（13）3C认证工作的机构是中国质量认证中心（CQC）；3C认证的意义和作用是为维护广大消费者人身安全和财产损失、保护动植物生命安全、保护环境、保护国家安全，有利于增加出口产品在国际上的可信度，提高产品在国际市场上的地位，消除全球范围内的贸易技术壁垒。3C认证的流程主要有申请人提出认证申请、产品型式试验、工厂质量保证能力检查、批准认证证书和认证标志、获证后监督。

思考与练习

（1）电子产品制造工艺的概念是什么？与电子产品制造有关的工艺技术主要有哪些？

（2）电子产品制造工艺技术的发展分为哪5个阶段？

（3）电子产品制造的工艺流程一般包括哪些？

（4）电子产品制造的主要生产防护是什么防护？静电对电子产品的损害有什么特性？常见防静电标识是什么？静电的防护措施常见的有哪些？

（5）电子产品可靠性试验包括哪两种？模拟试验按试验项目可分为哪3种？按试验目的可分为哪3种？按试验性质可分为哪两种？

（6）什么是环境试验？环境试验的主要内容包括哪4个方面？

（7）什么是寿命试验？寿命试验分为哪两种？日常生活中电子产品的寿命可以从哪3个角度来认识？

（8）什么是特殊试验？特殊试验包括哪些方面？

（9）电子产品生产中的标准化主要有哪5种？

（10）电子产品制造业普遍采用的体系认证有哪些？

（11）电子产品认证分为哪两种？你能说出国际上主要采用的各国产品认证是什么吗？
（12）3C认证工作的机构是什么？3C认证的意义和作用是什么？
（13）3C认证的流程是什么？
（14）图1-8所示产品认证标志分别是什么认证？

图1-8 各种产品认证标志

项目 2

通孔插装常用电子元器件的识别与检测

2.1 任务驱动

任务：调幅收音机元器件的识别与检测

电子元器件是构成电子产品最基本的要素，我们打开任何电子产品，都会看到其内部的电路板上布满着各种电子元器件。对电子元器件的准确识别与检测是电子产品生产工艺的基础。通过调幅收音机这一比较常见的电子产品元器件的识别与检测工作任务，引出电子元器件的识别与检测工艺，进而学习各种电子元器件的标注方法和检测方法。通过调幅收音机元器件的识别与检测任务的实施完成，使学生能够准确地识别各种电子元器件，掌握用万用表检测各种元器件的方法。

2.1.1 任务目标

1. 知识目标

（1）掌握电阻（位）器、电容器、电感器的种类、作用、标识方法和检测方法。
（2）掌握半导体二极管、晶体管、场效应管的种类、作用、命名、标识方法与检测方法。
（3）掌握电声元器件、光电元器件、压电元器件的种类、作用、标识方法和检测方法。
（4）掌握印制电路板的分类及印制电路板的组成要素。

2. 技能目标

（1）能够用目视法对常见电子元器件进行识别，能正确说出元器件的名称。
（2）能够正确读识电子元器件上标识的主要参数，清楚该元器件的作用和用途。
（3）能够用万用表对常见电子元器件进行正确测量，并对其质量做出正确评价。

（4）能够识别各种印制电路板，并能说出印制电路板构成的各部分术语。

2.1.2 任务要求

（1）给你一台调幅收音机散件，实物如图 2-1 所示。从中识别各种元器件并进行归类，且根据元器件上标识的主要参数对应材料清单进行正确归位，把元器件固定在材料清单的相应位置上。调幅收音机材料清单见表 2-1。

（2）用万用表对元器件进行质量检测，判断元器件质量是否符合技术指标要求。

图 2-1 调幅收音机散件实物

表 2-1 调幅收音机材料清单

序号	名称	规格	数量	安装位	序号	名称	规格	数量	安装位
1	电阻器	1 Ω	1	R_{704}	26	二极管	2CK83A	2	VD_{301}、VD_{701}
2	电阻器	100 Ω	2	R_{103}、R_{702}	27	晶体管	9011F	2	VT_{301}、VT_{302}
3	电阻器	220 Ω	1	R_{104}	28	晶体管	9011G	1	VT_{101}
4	电阻器	270 Ω	1	R_{303}	29	晶体管	9013F	2	VT_{702}、VT_{703}
5	电阻器	470 Ω	1	R_{305}	30	晶体管	9014B	1	VT_{701}
6	电阻器	1.2 kΩ	1	R_{302}	31	振荡线圈	MLL70-1（红）	1	L_{102}
7	电阻器	1.5 kΩ	1	R_{703}	32	中频变压器	MLT70-1（黄）	1	T_{301}
8	电阻器	2.2 kΩ	1	R_{102}	33	中频变压器	MLT70-3（黑）	1	T_{302}
9	电阻器	5.6 kΩ	1	R_{306}	34	输入变压器	小功率（蓝）	1	T_{701}
10	电阻器	10 kΩ	1	R_{304}	35	输出变压器	小功率（红）	1	T_{702}
11	电阻器	12 kΩ	1	R_{301}	36	耳机插座	3F-01	1	
12	电阻器	120 kΩ	1	R_{701}	37	天线线圈	12×32	1	
13	电阻器	220 kΩ	1	R_{101}	38	磁棒	4×12×55	1	
14	电阻器	560 kΩ	1	R_{705}	39	扬声器	0.25 W、8 Ω	1	
15	电位器	NWD5 kΩ	1	VR_{701}	40	螺钉	M26×4	2	
16	电容器	2 200 pF	2	C_{302}、C_{306}	41	螺钉	M26×6	1	
17	电容器	3 300 pF	1	C_{101}	42	螺钉	M26×5	1	
18	电容器	6 800 pF	1	C_{102}	43	电池夹		1	
19	电容器	0.01 μF	1	C_{702}	44	导线		4	连扬声器电池
20	电容器	0.022 μF	5	C_{303}、C_{304}、C_{305}、C_{703}、C_{704}	45	磁棒架		1	
21	电解电容	1 μF/50 V	1	C_{701}	46	度盘		1	前壳内
22	电解电容	4.7 μF/10 V	1	C_{301}	47	装饰条		1	镜片外
23	电解电容	100 μF/63 V	1	C_{705}	48	镜片		1	度盘外
24	双联	CBM-223P	1		49	旋钮		2	音量调谐
25	印制电路板		1		50	前后壳（套）		1	

2.2 知识储备

2.2.1 电阻器的识别与检测

电阻器是电子线路中应用最为广泛的元件之一，是具有电阻特性的电子元件，通常称为电阻，在电路中起分压、分流和限流等作用，在电路中用字母"R"表示。

电阻的基本单位为"欧姆"，简称"欧"，用希腊字母"Ω"来表示。除欧姆外，电阻的单位还有千欧（kΩ）和兆欧（MΩ）等，其换算关系如下：

$$1\ M\Omega = 1\ 000\ k\Omega = 10^6\ \Omega;\ 1\ k\Omega = 10^3\ \Omega$$

电阻的常用级数单位见表2–2。

表2–2 常用的级数单位

数量级	10^{12}	10^9	10^6	10^3	1	10^{-3}	10^{-6}	10^{-9}	10^{-12}	10^{-15}
单位	太	吉	兆	千	欧姆	毫	微	纳	皮	飞
字母	T	G	M	k	Ω	m	μ	n	p	f

1. 电阻器的分类

电阻器分为固定电阻器和可变电阻器（电位器）。常见的有碳膜电阻器、金属膜电阻器、合成膜电阻器、线绕电阻器、熔断电阻器、热敏电阻器、压敏电阻器、可变电阻器等。

常见电阻器的电路符号和外形如图2–2和图2–3所示。

图2–2 常见电阻器的电路符号

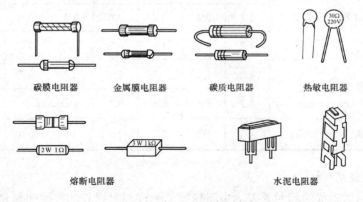

图2–3 常见电阻器的外形

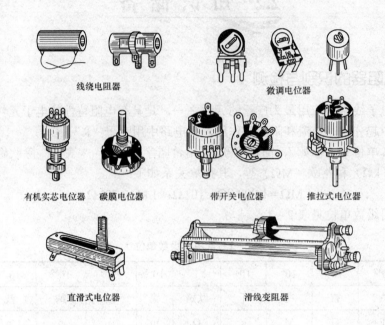

图 2-3 常见电阻器的外形（续）

2. 电阻器的主要技术参数

1）标称阻值

标称阻值是指在电阻器表面所标示的阻值。为了生产和选购方便，国家规定了阻值系列，目前电阻器标称阻值系列，即 E6、E12、E24 系列，其中 E24 系列最全。三大标称阻值系列取值见表 2-3。

表 2-3 电阻器标称阻值系列

标称值系列	允许偏差	电阻器标称阻值							
E24	Ⅰ级（±5%）	1.0	1.1	1.2	1.3	1.5	1.6	1.8	2.0
		2.2	2.4	2.7	3.0	3.3	3.6	3.9	4.3
		4.7	5.1	5.6	6.2	6.8	7.5	8.2	9.1
E12	Ⅱ级（±10%）	1.0	1.2	1.5	1.8	2.2	2.7	3.3	3.9
		4.7	5.6	6.8	8.2	—	—	—	—
E6	Ⅲ级（±20%）	1.0	1.5	2.2	3.3	4.7	6.8	—	—

2）阻值允许误差

实际阻值与标称阻值的相对误差为电阻精度，允许相对误差的范围叫作允许偏差。普通电阻的允许偏差可分为±5%、±10%、±20%等，精密电阻的允许偏差可分为±2%、±1%、

±0.5%、…、±0.001%等十多个等级。电阻的精度等级可以用符号表示，见表2–4。

表 2–4 电阻的精度等级符号

%	±0.001	±0.002	±0.005	±0.01	±0.02	±0.05	±0.1
符号	E	X	Y	H	U	W	B
%	±0.2	±0.5	±1	±2	±5	±10	±20
符号	C	D	F	G	J	K	M

3）额定功率

额定功率是指电阻器在正常大气压力及额定温度条件下，长期安全使用所能允许消耗的最大功率。电阻的额定功率系列见表 2–5。电阻的额定功率共分为 19 个等级，常用的有 1/20 W、1/8 W、1/4 W、1/2 W、1 W、2 W、5 W、10 W 及 20 W 等。

表 2–5 电阻器额定功率系列

种类	电阻器额定功率系列/W
线绕电阻	0.05　0.125　0.25　0.5　1　2　3　4　10　16　25　40　50　75　100　150　250　500
非线绕电阻	0.05　0.125　0.25　0.5　1　2　5　10　25　50　100

在电路图中各种功率的电阻器采用不同的符号表示，如图2–4所示。

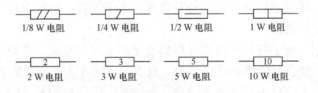

图 2–4 电阻器额定功率在电路图中的表示方法

3. 电阻器的识别

1）电阻器的型号命名

我国电阻器的型号命名由四部分组成：第一部分是产品的主称，用字母 R 表示；第二部分是产品的主要材料，用一个字母表示；第三部分是产品的分类，用一个数字或字母表示；第四部分是生产序号，一般用数字表示。

各部分的字母和数字的意义见表 2–6，如 RJ71 为精密型金属膜电阻器、RYG1 为高功率型金属氧化膜电阻、RS11 为通用型实心电阻。

表 2-6 电阻（位）器各部分的意义

第一部分		第二部分		第三部分		第四部分
用字母表示主称		用字母表示材料		用数字或字母表示特征		用数字表示序号
符号	意义	符号	意义	符号	意义	意义
R W	电阻器 电位器	T	碳膜	1	普通	包括： 额定功率 阻值 允许误差 精度等级等
		H	合成膜	2	普通	
		P	硼碳膜	3	超高频	
		U	硅碳膜	4	高阻	
		C	沉积膜	5	高温	
		I	玻璃釉膜	7	精密	
		J	金属膜	8	电阻器-高压	
		Y	氧化膜	9	电位器-特殊	
		S	有机实心	G	高功率	
		N	无机实心	T	可调	
		X	线绕	X	小型	
		R	热敏	L	测量用	
		G	光敏	W	微调	
		M	压敏	D	多圈	

2）电阻器的标识方法

（1）直标法。直标法是用阿拉伯数字和单位符号在电阻器的表面直接标出标称阻值和允许偏差的方法。对小于 1 000 的阻值只标出数值，不标单位；对 kΩ、MΩ 只标注 K、M。精度等级标Ⅰ或Ⅱ级，Ⅲ级不标明。其优点是直观，易于判读。但数字标注中的小数点不易辨识，因此又采用文字符号法。

（2）文字符号法。文字符号法是将阿拉伯数字和字母符号按一定规律的组合来表示标称阻值及允许偏差的方法。其优点是认读方便、直观，多用在大功率电阻器上。

例如，5R1 表示 5.1 Ω，R 表示欧姆（Ω）；"56 K"表示 56 kΩ，"5 K6"表示 5.6 kΩ。K、M、G、T 表示阻值单位和小数点的位置，K、M、G、T 之前的数字表示阻值的整数值，之后的数字表示阻值的小数值。

误差等级所使用的字母及其含义见表 2-4。

（3）色标法。色标法是用色环代替数字在电阻器表面标出标称阻值和允许误差的方法。其优点是标志清晰、易于看清，而且与电阻的安装方向无关。色标法有四环和五环两种，五环电阻精度高于四环电阻精度，阻值单位为 Ω。第一位色环比较靠近电阻体的端头，最后一位与前一位的距离比前几位间的距离稍远些。色环电阻各环的意义如图 2-5 所示。

① 四环电阻。第一、二位色环表示阻值的有效数字，第三位色环表示阻值的倍乘率，第四位色环表示阻值允许误差。

② 五环电阻。第一、二、三位色环表示阻值的有效数字，第四位色环表示阻值的倍乘率，第五位色环表示阻值允许误差。

电阻器的识别与检测

项目2 通孔插装常用电子元器件的识别与检测

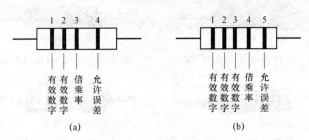

图 2-5 色环电阻各环的意义
（a）四环电阻；（b）五环电阻

色环一般采用棕、红、橙、黄、绿、蓝、紫、灰、白、黑、金、银、无色表示，它们的意义见表 2-7。

表 2-7 色环电阻器上色环的意义

颜色	四环电阻				五环电阻					
	第一位有效数字	第二位有效数字	倍乘	允许误差/%	颜色	第一位有效数字	第二位有效数字	第三位有效数字	倍乘	允许误差/%
棕色	1	1	10^1		棕色	1	1	1	10^1	±1
红色	2	2	10^2		红色	2	2	2	10^2	±2
橙色	3	3	10^3		橙色	3	3	3	10^3	
黄色	4	4	10^4		黄色	4	4	4	10^4	
绿色	5	5	10^5		绿色	5	5	5	10^5	±0.5
蓝色	6	6	10^6		蓝色	6	6	6	10^6	±0.2
紫色	7	7	10^7		紫色	7	7	7	10^7	±0.1
灰色	8	8	10^8		灰色	8	8	8	10^8	
白色	9	9	10^9		白色	9	9	9	10^9	±50~±20
黑色	0	0	10^0		黑色	0	0	0	10^0	
金色			10^{-1}	±5	金色				10^{-1}	±5
银色			10^{-2}	±10	银色				10^{-2}	
无色				±20						

例如，色环电阻表示的阻值及偏差如图 2-6 所示。

33

橙白棕金
阻值：39×10¹=390 Ω；误差：±5%

棕红黄金
阻值：12×10⁴=120 kΩ；误差：±5%

蓝红黑红棕
阻值：620×10²=62 kΩ；误差：±1%

红红黑红金
阻值：220×10²=22 kΩ；误差：±5%

棕黄黄金绿
阻值：144×10⁻¹=14.4 Ω；误差：±0.5%

图 2-6　色环电子标识的阻值及偏差

（4）数字标志法。用 3 位阿拉伯数字表示电阻器标称阻值的形式，一般多用于片状电阻器。因为片状电阻器体积较小，一般标在电阻器表面，其他参数通常省略。该方法的前两位数字表示电阻器的有效数字，第三位数字表示有效数字后面零的个数或 10 的幂数。但当第三位为 9 时，表示倍率为 0.1，即 10^{-1}。

如 121 表示 $12\times10^1=120$ Ω；202 表示 $20\times10^2=2\,000$ Ω。

电阻器的标志符号为 100，表示有效数字为 10，倍率为 10^0，即为 10 Ω。

电阻器的标志符号为 759，表示有效数字为 75，倍率为 10^{-1}，即为 7.5 Ω。

此外，还有少数片状电阻器用 4 位数字标志电阻值。例如，电阻器的标志符号为 6801，表示 6.8 kΩ。4 位数电阻值标志比 3 位数标志多了一位有效数字，第四位表示有效数字后零的个数，即倍率，其余与 3 位数标志法相同。

4. 电位器的识别

1）电位器的概念

电位器是一种连续可调的电子元件，它靠电刷在电阻体上的滑动，取得与电刷位移成一定关系的输出电压。对外有 3 个引出端，其中两个为固定端，一个为滑动端（也称中间抽头），滑动端在两个固定端之间的电阻体上做机械运动，使其与固定端之间的电阻发生变化。

2）电位器的型号命名

电位器的型号命名由四部分组成：第一部分为电位器的代号，用一个字母 W 表示；第二部分为电位器的电阻体材料代号，用一个字母表示；第三部分为电位器的类别代号，用一个字母表示；第四部分为电位器的序号，用阿拉伯数字表示。

电位器电阻体材料代号表示的意义见表 2-8。

表 2-8　电位器电阻体材料代号表示的意义

代号	H	S	N	I	X	J	Y	D	F	P	M	G
材料	合成碳膜	有机实心	无机实心	玻璃釉膜	线绕	金属膜	氧化膜	导电塑料	复合膜	硼碳膜	压敏	光敏

电位器类别代号表示的意义见表2-9。

表2-9 电位器类别代号表示的意义

代号	G	H	B	W	Y	J	D	M	X	Z	P	T
类别	高压类	组合类	片式类	螺杆驱动预调类	旋转预调类	单圈旋转精密类	多圈旋转精密类	直滑式精密类	旋转低功率类	直滑式低功率类	旋转功率类	特殊类

如WIW101为玻璃釉膜螺杆驱动预调类电位器。

3）电位器的标志

电位器的标志方法一般采用直标法，即用字母和阿拉伯数字直接将电位器的型号、类别、标称阻值和额定功率等标志在电位器上。

例如，WH112 470——合成碳膜电位器，阻值为470；WS-3A 0.1——有机实心电位器，阻值为0.1Ω；WHJ-3A 220——精密合成碳膜电位器，阻值为220Ω。

常见电位器实物如图2-7所示。

图2-7 常见电位器实物

4）电位器阻值变化规律

调整滑动端，电位器的电阻值将按照一定的规律变化。常见的电位器阻值变化规律有线性变化和非线性变化两种。

（1）线性电位器。线性电位器（X式）是指输出比U_c/U_r与行程比θ/H（θ为转角，H为总转角）成直线关系的电位器，即其阻值变化与转角成直线关系，电阻体上导电物质的分布是均匀的，故单位长度的阻值相等，每单位面积能承受的功率也相等，适用于要求调节均匀的场合。

（2）非线性电位器。非线性电位器是指输出比与行程比不成线性关系的电位器。它包括指数式电位器（Z式）、对数式电位器（D式）和其他函数规律变化（如正弦）的电位器。

① 指数式电位器是开始转动时，阻值变化较小，而在转角接近最大转角一端时，阻值的变化则比较陡。这种电位器单位面积允许承受功率不同，阻值较小一端，承受功率较大，适用于音量控制电路。

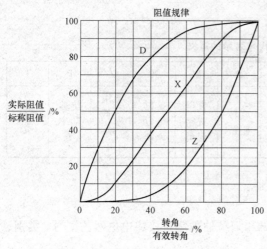

图 2-8 电位器阻值变化规律

② 对数式电位器是开始旋转时,阻值变化很大,而在转角接近最大转角一端时,比较缓慢。这种电位器适用于要求与指数式相反的电路中,如音调控制电路和对比度控制电路。

电位器阻值变化规律如图 2-8 所示。

5. 电阻(位)器的检测方法

电阻(位)器的检测一般用万用表进行测试,万用表有机械万用表和数字万用表,现在使用数字万用表较多,下面就以数字万用表测试方法为例加以介绍。

1) 电阻器的检测

根据电阻器的标称阻值将数字万用表挡位旋钮转到适当的"Ω"挡位,选择测量挡位时尽量使显示屏显示较多的有效数字。黑表笔插在"COM"插孔,红表笔插在"VΩ"插孔,两表笔不分正负分别接在被测电阻器的两端,显示屏显示出被测电阻器的阻值。如果显示"000"表示电阻器已经短路;如果仅最高位显示"1"说明电阻器开路;如果显示值与电阻器上标称值相差很大,超过允许偏差,说明该电阻器质量不合格。

2) 电位器的检测

(1) 检测标称阻值。根据电位器标称阻值的大小,将万用表置于适当的"Ω"挡位,检测方法同固定电阻器。

(2) 检测动端与电阻体的接触是否良好。万用表的一表笔与电位器的动端相接,另一表笔与任一固定端相接,慢慢旋转电位器的旋钮,从一个极端位置旋转到另一个极端位置,观察阻值是否从零(或标称值)连续变化到标称值(或零),中间是否有断路的现象。如果显示数值中间有不变或有显示"1"的情况,说明该电位器动端接触不良。

2.2.2 电容器的识别与检测

1. 电容器的概念

电容器是各类电子电路中必不可少的一种重要基本元件,它是一种储能元件,简单讲就是存储电荷的容器,两个彼此绝缘的金属极板就构成一个最简单的电容器。其特性为隔直流、通交流,在电路中常用作交流信号的耦合、交流旁路、电源滤波、谐振选频等。

电容的文字符号用大写字母"C"表示。电容的单位是法拉(F),常用的单位还有微法(μF)、纳法(nF)、皮法(PF)。它们之间的换算关系为

$$1\ F = 10^6\ \mu F = 10^9\ nF = 10^{12}\ pF$$

2. 电容器的型号命名与分类

根据国标《电子设备用固定电阻器、固定电容器型号命名》(GB 2470—1995)的规定,电容器的型号一般由四部分组成,如图 2-9 所示。

第一部分是主称,一般用字母 C 表示。

第二部分是材料,一般用字母表示。

第三部分是特征,一般用一个数字或一个字母表示。

第四部分是序号，用数字表示。

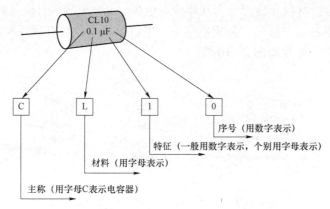

图 2-9 电容器命名示意图

第二部分和第三部分的代号及其意义见表 2-10。

表 2-10 电容器的分类代号及其意义

第二部分（材料）		第三部分（特征，依种类不同而含义不同）				
符号	含义	符号	瓷介	云母	有机	电解
C	高频瓷	1	圆形	非密封	非密封	箔式
T	低频瓷	2	管形	非密封	非密封	箔式
Y	云母	3	叠片	密封	密封	烧结粉液体
V	云母纸	4	独石	密封	密封	烧结粉固体
I	玻璃釉	5	穿心		穿心	
O	玻璃膜	6	支柱形			
B	聚苯乙烯	7				无极性
F	聚四氟乙烯	8	高压	高压	高压	
L	聚酯（涤纶）	9			特殊	特殊
S	聚碳酸酯	G	高功率			
Q	漆膜	T	叠片式			
Z	纸介	W	微调			
J	金属化纸介	D	低压			
H	复合介质	X	小型			
G	合金电解质	Y	高压			
E	其他电解质	M	密封			
D	铝电解	J	金属化			
A	钽电解	C	穿心式			
N	铌电解	S	独石			
T	钛电解					

电容器按结构可分为固定电容和可变电容,可变电容中又有半可变(微调)电容和全可变电容之分。电容器按材料介质可分为气体介质电容、纸介电容、有机薄膜电容、瓷介电容、云母电容、玻璃釉电容、电解电容、钽电容等。电容器还可分为有极性和无极性电容器。常见电容器的外形和图形符号如图2-10所示。

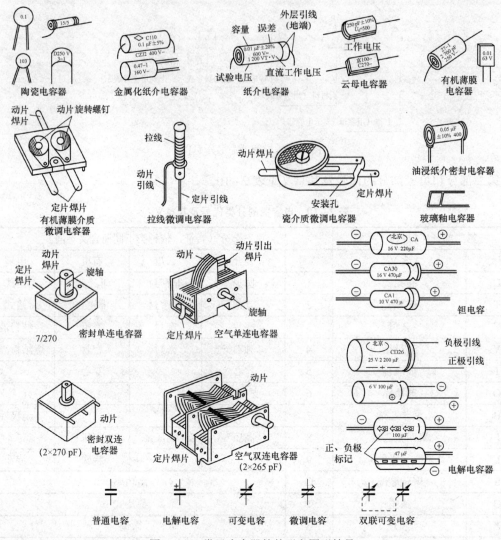

图2-10 常见电容器的外形和图形符号

3. 电容器的主要技术参数

1) 标称容量和允许偏差

电容器的识别与检测

在电容器上标注的电容量值,称为标称容量。电容器的标称容量与其实际容量之差,再除以标称值所得的百分比,就是允许误差。其标注方法与电阻器一样,有以下几种。

(1) 直标法。将电容器的容量、正负极性、耐压、偏差等参数直接标注在电容体上,主要在体积较大的元器件上标注,如电解电容、瓷介质电容等。

例如，CCG1-63 V-0.1 μF Ⅲ，分别表示Ⅰ类陶瓷介质高功率圆形电容器、耐压 63 V、标称容量 0.1 μF、允许误差Ⅲ级（即±20%）。

（2）文字符号法。文字符号法是用特定符号和数字表示电容器的容量、耐压、误差的方法。一般数字表示有效数值，字母表示数值的量级。

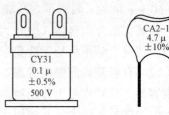

图 2-11　电容器文字符号标注法

常用的字母有 m、μ、n、p 等，字母 m 表示毫法（mF）、μ 表示微法（μF）、n 表示纳法（nF）、p 表示皮法（pF），如图 2-11 所示。

例如，10 μ 表示标称容量为 10 μF；10 p 表示标称容量为 10 pF 等。

字母有时也表示小数点。例如，2p2 表示 2.2 pF；3 μ3 表示 3.3 μF。

有时也在数字前面加字母 R 或 p 表示零点几微法或皮法。例如，p33 表示 0.33 pF；R22 表示 0.22 μF。

（3）数码法。一般用 3 位数字表示容量的大小，单位为 pF。前两位为有效数字，后一位表示倍率，即乘以 10^i，i 为第三位数字，若第三位数字为 9，则乘以 10^{-1}，如图 2-12 所示。

图 2-12　电容器数码标注法

例如，233 表示 $23×10^3$ pF=23 000 pF=0.023 μF；479 表示 $47×10^{-1}$ pF=4.7 pF；224 表示 0.22 μF。

（4）色标法。电容器的色标法与电阻器色标法类似，其单位为 pF。甚至电容器的耐压也有使用颜色表示的。

例如，某一电容器的色标为红红橙银棕蓝，分别表示容值有效数字第一位、第二位、倍率、允许偏差、电压有效数字第一位、第二位，即表示 0.022 μF±10%，耐压 1 600 V。

2）电容器的耐压

电容器的耐压是指在规定温度范围内电容器正常工作时能承受的最大直流电压。它的大小与介质种类、厚度有关。耐压值一般直接标注在电容体上，但体积很小的小容量电容不标注耐压值。固定式电容器的耐压系列值有 1.6 V、6.3 V、10 V、16 V、25 V、32* V、40 V、50 V、63 V、100 V、125* V、160 V、250 V、300* V、400 V、450* V、500 V、1 000 V 等（带 *号者只限于电解电容使用）。有些电解电容器在正极根部用色点来表示耐压等级，如 6.3 V 用棕色、10 V 用红色、16 V 用灰色。电容器在使用时不允许超过耐压值；否则电容器就可能损坏或被击穿，甚至爆裂。

4. 常用电容器的特点

（1）纸介电容器（型号为 CZ）。纸介电容器的特点是容量和耐压范围宽（1~20 μF、36 V~3 kV），成本低，体积大，化学稳定性差，易老化，纸介质耐热性差，工作温度范围

为 -60～+70 ℃，限制了在高频中的应用。纸介电容器主要用于直流和低频旁路及隔直作用。

金属化纸介电容器（型号为 CJ）的特点是体积小，容量大，成本低，寿命长，具有自愈能力。适用于频率和稳定性要求不高的电路中。

（2）有机塑料薄膜电容器。包括涤纶、聚苯乙烯、聚碳酸酯、聚丙烯、聚四氟乙烯等多种电容器。其特点是工作温度高，损耗小，耐压高，绝缘电阻大，在很大频率范围内稳定性好，但温度系数较大。其适用于高压电路、谐振回路、滤波电路中。

涤纶电容器（型号为 CL）的介质为涤纶薄膜，其电容量和耐压范围宽，体积小，容量大，耐高温，成本低。多用于稳定性和损耗要求不高的场合，如直流及脉动电路中。

（3）瓷介电容器（型号为高频 CC）。其特点是介电常数 ε 很大，体积很小，稳定性好，耐热性高，绝缘性能良好，温度系数范围宽；但机械强度低，易碎易裂。适用于高频电路、高压电路、温度补偿电路。

（4）云母电容器（型号为 CY）。其特点是介电常数大，稳定性好，损耗小，可靠性高，分布电感小，耐热性好；但来源有限，成本高、生产工艺复杂，体积大。适用于高频和高压电路。

（5）玻璃釉电容器（型号为 CI）。其特点是介电常数大，体积小，高温性能好，在 200 ℃下能长期稳定地工作，抗湿性好，在相对湿度为 90% 的条件下能正常工作。适用于交直流电路和脉冲电路。

（6）电解电容器。是以金属氧化物膜为介质，以金属和电解质为电极，金属为阳极，电解质为阴极的电容器。

电解电容器的优点是电容量大，具有一定自愈作用。其缺点是有极性要求，使用时必须注意极性；具有工作电压上限，如铝电解电容器的耐压为 500 V，钽电解电容器耐压为 160 V，固体钽电容器耐压只有 63 V；绝缘质量是所有电容器中最差的，损耗角正切较大，电性能变化大；电解液易外漏，固体钽电解电容承受大电流冲击的能力差，而铝电解电容长期搁置不容易变质。铝电解电容器（CD）价格便宜，用于滤波、旁路。钽电解电容器（CA）可靠性高，性能好，但价格贵，适用于高性能指标的电子设备。

5. 可变电容器

（1）可变电容器（型号为 CB）的结构。可变电容器是由很多半圆形动片和定片组成的平行板式结构，动片和定片之间用介质（空气、云母或聚苯乙烯薄膜）隔开，动片组可绕轴相对于定片组旋转 0°～180°，从而改变电容量的大小。可变电容器按结构可分为单联、双联和多联几种，主要用在需要经常调整电容量的场合，如收音机的频率调谐电路。常见小型可变电容器的外形如图 2-13 所示。双联可变电容器又分成两种：一种是两组最大容量相同的等容双联；另一种是两组最大容量不同的差容双联。目前最常见的小型密封薄膜介质可变电容器（CBM 型）采用聚苯乙烯薄膜作为片间介质。

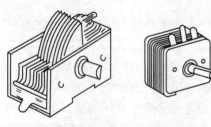

图 2-13 小型可变电容器的外形

（2）可变电容器的特点。单联可变电容器是由一组动片和一组定片以及转轴等组成，可用空气或薄膜作介质。当转动转轴时，就改变了动片和定片的相对位置，即可调整容量；当动片组全部旋出时，电容器容量最小。单联可变电容器的容量范围通常是 7～270 pF。

双联可变电容器由两组动片和两组定片以及转轴等组成，双联可变电容器的动片安装在同一根转轴上，当旋动转轴时，双联动片组同步转动。如果两联最大电容量相同，则称为等容双联，容量一般为 2×270 pF、2×365 pF；如果两联容量不等，则称为差容双联，容量一般为 60/170 pF、250/290 pF 等。

（3）微调电容器（CCW 型）。微调电容器的结构是在两块同轴的陶瓷片上分别镀有半圆形的银层，定片固定不动，旋转动片就可以改变两块银片的相对位置，从而在较小的范围内改变容量（几十 pF），如图 2-14 所示。其特点是容量较小，调整范围也小。其最小/最大容量一般为 5/20 pF、7/30 pF 等。一般在高频回路中用于不经常进行的频率微调。

6. 电容器的质量检测

（1）容量大于 5 000 pF 的电容器的检测。可用指针式万用表 $R×10$ kΩ、$R×1$ kΩ 挡测量电容器的两引线。正常情况下，表针先向 R 为零的方向摆去，然后向 $R→∞$ 的方向退回（充放电）。如果退不到 ∞，而停留在某一数值上，指针稳定后的阻值就是电容器的绝缘电阻（也称漏电电阻）。一般电容器的绝缘电阻在几十 MΩ 以上，电解电容

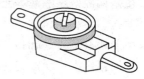

图 2-14 微调电容器

器在几 MΩ 以上。若所测电容器的绝缘电阻小于上述值，则表示电容器漏电。若表针不动，则表明电容器内部开路。

（2）小于 5 000 pF 的电容器的检测。由于充电时间很快，充电电流很小，看不出表针摆动。故可借助 NPN 型晶体管的放大作用来测量。测量电路如图 2-15 所示。电容器接到 A、B 两端，由于晶体管的放大作用，就可以测量到电容器的绝缘电阻。判断方法同上所述。

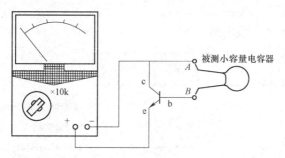

图 2-15 小容量电容器的简易测量方法

利用数字万用表可以直接测出小容量电容器的电容值。根据被测电容的标称容值，选择合适的电容量程（C_x），将被测电容器插入数字万用表的"C_x"插孔中，万用表立即显示出被测电容器的电容值。如果显示"000"，则说明该电容器已短路损坏；如果仅显示"1"，则说明该电容器已断路损坏；如果显示值与标称值相差很大，也说明电容器漏电失效，不宜使用。数字万用表测量电容的最大量程为 20 μF，对大于 20 μF 的电容无法测量数值。

（3）电解电容器的检测。测量电解电容器时，应该注意它的极性。一般地，电容器正极的引线长些。测量时电源的正极与电容器的正极相接，电源的负极与电容器负极相接，称为电容器的正接。因为电容器的正接比反接时漏电电阻大。当电解电容器引线的极性无法辨别时，可以根据电解电容器正向连接时绝缘电阻大、反向连接时绝缘电阻小的特征来判别。用万用表红、黑表笔交换来测量电容器的绝缘电阻，绝缘电阻大的一侧，连接表内电源正极的表笔所接的就是电容器的正极，另一极为负极。但用此法对漏电小的电容器不易区别极性。

注意数字式万用表的红表笔内接电源正极,而指针式万用表的黑表笔内接电源正极。

(4)可变电容器的检测。对于可变电容器的漏电或碰片短路,可用万用表的欧姆挡来检查。将万用表的两只表笔分别与可变电容器的定片和动片引出端相连,同时将电容器来回旋转几下,阻值读数应该极大且无变化。如果读数为零或某一较小的数值,说明可变电容器已发生碰片短路或漏电严重,不能使用。对于双联可变电容器,要对每一联分别进行检测。

2.2.3 电感器的识别与检测

电感器俗称电感或电感线圈,它是由导线在绝缘骨架上(也有不用骨架的)绕制而成,也是构成电路的基本元件,在电路中有阻碍交流电通过的特性。电感器在电路中常用作扼流、变压、谐振、传送信号等。在电路中用字母"L"表示。电感器的基本单位为亨利(H),常用的还有毫亨(mH)、微亨(μH)。它们之间的换算关系是 $1\,H=10^3\,mH=10^6\,\mu H$。电感器的应用范围很广泛,它在调谐、振荡、耦合、匹配、滤波、陷波、延迟、补偿及偏转聚焦等电路中都是必不可少的。

1. 电感器的型号命名和分类

1)电感器的型号命名方法

电感元件的型号一般由下列四部分组成,如图2-16所示。

第一部分是主称,用字母表示,其中L代表电感线圈,ZL代表阻流圈。

第二部分是特征,用字母表示,其中G代表高频。

第三部分是型号,用字母表示,其中X代表小型。

第四部分是区别代号,用字母表示。

例如,LGX表示小型高频电感线圈。

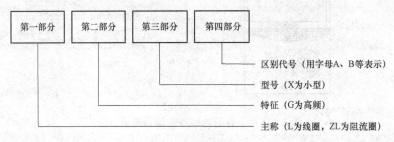

图2-16 电感器的命名方法

2)电感线圈的标志方法

(1)直标法。直标法是在小型固定电感线圈的外壳上直接用文字符号标出其电感量、允许偏差和最大直流工作电流等主要参数。其中允许偏差常用Ⅰ、Ⅱ、Ⅲ来表示,分别代表允许偏差为±5%、±10%、±20%,最大工作电流常用字母A、B、C、D、E等表示。

例如,固定电感线圈外壳上标有150 μH、A、Ⅱ的标志,则表明线圈的电感量为150 μH,允许偏差为Ⅱ级(±10%),最大工作电流50 mA(A挡),如图2-17所示。

(2)色标法。色标法是指在电感器的外壳上涂上4条不同颜色的环,来反映电感器的主要参数。前两条色环表示电感器电感量有效数字,第三条色环表

电感器的识别与检测

示倍率（即 10^n），第四条色环表示允许偏差。数字与颜色的对应关系同色标电阻，单位为微亨（μH），如图1-18所示。

图2-17 电感器的直标法

例如，电感的色标为棕绿黑银，则表示电感量为 15 μH，允许偏差在 ±10% 内。

3）电感器的分类

由于电感器的用途、工作频率、功率、工作环境不同，对电感器的基本参数和结构就有不同的要求，导致电感器类型和结构的多样化。

图2-18 电感器的色标法

电感器按工作特征分成电感量固定的和电感量可变的两种类型；按磁导体性质可分成空心电感、磁芯电感和铜芯电感；按绕制方式及其结构可分成单层、多层、蜂房式、有骨架式或无骨架式电感；按工作性质可分为天线电感线圈、振荡线圈、扼流线圈、陷波线圈、偏转线圈；按用途可分为高频扼流线圈、低频扼流线圈、调谐线圈、退耦线圈、提升线圈和稳频线圈等。

2. 电感器的主要特性参数

（1）标称电感量和偏差。在没有非线性导磁物质存在的条件下，一个载流线圈的磁通与线圈中电流成正比，其比例常数称为自感系数，简称电感，用 L 表示。标称值标记方法同电阻器、电容器一样，只是单位不同。

（2）品质因数。品质因数是表示线圈质量的一个参数，它是指线圈在某一频率的交流电压工作时，线圈所呈现的感抗和线圈的总损耗电阻之比。

在谐振回路中，线圈的 Q 值越高，回路的损耗就越小，效率就越高，滤波性能就越好。但 Q 值的提高要受到一些因素的限制，如导线的直流电阻、线圈骨架的介质损耗、屏蔽和铁芯引起的损耗以及高频工作时的集肤效应等。一般不能做得很高，通常为几十至 100，最高为 400~500。

（3）固有电容和直流电阻。线圈的匝与匝之间、线圈与地之间、线圈与屏蔽盒之间、多层绕组的层与层之间均存在分布电容。一个实际的电感器可等效为一个电感和一个电阻串联，再与一个电容并联的形式。

线圈的固有电容越小越好。可通过减小线圈骨架的直径，采用细导线绕制或采用间绕法、蜂房式绕法等措施减小。

（4）额定电流。电感线圈在正常工作时，允许通过的最大电流称为额定电流，也称为线圈的标称电流值。当工作电流大于额定电流时，线圈就会发热，甚至被烧坏。

（5）稳定性。稳定性表示线圈参数随外界条件变化而改变的程度，通常用电感温度系数和不稳定系数两个量来衡量，它们越大，表示稳定性越差。

3. 常见电感器的类型

（1）小型固定电感器。有卧式和立式两种，其电感量一般为 0.1~3 000 μH，允许误差分为 Ⅰ、Ⅱ、Ⅲ 三挡，即 ±5%、±10%、±20%，工作频率在 10 kHz~200 MHz 之间。其电流等级分别用 A、B、C、D、E 表示（即分别表示工作电流不小于 50 mA、150 mA、300 mA、700 mA、1 600 mA）。具有体积小、质量轻、结构牢固、耐振动、耐冲击、防潮性好、安装方便等优点，因而广泛用于收录机、电视机等电子设备中，一般用于滤波、扼流、延迟、振荡、陷波等电子线路中。

（2）平面电感。平面电感是在陶瓷或微晶玻璃基片上沉积金属导线而成，主要采用真空蒸发、光刻电镀及塑料包封等工艺。平面电感在稳定性、精度、可靠性方面较好，可用于几十 MHz 到几百 MHz 的高频电路中。

（3）单层线圈。单层线圈的电感量较小，约在几个微亨至几十微亨之间。单层线圈通常使用在高频电路中。为了提高线圈的 Q 值，单层线圈的骨架常使用介质损耗小的陶瓷和聚苯乙烯材料制作，如图 2-19 所示。

图 2-19　单层线圈

单层线圈的绕制又可分为密绕和间绕，如图 2-20 所示。密绕匝间电容较大，使 Q 值和稳定性有所降低。间绕虽然高 Q（150~400）和高稳定性，但电感量不能做得很大。

图 2-20　单层线圈的密绕与间绕

（4）多层线圈。多层线圈如图 2-21 所示，其电感量较大，通常大于 300 μH。多层线圈的缺点就在于固有电容较大，因为匝与匝、层与层之间都存在分布电容。同时，线圈层与层之间的电压相差较大，当线圈两端具有较高电压时，易发生跳火、绝缘击穿等。

（5）蜂房线圈。多层线圈的缺点之一就是分布电容较大。采用蜂房绕制方法，可以减少线圈的固有电容。蜂房式就是将被绕制的导线以一定的偏转角（为 19°~26°）在骨架上缠绕，如图 2-22 所示。通常缠绕是由自动或半自动的蜂房式绕线机进行的。

图 2-21　多层线圈

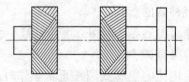

图 2-22　蜂房线圈

（6）铁氧体磁芯和铁粉芯线圈。线圈的电感量大小与有无磁芯有关。在空心线圈中插入铁氧体磁芯，可增加电感量和提高线圈的品质因数。加装磁芯后还可以减小线圈的体积，减少损耗和分布电容，如图2-23所示。

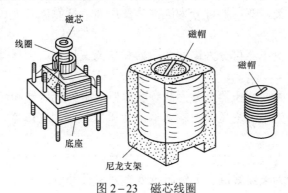

图2-23 磁芯线圈

（7）可变电感线圈。在有些场合需对电感量进行调节，用以改变谐振频率或电路耦合的松紧。当需要电感值均匀改变时，可采用3种方法：① 在线圈中插入磁芯或铁芯；② 在线圈上安装一滑动的触点；③ 将两个线圈串联，均匀改变两线圈之间的相对位置，以达到互感量的变化，从而使线圈的总电感量随之变化。可变电感线圈的符号如图2-24所示。

（8）扼流圈（阻流圈）。扼流圈分高频扼流圈和低频扼流圈。低频扼流圈用于电源和音频滤波。它通常有很大的电感，可达几个亨到几十亨，因而对于交变电流具有很大的阻抗。扼流圈只有一个绕组，在绕组中对插硅钢片组成铁芯，硅钢片中留有气隙，以减少磁饱和，如图2-25所示。

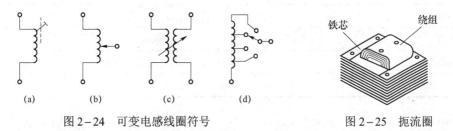

图2-24 可变电感线圈符号　　　图2-25 扼流圈

4. 电感器的检测

用万用表可以大致判断电感器的好坏，即用万用表测量电感器的阻值。将万用表置于$R \times 1\Omega$挡，测得的直流电阻为零或很小（零点几欧到几欧），说明电感器未断；当测量的线圈电阻为无穷大时，表明线圈内部或引出线已经断开。在测量时要将线圈与外电路断开，以免外电路对线圈的并联作用造成错误的判断。如果用万用表测得线圈的电阻远小于标称阻值，说明线圈内部有短路现象。

用数字万用表也可以对电感器进行通断测试。将数字万用表的量程开关拨到"通断蜂鸣"符号处，用红、黑表笔接触电感器的两端，如果阻值较小，表内蜂鸣器就会鸣叫，表明该电感器可以正常使用。

5. 变压器

变压器也是一种电感器，它是由初级线圈、次级线圈、铁芯或磁芯等组成，利用两个电感线圈在靠近时产生的互感应现象进行工作。在电子电路中变压器常作为电压变换器、阻抗变换器等。变压器的文字符号为"T"。

1）变压器的分类

（1）按导磁材料分类，变压器可分为硅钢片变压器、低频磁芯变压器、高频磁芯变压器3种。

（2）按用途分类，变压器可分为电源变压器和隔离变压器、调压变压器、输入输出变压器、脉冲变压器4种。

（3）按工作频率分类，变压器可分为低频变压器、中频变压器和高频变压器三大类。

低频变压器又可分为电源变压器、输入输出变压器、线间变压器、用户变压器和耦合变压器等。

中频变压器又可分为收音机中频变压器、电视机中频变压器等。

高频变压器又可分为天线线圈、天线阻抗变换器和脉冲变压器等。

2）变压器的型号命名

（1）变压器的型号命名方法。变压器型号的命名方法由三部分组成：第一部分是主称，用字母表示；第二部分是功率，用数字表示，计量单位用伏安（VA）或瓦（W）表示，但RB型变压器除外；第三部分是序号，用数字表示。其主称部分字母表示的意义见表2-11。

表2-11 变压器主称字母及意义

字母	意义
DB	电源变压器
CB	音频输出变压器
RB	音频输入变压器
GB	高频变压器
SB 或 ZB	音频（定阻式）输出变压器
SB 或 EB	音频（定压式）输出变压器

（2）中频变压器的型号命名方法。中频变压器的型号由三部分组成：第一部分为主称，用字母表示；第二部分为外形尺寸，用数字表示；第三部分为级数，用数字表示。各部分字母和数字所表示的意义见表2-12。

表2-12 中频变压器型号各部分所表示的意义

主称		外形尺寸		级数	
字母	名称、特征、用途	数字	外形尺寸/（mm×mm×mm）	数字	中频级数
I	中频变压器	1	7×7×12	1	第一级中频变压器
L	线圈或振荡线圈	2	10×10×14	2	第二级中频变压器
T	磁性瓷心式	3	12×12×16	3	第三级中频变压器
F	调幅收音机用	4	20×25×36		
S	短波段				

3) 变压器的主要特征参数

（1）变压比。变压比又称为变阻比、圈数比。它是指变压器的初级线圈的电压（阻抗）与次级线圈的电压（阻抗）之比。定义为

$$n = \frac{U_1}{U_2} = \frac{N_1}{N_2}$$

若 $n \geq 1$，则该变压器称为降压变压器。

若 $n \leq 1$，则该变压器称为升压变压器。

（2）额定功率。变压器在特定频率和电压条件下，能长时间连续稳定地工作，而未超过规定温升的输出功率称为额定功率。单位为 W 或 kW。常用电子产品中变压器的额定功率一般为几百瓦。

（3）效率。变压器输出功率与输入功率之比称为效率，常用百分数表示。其大小与设计参数、材料、工艺及功率有关。对于 20 W 以下的变压器，其效率为 70%～80%。对于 100 W 以上的变压器，其效率可大于 95%。

（4）空载电流。空载电流是指变压器在工作电压下次级空载时初级线圈流过的电流。空载电流越大，变压器的损耗越大，效率越低。

（5）绝缘电阻和抗电强度。它产生于变压器线圈之间、线圈与铁芯之间以及引线之间。小型电源变压器绝缘电阻要求不小于 500 MΩ，抗电强度应大于 2 000 V。

4) 常用变压器

（1）低频变压器。低频变压器可分为音频变压器与电源变压器两种，在电路中又可以分为输入变压器、输出变压器、级间耦合变压器、推动变压器及线间变压器等。

① 音频输入、输出变压器。音频变压器在放大电路中的主要作用是耦合、倒相、阻抗匹配等。要求音频变压器频率特性好、漏感小、分布电容小。

输入变压器是接在晶体管放大器的低放和功放之间的耦合变压器；输出变压器是接在放大器输出端和负载端（扬声器等）的变压器。输入、输出变压器有标记，包有绿色纸的表示输入，包有红色纸的表示输出。

当产品上无标记时，应根据输入、输出变压器直流电阻的不同来判断。输出变压器次级的两根引线最粗，直流电阻最小。输入变压器次级的两根引线直流电阻最大。

② 电源变压器。即将工频市电（交流 220 V）转换为各种额定功率和额定电压的变压器，如图 2-26 所示。电源变压器均是由铁芯、线圈等组成。

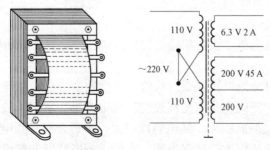

图 2-26 电源变压器

（2）中频变压器。中频变压器又称中周，是超外差式无线电接收设备中的主要元器件之

一。广泛用于调幅、调频收音机以及电视接收机、通信接收机等电子设备中。适用范围从几千赫兹至几十兆赫兹,如图2-27所示。

图2-27 中频变压器

(3)高频变压器。高频变压器即高频线圈,通常是指工作于射频范围的变压器。收音机的磁性天线是将线圈绕制在磁棒上,并和一只可变电容器组成调谐回路,如图2-28所示。磁棒一般由铁氧体制成,磁棒的长度对收音机的灵敏度影响较大,磁棒越长,灵敏度越高。

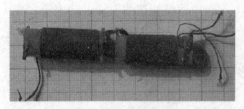

图2-28 高频线圈

5)变压器的质量检测

变压器的质量检测首先从两方面考虑,即开路和短路。开路检查用万用表欧姆挡很容易完成,可将万用表置于$R \times 1$挡,分别测量变压器各绕组的阻值,一般初级绕组的阻值大约为几十欧到几百欧。变压器功率越大,使用的导线越粗,阻值越小;变压器功率越小,使用的导线越细,阻值越大。次级绕组由于绕制匝数少,绕组阻值大约为几欧到几十欧。如果测量中电阻为零,说明此绕组有短路现象;阻值无穷大,说明有开路故障。但需要注意的是,测试时应切断变压器与其他元器件的连接。另外,变压器各绕组之间以及绕组和铁芯之间的绝缘电阻应为无穷大。

2.2.4 二极管的识别与检测

一个PN结加上外面封壳就构成一个半导体二极管,半导体二极管具有单向导电性,其主要作用是整流、检波、直流稳压。

1. 半导体二极管的分类

(1)按材料分,可分为锗二极管和硅二极管。锗管比硅管正向压降低(锗管0.2~0.3 V、硅管0.5~0.7 V)。

(2)按照结构分,可分为点接触型二极管、面接触型二极管和硅平面开关管3类。点接触型二极管的结电容小,正向电流和允许加的反向电压小,常用于检波、变频等电路。面接触型二极管的PN结的接触面积大,结电容比较大,不适合在高频电路中使用,但它可以通过较大的正向电流和允许加较大的反向电压,多用于频率较低的整流电路。硅平面开关管是一种较新的管型,结面积较大时,可以通过较大的电流,适用于大功率整流;结面积较小时,适用于在脉冲数字电路中作开关管。

（3）按特性分，可分为：普通二极管，包括整流二极管、检波二极管、稳压二极管、恒流二极管、开关二极管等；特殊二极管，包括微波二极管、变容二极管、雪崩二极管、隧道二极管、PIN 管等；敏感二极管，包括光敏二极管、热敏二极管、压敏二极管、磁敏二极管；发光二极管。

常用半导体二极管的符号与外形如图 2-29 所示。

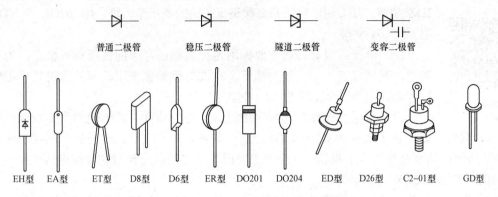

图 2-29　常用二极管的符号与外形

2. 半导体二极管的命名方法

我国对半导体元器件型号进行统一命名。国产二极管的命名由 5 部分组成，如图 2-30 所示。其中第二、三部分各字母含义见表 2-13。

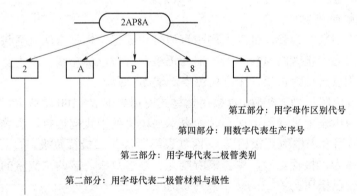

图 2-30　二极管的命名方法

表 2-13　二极管第二、三部分各字母含义

第二部分		第三部分			
字　母	意　义	字　母	意　义	字　母	意　义
A	N 型锗材料	P	普通二极管	S	隧道二极管
B	P 型锗材料	W	稳压二极管	U	光电二极管
C	N 型硅材料	Z	整流二极管	N	阻尼二极管
D	P 型硅材料	K	开关二极管	L	整流堆

例如，某二极管的标号为2CW15，其含义为N型硅材料稳压二极管，序号为15；再如，某二极管的标号为2BS21，其含义为P型锗材料隧道二极管，序号为21。

3. 常用二极管

（1）整流二极管。其用于整流电路，即把交流电变换成脉动的直流电。整流二极管为面接触型，其结电容较大，因此工作频率范围较窄（在3 kHz以内）。常用的型号有2CZ型、2DZ型等，还有用于高压和高频整流电路的高压整流堆，如2CGL型、DH26型、2CL51型等。

二极管的识别与检测

（2）检波二极管。其主要作用是把高频信号中的低频信号检出，为点接触型，其结电容小，一般为锗管。检波二极管常采用玻璃外壳封装，主要型号有2AP型和1N4148型（国外型号）等。

（3）稳压二极管。它也叫稳压管，是用特殊工艺制造的面结型硅半导体二极管，其特点是工作于反向击穿区，实现稳压；其被反向击穿后，当外加电压减小或消失时，PN结能自动恢复而不至于损坏。稳压管主要用于电路的稳压环节和直流电源电路中，常用的有2CW型和2DW型。

（4）变容二极管。变容二极管是利用外加电压可以改变二极管的空间电荷区宽度，从而改变电容量大小的特性而制成的非线性电容元件。反偏电压越大，PN结的绝缘层加宽，其结电容越小。例如，2CB14型变容二极管，当反向电压在3～25 V区间变化时，其结电容在20～30 pF之间变化。它主要用在高频电路中作自动调谐、调频、调相等，如在彩色电视机的高频头中作电视频道的选择。

4. 二极管极性的识别

（1）根据标志识别二极管。外壳上均印有型号和标记。标记方法有箭头、色点、色环3种。箭头所指方向为二极管的负极，另一端为正极；有白色标志线一端为负极，另一端为正极；一般印有红色点一端为正极，印有白色点一端为负极。

（2）根据正反电阻识别二极管。直接用指针式万用表的$R \times 100 \ \Omega$或$R \times 1 \ k\Omega$挡测量二极管的直流电阻，万用表上呈现阻值很小时，表示二极管处于正向连接，黑表笔所接为二极管正极（黑表笔与万用表内电池正极相连），而红表笔所接为二极管负极。如果表上显示阻值很大，则红表笔所接为二极管正极，黑表笔所接为二极管负极。若两次测量的阻值都很大或很小，则表明二极管已损坏。

用数字万用表二极管测量挡进行测量时，正向压降小，反向溢出（显示"1"），可判断二极管是好的，正向导通时，红表笔所接的一端为正极。否则可判断二极管损坏。

5. 二极管的检测

1）普通二极管的测量

（1）好坏的判断。将万用表置于$R \times 100 \ \Omega$或$R \times 1 \ k\Omega$挡，黑表笔接二极管正极，红表笔接二极管负极，这时正向电阻的阻值一般应在几十欧到几百欧之间，当红、黑表笔对调后，反向电阻的阻值应在几百千欧以上，则可初步判定该二极管是好的。

如果测量结果阻值都很小，接近0 Ω时，说明二极管内部PN结击穿或已短路。如果阻值均很大，接近无穷大，则该管子内部已断路。

（2）硅管和锗管的判断。若不知被测的二极管是硅管还是锗管，可根据硅、锗管的导通压降不同来判别。将二极管接在电路中，当其导通时，用万用表测其正向压降，如为0.6～0.7 V

即为硅管;如为 0.1~0.3 V 即为锗管。

2)稳压二极管的测试

(1)极性的判别。与上述普通二极管的判别方法相同。

(2)检查好坏。将万用表置于 $R\times 10\ \text{k}\Omega$ 挡,黑表笔接稳压二极管的负极,红表笔接正极,若此时的反向电阻很小(与使用 $R\times 1\ \text{k}\Omega$ 挡时的测试值相比较),说明该稳压二极管正常。因为万用表 $R\times 10\ \text{k}\Omega$ 挡的内部电压都在 9 V 以上,可达到被测稳压二极管的击穿电压,使其阻值大大减小。

2.2.5 三极管的识别与检测

三极管(也称晶体管)由两个 PN 结组成。3 个极分别为发射极、基极、集电极。发射极、基极之间为发射结(e 结),集电极、基极之间为集电结(c 结)。晶体管主要用于放大、电子开关、控制器件。

1. 晶体管的分类

晶体管的种类很多,按材料可分为锗晶体管、硅晶体管;按 PN 结组合方式可分为 NPN 晶体管、PNP 晶体管;从结构上可分为点接触型和面结合型;按工作频率可分为高频管($f_a>3\ \text{MHz}$)、低频管($f_a<3\ \text{MHz}$);按功率可分为大功率管($P_c>1\ \text{W}$)、中功率管(P_c 为 0.7~1 W)、小功率管($P_c<0.7\ \text{W}$)。常见晶体管的外形和封装形式如图 2-31 所示。

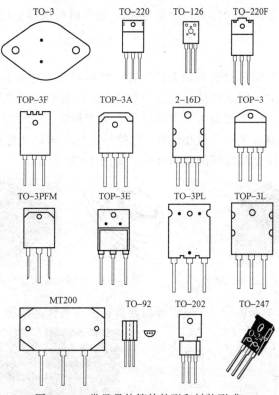

图 2-31 常见晶体管的外形和封装形式

2. 晶体管的命名方法

国产普通晶体管的型号命名由五部分组成:第一部分用数字"3"表示主称,为晶体管或三极管；第二部分用字母表示晶体管的材料和极性；第三部分用字母表示晶体管的类别；第四部分用数字表示同一类型产品的序号；第五部分用字母表示规格号。晶体管第二、三部分各字母的含义见表 2-14。

表 2-14 晶体管第二、三部分各字母含义

第二部分		第三部分	
字母	意义	字母	意义
A	PNP 型锗材料	X	低频小功率晶体管（$f_a<3\ \text{MHz}$，$P_c<1\ \text{W}$）
B	NPN 型锗材料	G	高频小功率晶体管（$f_a\geqslant 3\ \text{MHz}$，$P_c<1\ \text{W}$）
C	PNP 型硅材料	D	低频大功率晶体管（$f_a<3\ \text{MHz}$，$P_c\geqslant 1\ \text{W}$）
D	NPN 型硅材料	A	高频大功率晶体管（$f_a\geqslant 3\ \text{MHz}$，$P_c\geqslant 1\ \text{W}$）
		K	开关晶体管

例如，某晶体管的标号为 3DG6，其含义为 NPN 型硅材料高频小功率晶体管，序号为 6；又如，某晶体管的标号为 3CX701A，其含义为 PNP 型硅材料低频小功率晶体管，序号为 701，A 是区别代号。

3. 常见晶体管

三极管的识别与检测

（1）塑料封装大功率晶体管。塑料封装大功率晶体管的体积较大，输出功率较大。用来对信号进行功率放大，但要放置散热片，如图 2-32 所示。

（2）金属封装大功率晶体管。金属封装大功率晶体管的体积较大，金属外壳本身就是一个散热部件，这种封装的晶体管只有基极和发射极两根引脚，集电极就是晶体管的金属外壳，如图 2-33 所示。

图 2-32 塑料封装大功率晶体管　　图 2-33 金属封装大功率晶体管

（3）塑料封装小功率晶体管。3 根引脚的分布规律有多种，如图 2-34 所示。

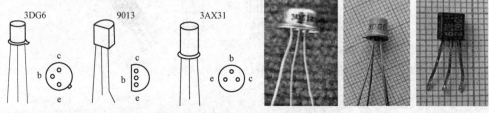

图 2-34 塑料封装小功率晶体管

有些晶体管的壳顶上标有色点,作为电流放大倍数值的色点标志,为选用晶体管带来了很大的方便。其分挡标志为:

0～15～25～40～55～80～120～180～270～400～600。
　棕　红　橙　黄　绿　蓝　紫　灰　白　黑

常用小功率晶体管与国内型号代换见表 2-15。

表 2-15　常用小功率晶体管与国内型号代换表

型号	材料与极性	f_T/MHz	国内型号
9011	硅 NPN	370	3DG112
9012	硅 PNP	—	3CK10B
9013	硅 NPN	—	3DK4B
9014	硅 NPN	270	3DG6
9015	硅 PNP	190	3CG6
9016	硅 NPN	620	3DG12
9018	硅 NPN	1 100	3DG82A
8050	硅 NPN	190	3DK30B
8550	硅 NPN	200	3CK30B

4. 晶体管的检测

常用的小功率晶体管有金属外壳封装和塑料封装两种,可直接观测出 3 个电极 e、b、c。但仍需进一步判断管型和管子的好坏。一般可用万用表的 $R\times 100\,\Omega$ 挡和 $R\times 1\,\mathrm{k}\Omega$ 挡进行判别。

1) 晶体管引脚的识别

(1) 根据引脚排列规律进行识别。

① 等腰三角形排列,识别时引脚向上,使三角形正好在上半圆内,从左角起,按顺时针方向分别为 e、b、c。

② 在管壳外沿上有一个突出部,由此突出部顺时针方向为 e、b、c。

③ 个别超高频晶体管为 4 脚,从突出部顺时针方向为 e、b、c、d。d 与管壳相通,供高频屏蔽用。

④ 引脚为等距"一"字形排列的,从外壳色标志点起,按顺序为 c、b、e。引脚为非等距"一"字形排列的,从引脚之间距离较远的第一只脚为 c,接下来是 b、e。

⑤ 若外壳为半圆形状,引脚"一"字形排列,则将切面向上,引脚向里,从左到右依次为 e、b、c。

⑥ 大功率晶体管两个引脚为 b、e,c 是基面。

各引脚排列如图 2-35 所示。

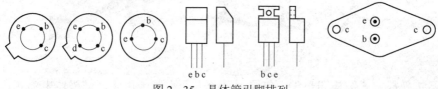

图 2-35　晶体管引脚排列

（2）利用万用表进行识别。

① 基极与管型的判别。将万用表置于 $R\times 100\,\Omega$ 或 $R\times 1\,\text{k}\Omega$ 挡，将黑表笔任接一极，红表笔分别依次接另外两极。若在两次测量中表针均偏转很大（说明管子的 PN 结已通，电阻较小），则黑表笔接的电极为 b 极，同时该管为 NPN 型；反之，将表笔对调（红表笔任接一极），重复以上操作，则也可确定管子的 b 极，其管型为 PNP 型。

② 发射极 e 和集电极 c 的判别。一种方法就是若已判明晶体管的基极和类型，任意设另外两个电极为 e、c 端。判别 c、e 时，以 PNP 型管为例，将万用表红表笔假设接 c 端，黑表笔接 e 端，用潮湿的手指捏住基极 b 和假设的集电极 c 端，但两极不能相碰，记下此时万用表欧姆挡读数；然后调换万用表表笔，再将假设的 c、e 电极互换，重复上面步骤，比较两次测得的电阻大小。测得电阻小的那次，红表笔所接的引脚是集电极 c，另一端是发射极 e。如果是 NPN 型管，正好相反。另一种方法是用数字万用表的 h_{FE} 挡，有放大倍数对应的引脚是正确的。同时电流放大倍数 β 也测量出来了。

2）管子好坏的判断

若在以上操作中无一电极满足上述现象，则说明管子已坏。也可用万用表的 h_{FE} 挡进行判别。当管型确定后，将晶体管插入"NPN"或"PNP"插孔，将万用表置于 h_{FE} 挡，若 h_{EF}（β）值不正常（如为零或大于 300），则说明管子已坏。

2.2.6 电声器件的识别与检测

电声器件通常是指能将音频电信号转换为声音信号或者将声音信号转换成音频电信号的换能器件。例如，扬声器就是把音频电信号转变为声音信号的电声器件，而传声器则是把声音信号转变为音频电信号的电声器件。常用的电声器件有传声器、扬声器和耳机。

电声器件的
识别与检测

1. 传声器（俗称话筒或麦克风（MIC））

传声器是把声音变成与之对应的电信号的一种电声器件。传声器又叫话筒或微音器，俗称麦克风。传声器的功能是把声能变成电信号。各种传声器及电路符号如图 2-36 所示。

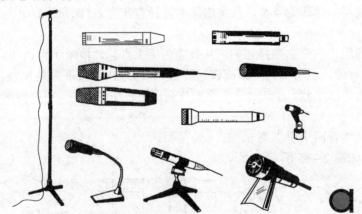

图 2-36 各种传声器示意图及符号

传声器按换能方式结构和声学工作原理可分为动圈式传声器、驻极体电容式传声器、压电陶瓷片等。以动圈式和驻极体电容式应用最为广泛。

1) 动圈式传声器

动圈式传声器由永久磁铁、音圈、音膜和输出变压器等组成，其结构如图 2-37 所示。当声音传到传声器膜片后，声压使传声器的音膜振动，带动音圈在磁场里前后运动，切割磁力线产生感应电动势，把感受到的声音转换为电信号。输出变压器进行阻抗变换并实现输出匹配。这种话筒有低阻（200～600 Ω）和高阻（10～20 kΩ）两类，以阻抗 600 Ω 的最为常用，频率响应一般为 200～5 000 Hz。动圈式传声器的结构坚固，性能稳定。由于其频响特性好，噪声失真度小，在录音、演讲、娱乐中广泛应用。

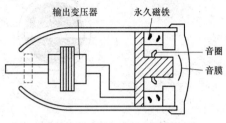

图 2-37　动圈式传声器结构

2) 普通电容式传声器

普通电容式传声器由一固定电极和一膜片组成，其结构与接线如图 2-38 所示。声压使振动膜片振动引起电容量改变，电路中充电电流随之变化，此电流在电阻上转换成电压输出。普通电容式话筒带有电源和放大器，给电容振膜提供极化电压并将微弱的电信号放大。这种话筒的频率响应好，输出阻抗极高；但结构复杂，体积大，又需要供电系统，使用不够方便，适合在对音质要求高的固定录音室内使用。

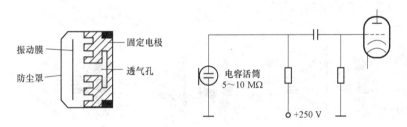

图 2-38　普通电容式传声器的结构与接线

3) 驻极体电容式传声器

驻极体电容式传声器除了具有普通电容式传声器的优良性能外，还因为驻极体振动膜不需要外加直流极化电压就能永久保持表面的电荷，所以其结构简单、体积小、质量轻、耐振动、价格低廉、使用方便，得到广泛的应用。但驻极体电容式传声器在高温高湿的工作条件下寿命较短。这种传声器的内部结构如图 2-39 所示。驻极体电容的输出阻抗很高，可以达到几十兆欧，所以传声器内一般用场效应管进行阻抗变换以便与音频放大电路相匹配。由于其体积小、结构简单、电声性能好、价格低，因此广泛应用于盒式录音机、无线话筒及声控电路中。

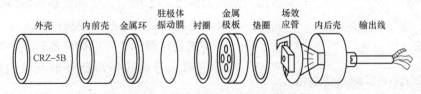

图 2-39　驻极体电容式传声器的结构

驻极体电容式传声器的引极可分为2个引极和3个引极，其引极如图2-40所示。

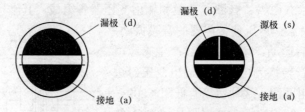

图2-40 驻极体电容式传声器的引极图

驻极体送话器的检测方法是将万用表置于欧姆挡，选取 $R \times 100\,\Omega$ 挡量程。红表笔接源极，黑表笔接另一端的漏极。对着送话器吹气，如果质量好，万用表的指针应摆动。比较同类送话器，摆动幅度越大，话筒灵敏度也越高。在吹气时指针不动或用劲吹气时指针才有微小摆动的，则表明话筒已经失效或灵敏度很低。

2. 扬声器（喇叭）

扬声器又称为喇叭，是一种电声转换器件，它将模拟的话音电信号转化成声波，是收音机、录音机、电视机和音响设备中的重要元件，它的质量直接影响着音质和音响效果。扬声器的种类很多，除了已经淘汰的舌簧式以外，现在多见的是电动式、励磁式和晶体压电式。图2-41是常见扬声器的结构与外形。

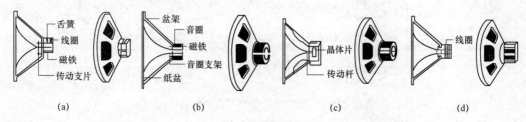

图2-41 常见扬声器的外形与结构示意图
(a)舌簧式扬声器；(b)电动式扬声器；(c)晶体式扬声器；(d)励磁式扬声器

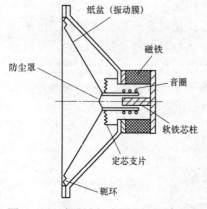

图2-42 电动式扬声器的结构示意图

1）电动式扬声器

电动式扬声器是最常见的一种结构。电动式扬声器由纸盆、音圈、音圈支架、磁铁、盆架等组成，当音频电流通过音圈时，音圈产生随音频电流而变化的磁场，这一变化磁场与永久磁铁的磁场发生相吸或相斥作用，导致音圈产生机械运动并带动纸盆振动，从而发出声音。电动式扬声器的结构如图2-42所示。电动式扬声器频响宽、结构简单、经济，是使用最广泛的一种扬声器。

（1）号筒式扬声器。号筒式扬声器转换率高、低频响应差，用于广播。号筒式扬声器外形及结构如图2-43所示。

项目2 通孔插装常用电子元器件的识别与检测

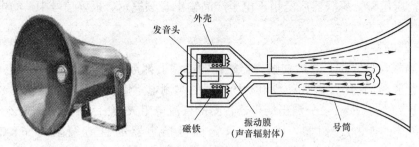

图 2-43 号筒式扬声器外形及结构

（2）球顶扬声器。球顶扬声器是电动式扬声器的代表，用途最为广泛。球顶扬声器外形及结构如图 2-44 所示。

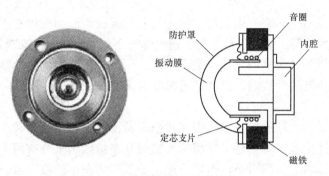

图 2-44 球顶扬声器外形及结构

（3）平板扬声器。平板扬声器结构简单，应用也比较广泛。平板扬声器外形及结构如图 2-45 所示。

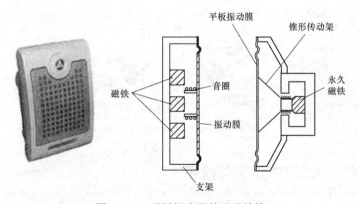

图 2-45 平板扬声器外形及结构

2）压电陶瓷扬声器

压电陶瓷扬声器也叫蜂鸣器，它是由两块圆形金属片及其之间的压电陶瓷片构成。压电陶瓷随两端所加交变电压产生机械振动的性质叫作压电效应，为压电陶瓷片配上纸盆就能制成压电陶瓷扬声器。这种扬声器的特点是体积小、厚度薄、质量轻，但频率特性差、输出功

57

率小。所以，压电陶瓷蜂鸣器广泛用于电子产品输出音频提示、报警信号中，如电话、门铃、报警器电路中的发声器件。

3）扬声器的检测

（1）估测扬声器阻抗。一般在扬声器磁体的标牌上都标有阻抗值。但有时也可能遇到标记不清或标记脱落的情况。因为一般电动扬声器的实测电阻值约为其标称阻抗的80%～90%，可将万用表旋钮置于$R×1$挡，测出扬声器音圈的直流电阻R，然后用估算公式$Z=1.17R$即可估算出扬声器的阻抗。例如，测得一只无标记扬声器的直流铜阻为6.8Ω，则阻抗$Z=1.17×6.8=8\Omega$。

（2）判断好坏。将万用表旋钮置于$R×1$挡，把任意一只表笔与扬声器的任一引出端相接，用另一只表笔断续触碰扬声器另一引出端，此时，扬声器应发出"喀喀"声，指针也相应摆动，说明扬声器是好的；如触碰时扬声器不发声，指针也不摆动，说明扬声器内部音圈断路或引线断裂。

（3）判断扬声器相位。将万用表旋钮置于最低的直流电流挡，用左手持红、黑表笔分别跨接在扬声器的两引出端，用右手食指尖快速地弹一下纸盆，同时仔细观察指针的摆动方向。若指针向右摆动，说明红表笔所接的一端为正端，而黑表笔所接的一端则为负端；若指针向左摆动，则红表笔所接的为负端，黑表笔所接的为正端。

3. 耳机和耳塞

耳机和耳塞在电子产品的放音系统中代替扬声器播放声音，是一种小型的电声器件，它可以把音频电信号转换成声音信号。常用的耳机或耳塞按结构来分有两类：一类是电磁式；另一类是动圈式。耳塞的体积微小，携带方便，一般应用在袖珍收、放音机中。耳机的音膜面积较大，能够还原的音域较宽，音质、音色更好，一般价格也比耳塞贵。常用耳机和耳塞外形如图2-46所示。

耳机的特点是耳机左、右声道的相互干扰小，其电声性能指标明显优于扬声器。耳机输出声音信号的失真很小，其使用不受场所、环境的影响。耳机的缺陷是长时间使用耳机收听，会造成耳鸣、耳痛的情况；只限于单个人使用。

图2-46 常用耳机和耳塞外形

2.2.7 开关、接插件的识别与检测

1. 开关

开关在电子设备中做切断、接通或转换电路用，常用的各种开关电路符号及外形如图2-47所示。

1）各种开关

（1）旋转式开关。

开关的识别与检测

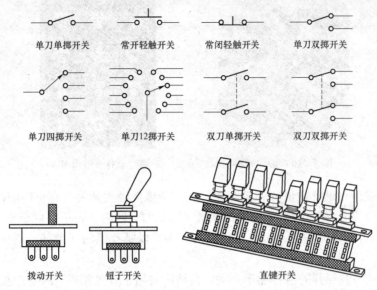

图 2-47 常用的各种开关电路符号及外形

① 波段开关。波段开关如图 2-48 所示，分为大、中、小型 3 种。波段开关靠切入或咬合实现接触点的闭合，可有多刀位、多层型的组合，绝缘基体有纸质、瓷质或玻璃布环氧树脂板等几种。旋转波段开关的中轴带动它各层的接触点联动，同时接通或切断电路。波段开关的额定工作电流一般为 0.05~0.3 A，额定工作电压为 50~300 V。

② 刷形开关。刷形开关如图 2-49 所示，靠多层簧片实现接点的摩擦接触，额定工作电流可达 1 A 以上，也可分为多刀、多层的不同规格。

图 2-48 波段开关

图 2-49 刷形开关

（2）按动式开关。

① 按钮开关。按钮开关如图 2-50 所示，分为大型、小型，形状多为圆柱体或长方体，其结构主要有簧片式、组合式、带指示灯和不带指示灯等几种。按下或松开按钮开关，电路则接通或断开，常用于控制电子设备中的电源或交流接触器。

② 键盘开关。键盘开关如图 2-51 所示，多用于计算机（或计算器）中数字式电信号的快速通断。键盘有数码键、字母键、符号键及功能键，或是它们的组合。触点的接触形式有簧片式、导电橡胶式和电容式等多种。

图2-50 按钮开关　　　　图2-51 键盘开关

③ 直键开关。直键开关俗称琴键开关,属于摩擦接触式开关,有单键的,也有多键的,如图2-52所示。每一键的触点个数均是偶数(即二刀、四刀、……,以至十二刀);键位状态可以锁定,也可以是无锁的;可以是自锁的,也可以是互锁的(当某一键按下时,其他键就会弹开复位)。

④ 波形开关。波形开关俗称船形开关,其结构与钮子开关相同,只是把扳动方式的钮柄换成波形,见图2-53。波形开关常用作设备的电源开关。其触点分为单刀双掷和双刀双掷两种,有些开关带有指示灯。

图2-52 直键开关　　　　图2-53 波形开关

(3) 拨动式开关。

① 钮子开关。钮子开关如图2-54所示,钮子开关是电子设备中最常用的一种开关,有大、中、小型和超小型等多种,触点有单刀、双刀及三刀的几种,接通状态有单掷和双掷两种,额定工作电压一般为250 V,额定工作电流为0.5~5 A多挡。

② 拨动开关。拨动开关如图2-55所示,一般是水平滑动式换位,切入咬合式接触,常用于计算器、收录机等民用电子产品中。

图2-54 钮子开关　　　　图2-55 拨动开关

2）开关的检测

（1）机械开关的检测。使用万用表的欧姆挡对开关的绝缘电阻和接触电阻进行测量。若测得绝缘电阻小于几百千欧时，说明此开关存在漏电现象；若测得接触电阻大于 0.5 Ω，说明该开关存在接触不良的故障。

（2）电磁开关的检测。使用万用表的欧姆挡对开关的线圈、开关的绝缘电阻和接触电阻进行测量。继电器的线圈电阻一般在几十欧至几千欧之间，其绝缘电阻和接触电阻值与机械开关基本相同。

（3）电子开关的检测。通过检测二极管的单向导电性和晶体管的好坏来初步判断电子开关的好坏。

2. 接插件

接插件又称为连接器，它是用来在机器与机器之间、电路板与电路板之间、器件与电路板之间进行电气连接的元器件。

1）各种接插件

接插件的种类很多，按其工作频率不同可分为低频接插件和高频接插件，按照外形结构特征来分，常见的有音/视频接插件、直流电源接插件、圆形接插件、矩形接插件、印制板接插件、同轴接插件、带状电缆接插件等。

接插件的识别与检测

（1）音/视频接插件。这种接插件也称为 AV 连接器，用于连接各种音响设备、摄录像设备、视频播放设备以及传输音频、视频信号。音/视频接插件有很多种类，常见的有耳机/话筒插头插座和莲花插头插座。

耳机/话筒插头、插座比较小巧，用来连接便携式、袖珍式音响电子产品，如图 2-56（a）所示。插头直径为 $\phi 2.5$ mm 的用于微型收录机耳机，为 $\phi 3.5$ mm 的用于计算机多媒体系统输入输出音频信号，为 $\phi 6.35$ mm 的用于台式音响设备，大多是话筒插头。这种接插件的额定电压为 30 V，额定电流为 30 mA，不宜用来连接电源。一般使用屏蔽线作为音频信号线与插头连接，可以传送单声道或双声道信号。

莲花插头、插座也叫同心连接器，它的尺寸要大些，如图 2-56（b）所示。插座常被安装在声像设备的后面板上，插头用屏蔽线连接，传输音频和视频信号。选用视频屏蔽线要注意导线的传输阻抗与设备的传输阻抗相匹配。这种接插件的额定电压为交流 50 V，额定电流为 0.5 A，插拔次数约 100 次。

(a)　　　　　　　　　　(b)

图 2-56　音/视频接插件

(a) 耳机/话筒插头、插座；(b) 莲花插头、插座

（2）直流电源接插件。如图 2-57 所示，这种接插件用于连接小型电子产品的便携式直

流电源，如"随身听"收录机（Walkman）的小电源和笔记本电脑的电源适配器（AC Adaptor）都是使用这类接插件连接。插头的额定电流一般为 2～5 A，尺寸有 3 种规格，外圆直径×内孔直径分别为 3.4 mm×1.3 mm、5.5 mm×2.1 mm、5.5 mm×2.5 mm。

图 2-57　直流电源接插件

（3）圆形接插件。圆形接插件的插头具有圆筒状外形，插座焊接在印制电路板上或紧固在金属机箱上，插头与插座之间有插接和螺接两类连接方式，广泛用于系统内各种设备之间的电气连接。插接方式的圆形接插件用于插拔次数较多、连接点数少且电流不超过 1 A 的电路连接，常见的台式计算机键盘、鼠标插头（PS/2 端口）就属于这一种。螺接方式的圆形接插件俗称航空插头、插座，如图 2-58 所示。它有一个标准的螺旋锁紧机构，特点是接点多、插拔力较大、连通电流大、连接较方便、抗振性极好，容易实现防水密封及电磁屏蔽等特殊要求。

图 2-58　圆形接插件

（4）矩形接插件。矩形接插件如图 2-59 所示。矩形接插件的体积较大，电流容量也较大，并且矩形排列能够充分利用空间，所以这种接插件被广泛用于印制电路板上安培级电流信号的互相连接。有些矩形接插件带有金属外壳及锁紧装置，可用于机外的电缆之间和电路板与面板之间的电气连接。

（5）印制板接插件。印制板接插件如图 2-60 所示，用于印制电路板之间的直接连接，外形是长条形，结构有直接型、绕接型、间接型等形式。插头由印制电路板（"子"电路板）边缘上镀金的排状铜箔条（俗称"金手指"）构成；插座焊接在"母"电路板上。"子"电路板上插头插入"母"电路板上的插座，就连接了两个电路。印制板插座的型号很多，主要规格有排数（单排、双排）、针数（引线数目，从 7 线到近 200 线不等）、针间距（相邻接点簧片之间的距离）以及有无定位装置和锁定装置等。从台式计算机的主板上最容易见到符合不同总线规范的印制板插座，用户选择的显卡、声卡等就是通过这种插座与主板实现连接的。

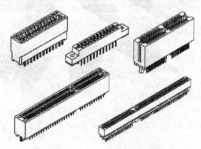

图 2-59　矩形接插件　　　　　图 2-60　印制板接插件

（6）同轴接插件。同轴接插件又叫作射频接插件或微波接插件，用于传输射频信号、数字信号的同轴电缆之间的连接,工作频率可达到数千兆赫以上,如图2-61所示。Q9型卡口式同轴接插件常用于示波器的探头电缆连接。

图2-61 同轴接插件

(7)带状电缆接插件。带状电缆是一种扁平电缆,从外观看像是几十根塑料导线并排黏合在一起的。带状电缆占用空间小,轻巧柔韧,布线方便,不易混淆。带状电缆插头是电缆两端的连接器,它与电缆的连接不用焊接,而是靠压力使连接端内的刀口刺破电缆的绝缘层实现电气连接,工艺简单、可靠,如图2-62所示。带状电缆接插件的插座部分直接装配焊接在印制电路板上。

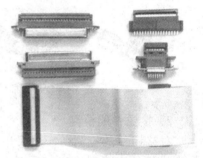

带状电缆接插件用于低电压、小电流的场合,能够可靠地同时传输几路到几十路数字信号;但不适合用在高频电路中。在高密度印制电路板之间已经越来越多地使用了带状电缆接插件,特别是在微型计算机中,主板与硬盘、

图2-62 带状电缆接插件

软盘驱动器等外部设备之间的电气连接几乎全部使用这种接插件。

(8)插针式接插件。插针式接插件常见的有两类,如图2-63所示。图2-63(a)所示为民用消费电子产品常用的插针式接插件,插座可以装配焊接在印制电路板上,插头压接(或焊接)导线,连接印制电路板外部的电路部件。例如,电视机里可以使用这种接插件连接开关电源、偏转线圈和视放输出电路。图2-63(b)所示接插件为数字电路常用,插头、插座分别装焊在两块印制电路板上,用来连接两者。这种接插件比标准的印制板体积小,连接更加灵活。

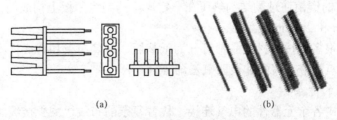

(a)   (b)

图2-63 插针式接插件

(a)民用消费电子产品常用的插针式接插件;(b)数字电路常用的插针式接插件

（9）D形接插件。这种接插件的端面很像字母D，具有非对称定位和连接锁紧机构，如图2-64所示。常见的接点数有9、15、25、37等几种，其连接可靠、定位准确，常用于电气设备之间的连接。典型的应用有计算机的RS-232串行数据接口和LPT并行数据接口（打印机接口）。

（10）条形接插件。条形接插件如图2-65所示，广泛用于印制电路板与导线的连接。接插件的插针间距有2.54 mm（额定电流1.2 A）和3.96 mm（额定电流3 A）两种，工作电压为250 V，接触电阻约0.01 Ω。插座焊接在电路板上，导线压接在插头上，压接质量对连接可靠性的影响很大。这种接插件保证插拔次数约30次。

图2-64　D形接插件

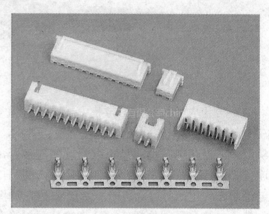

图2-65　条形接插件

2）接插件的检测

对接插件的检测，一般采用外表直观检查和万用表测量检查两种方法。通常的做法是先进行外表直观检查，看有无机械损坏和变形；然后再用万用表进行检测，主要是检测触点的电气连接是否可靠、接触点的表面是否清洁、有无断路和短路现象。

2.2.8　印制电路板的认识

印制电路板（Printed Circuit Board，PCB），是由绝缘底板、连接导线和装配焊接电子元器件的焊盘组成，具有导电线路和绝缘底板的双重作用，简称印制板。

PCB是在覆铜板上完成印制线路图形工艺加工的成品板，它起电路元件和器件之间的电气连接的作用。

印制板的主要材料是覆铜板，而覆铜板是由基板、铜箔和黏结剂构成。覆铜板是把一定厚度（35～50 μm）的铜箔通过黏结剂热压在一定厚度的绝缘基板上构成的。覆铜板通常厚度有1.0 mm、1.5 mm和2.0 mm三种。

覆铜板的种类很多，按基材的品种可分为纸基板、玻璃布板和合成纤维板；按黏结剂树脂来分有酚醛、环氧酚醛、聚酯和聚四氟乙烯等。

1. 印制电路板的特点

（1）实现电路中各个元器件的电气连接，代替复杂的布线，减少接线工作量和连线的差错，简化了装配、焊接和调试工作，降低了产品成本，提高了劳动生产率。

（2）布线密度高，缩小了整机体积，有利于电子产品的小型化。

（3）具有良好的产品一致性，可以采用标准化设计，有利于实现机械化和自动化生产，有利于提高电子产品的质量和可靠性。

（4）可以使整块经过装配调试的印制电路板作为一个备件，便于电子整机产品的互换与维修。

2. 印制电路板的分类

印制电路板按其结构可分为以下 5 种。

（1）单面印制电路板。单面印制电路板通常是用酚醛纸基单面覆铜板，通过印制和腐蚀的方法，在绝缘基板覆铜箔一面制成印制导线。它适用于对电性能要求不高的收音机、收录机、电视机、仪器和仪表等。

（2）双面印制电路板。双面印制电路板是在两面都有印制导线的印制电路板。通常采用环氧树脂玻璃布铜箔板或环氧酚醛玻璃布铜箔板。由于两面都有印制导线，一般采用过孔连接两面印制导线。其布线密度比单面板高，使用更为方便。它适用于对电性能要求较高的通信设备、计算机、仪器和仪表等。

印制电路板种类

（3）多层印制电路板。在绝缘基板上制成 3 层以上印制导线的印制电路板。它由几层较薄的单面或双面印制电路板（每层厚度在 0.4 mm 以下）叠合压制而成。安装元器件的孔需经金属化处理，使之与夹在绝缘基板中的印制导线沟通。广泛使用的有 4 层、6 层、8 层，更多层的也有使用。

主要特点：与集成电路配合使用，有利于整机小型化及质量的减轻；接线短、直，布线密度高；由于增设了屏蔽层，可以减小电路的信号失真；引入了接地散热层，可以减少局部过热，提高整机的稳定性。

（4）软性印制电路板。软性印制电路板也称为柔性印制电路板，是以软层状塑料或其他软质绝缘材料为基材制成的印制电路板。它可以分为单面、双面和多层三大类。

此类印制电路板除了质量轻、体积小、可靠性高外，最突出的特点是具有挠性，能折叠、弯曲、卷绕。软性印制电路板在电子计算机、自动化仪表、通信设备中应用广泛。

（5）平面印制电路板。将印制电路板的印制导线嵌入绝缘基板，使导线与基板表面平齐，就构成了平面印制电路板。在平面印制电路板的导线上都电镀一层耐磨的金属，通常用于转换开关、电子计算机的键盘等。

3. 印制电路板的组成及常用术语

一块完整的 PCB 是由焊盘、过孔、安装孔、定位孔、印制线、元件面、焊接面、阻焊层和丝印层等组成。

（1）焊盘。对覆铜箔进行处理而得到的元器件连接点。

（2）过孔。在双面 PCB 上将上、下两层印制线连接起来且内部充满或涂有金属的小孔。

（3）安装孔。用于固定大型元器件和 PCB 板的小孔。

（4）定位孔。用于 PCB 加工和检测定位的小孔，可用安装孔代替。

（5）印制线。将覆铜板上的铜箔按要求经过蚀刻处理而留下的网状细小的线路，是提供元器件电气连接用的。

（6）元件面。PCB 上用来安装元器件的一面，单面 PCB 无印制线的一面，双面 PCB 印有元器件图形标记的一面，如图2-66（a）所示。

（7）焊接面。PCB上用来焊接元器件引脚的一面，一般不作标记，如图2-66（b）所示。

图2-66　电路板元件面和焊接面
（a）元件面；（b）焊接面

（8）阻焊层。PCB上的绿色或棕色层面，是绝缘的防护层，如图2-67（a）所示。

（9）丝印层。PCB上印出文字与符号（白色）的层面，采用丝印的方法，如图2-67（b）所示。

图2-67　阻焊层和丝印层
（a）阻焊层；（b）丝印层（白色字符）

2.3　任务实施

2.3.1　对各种元器件进行识别

（1）电阻的认识。
（2）电容的认识。
（3）电感的认识。
（4）二极管、三极管的认识。

(5) 电声器件、接插件的认识。
(6) 印制电路板的认识。

2.3.2 用万用表对各种元器件进行检测

(1) 电阻的检测。
(2) 电容的检测。
(3) 电感的检测。
(4) 二极管、三极管的检测。
(5) 电声器件、接插件的检测。

2.4 知识拓展

2.4.1 各国半导体分立器件的命名

1. 国产半导体分立器件的型号命名

按照国家标准规定，国产半导体分立器件的型号命名见表 2-16。

表 2-16 国产半导体分立器件的型号命名

第一部分		第二部分		第三部分		第四部分	第五部分
用数字表示器件的电极数目		用字母表示器件的材料和极性		用字母表示器件的类别		用数字表示器件序号	用字母表示规格号
符号	意义	符号	意义	符号	意义	意义	意义
2	二极管	A	N 型锗材料	P	普通管	反映了极限参数、直流参数和交流参数的差别	反映承受反向击穿电压的程度。如规格号为 A、B、C、D、…。其中 A 承受的反向击穿电压最低，B 次之…
		B	P 型锗材料	V	微波管		
		C	N 型硅材料	W	稳压管		
		D	P 型硅材料	C	参量管		
3	晶体管	A	PNP 型锗材料	F	发光管		
		B	NPN 型锗材料	Z	整流器		
		C	PNP 型硅材料	L	整流堆		
		D	NPN 型硅材料	S	隧道管		
		E	化合物材料	N	阻尼管		
				X	低频小功率管，$f_a <$ 3 MHz，$P_c <$ 1 W		
				G	高频小功率管，$f_a \geq$ 3 MHz，$P_c <$ 1 W		
				D	低频大功率管，$f_a <$ 3 MHz，$P_c \geq$ 1 W		

续表

第一部分		第二部分		第三部分		第四部分	第五部分
用数字表示器件的电极数目		用字母表示器件的材料和极性		用字母表示器件的类别		用数字表示器件序号	用字母表示规格号
符号	意义	符号	意义	符号	意义	意义	意义
3	晶体管			A	高频大功率管,$f_a \geq$ 3 MHz,$P_c \geq 1$ W	反映了极限参数、直流参数和交流参数的差别	反映承受反向击穿电压的程度。如规格号为A、B、C、D、…。其中A承受的反向击穿电压最低,B次之…
				U	光电器件		
				K	开关管		
				I	可控整流器		
				T	体效应器件		
				B	雪崩管		
				J	阶跃恢复管		
				CS	场效应器件		
				BT	半导体特殊器件		
				FH	复合管		
				PIN	PIN 型管		
				JG	激光器件		

注:场效应管、半导体特殊器件、复合管、PIN 型管和激光器件的型号命名只有三、四、五部分。

例如,CS1B,CS 表示场效应器件,1 表示产品序号,B 表示产品规格号。

2. 美国半导体分立器件的型号命名

美国半导体分立器件的型号命名见表 2−17。

表 2−17 美国半导体分立器件的型号命名

第一部分		第二部分		第三部分		第四部分	第五部分
用符号表示器件的类别		用数字表示 PN 结的数目		登记标志		用多位数字表示登记号	用字母表示器件分档
符号	意义	符号	意义	符号	意义	意义	意义
JAN 或 J	军用品	1	二极管	N	已经在美国电子工业协会(EIA)注册登记	在美国电子工业协会的注册登记号	同一型号的不同档次
		2	晶体管				
—	非军用品	3	3 个 PN 结器件				
		n	n 个 PN 结器件				

例如,1N4007,1 表示二极管,N 表示已经在美国电子工业协会(EIA)注册登记,4007 表示在美国电子工业协会的注册登记号。

3. 日本半导体分立器件的型号命名

日本半导体分立器件的型号命名见表 2−18。

表 2–18　日本半导体分立器件的型号命名

第一部分		第二部分		第三部分		第四部分		第五部分	
用数字表示器件的有效电极数目或类型		注册标志		用字母表示器件的使用材料极性类别		用多位数字表示登记号		用字母表示改进型标志	
符号	意义	符号	意义	符号	意义	符号	意义	符号	意义
0	光电二极管或晶体管或包括上述器件的组合管	S	已经在日本电子工业协会（JEIA）注册登记的半导体器件	A	PNP 高频晶体管		此器件在日本电子工业协会的注册登记号，不同厂家生产的性能相同的器件可以使用同一登记号		此器件是原型号产品的改进型
				B	PNP 低频晶体管				
				C	NPN 高频晶体管				
1	二极管			D	NPN 低频晶体管				
2	晶体管或具有 3 个电极的器件			E	P 控制极可控硅				
				G	N 控制极可控硅				
3	具有 4 个有效电极的器件			H	基极单结晶体管				
⋮	⋮			J	P 沟道场效应管				
n−1	具有 n 个有效电极的器件			K	N 沟道场效应管				
				M	双向可控硅				

例如，2SC58，2 表示晶体管，S 表示日本电子工业协会（JEIA）注册产品，C 表示 NPN 高频晶体管，58 表示 JEIA 登记号。

4. 欧洲半导体分立器件的型号命名

欧洲半导体分立器件的型号命名见表 2–19。

表 2–19　欧洲半导体分立器件的型号命名

第一部分		第二部分		第三部分		第四部分
用字母表示材料		用字母表示类型及主要特性		用数字或字母加数字表示登记号		用字母对同一型号分档
符号	意义	符号	意义	符号	意义	意义
A	锗材料，禁带 0.6～1.0 eV	A	检波、开关、混频二极管	3 位数字	通用半导体器件的登记序号	同一型号的半导体器件按某个参数分档
		B	变容二极管			
B	硅材料，禁带 1.0～1.3 eV	C	低频小功率晶体管（R_{Tj}＞15 ℃/W）			
		D	低频大功率晶体管（R_{Tj}≤15 ℃/W）			
		E	隧道二极管			
C	砷化镓材料，禁带大于 1.3 eV	F	高频小功率晶体管（R_{Tj}＞15 ℃/W）			
		G	复合器件及其他器件			
		H	磁敏二极管			
D	锑化铟材料，禁带小于 1.3 eV	K	开放磁路中的霍尔元件	字母加 2 位数字	专用半导体器件的登记序号	
		L	高频大功率晶体管（R_{Tj}≤15 ℃/W）			
		M	封闭磁路中的霍尔元件			
R	复合材料	P	光敏器件			
		Q	发光器件			
		R	小功率可控硅（R_{Tj}＞15 ℃/W）			
		S	小功率开关管（R_{Tj}＞15 ℃/W）			
		T	大功率可控硅（R_{Tj}≤15 ℃/W）			
		U	大功率开关管（R_{Tj}＞15 ℃/W）			
		X	倍增二极管			
		Y	整流二极管			
		Z	稳压二极管			

例如，BZY88C，B 表示硅材料，Z 表示稳压二极管，Y88 表示专用器件登记号，C 表示允许误差为±5%。又如，BU208，B 表示硅材料，U 表示大功率开关管，208 表示器件登记号。再如，BC87 表示硅低频小功率晶体管，器件登记号为 87。

2.4.2 继电器

从广义的角度说，继电器是一种由电、磁、声、光、热等输入物理参量控制的开关，当输入量（电、磁、声、光、热）达到一定值时，输出量将发生跳跃变化而接通或断开控制电路，实现自动控制和保护的功能，起到操作、调节、安全保护及监督设备工作状态等作用。继电器的外形如图 2-68 所示。

图 2-68　继电器

1. 继电器的种类

继电器的种类繁多，常用的有电磁继电器、舌簧继电器和固态继电器。

1）电磁继电器

电磁继电器是各种继电器中应用最广泛的一种，它以电磁系统为主体构成，是用小电流来控制大电流的低压断路器，分直流和交流两大类。电磁继电器的结构示意图如图 2-69 所示。

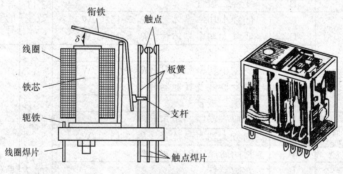

图 2-69　电磁继电器结构示意图

电磁继电器一般由铁芯、线圈、衔铁、触点簧片等组成。当继电器线圈通过电流时，在铁芯、轭铁、衔铁和工作气隙 δ 中形成磁通回路，使衔铁受到电磁吸力的作用被吸向铁芯，此时衔铁带动的支杆将板簧推开，断开常闭触点（或接通常开触点）。当切断继电器线圈的电流时，失去电磁力，衔铁在板簧的作用下恢复原位，触点又闭合。

电磁继电器的特点是触点接触电阻很小，结构简单，工作可靠。缺点是动作时间较长，触点寿命较短，体积较大。

2）舌簧继电器

舌簧继电器是一种结构新颖而简单的小型继电器元件，如图 2-70 所示。常见的有干簧继电器和湿簧继电器两类。它们具有动作速度快、工作稳定、机电寿命长以及体积小等优点。

3）固态继电器

固态继电器（Solid State Relay，SSR）是由固体
电子元器件组成的无触点开关，是能将电子控制电路 图 2-70 舌簧继电器结构示意图
和电气执行电路进行良好电隔离的功率开关器件。一般为四端有源器件，其中有两个输入控制端，两个输出端，输入与输出间有一个光电耦合隔离器件，只要在输入端加上直流或脉冲信号，输出端就能进行开关的通断转换，实现相当于电磁继电器的功能。

按使用场合，固态继电器可以分为交流型和直流型两大类，它们的外形如图 2-71 所示。固态继电器并不属于机电元件，但它能在很多应用场合作为一种高性能的继电器替代品。对被控电路优异独特的通断能力和显著延长的工作寿命，让它的使用范围迅速从继电器的范畴扩大到电源开关的范畴，即直接利用它的控制灵活、工作可靠、防爆耐震、无声运行的特点来通断电气设备中的电源。

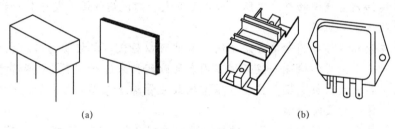

图 2-71 固态继电器的外形
（a）直流继电器；（b）交流继电器

2. 继电器的检测

对继电器的检测主要是测量触点接触电阻、测量线圈电阻、测量吸合电压和吸合电流、测量释放电压和释放电流。

1）电磁继电器的检测

（1）判别交流或直流电磁继电器。在交流电磁继电器的线圈上常标有"AC"字样，并且在其铁芯顶端都嵌有一个铜制的短路环；在直流电磁继电器上则标有"DC"字样且在其铁芯顶端没有铜环。

（2）判别触点的数量和类别。只要仔细观察电磁继电器的触点结构，即可知道该电磁继电器有几对触点。

（3）测量触点接触电阻。用万用表先测量常闭触点间的电阻值应为零，常开触点间的电阻值应为无穷大。然后，按下衔铁，动、静触点应转换正常，且触点间电阻为零。

（4）测量线圈电阻。根据电磁继电器标称的直流电阻值，用万用表直接测量电磁继电器线圈的两引脚看是否符合电磁继电器标称的直流电阻值，如果有开路现象，看是否有线头开焊。

2）固态继电器的检测

（1）输入输出引脚的判别。交流固态继电器的输入端一般标有"+""-"字样，而输出

端不分正、负。直流固态继电器的输入端和输出端均标有"＋""－",并注有"DC 输入""DC 输出"字样。

(2) 固态继电器好坏的检测。用万用表分别测量交流固态继电器 4 个引脚间的正、反向电阻值,其中必能测出一对引脚间的电阻值符合正向导通、反向截止,据此可判断这两个引脚为输入端,其他各引脚间的电阻值应为无穷大。对于直流固态继电器输入端和输出端电阻值均应符合正向导通、反向截止,而输入端和输出端间阻值应为无穷大。

知识梳理

(1) 电阻器的识别与检测,包括固定电阻器和电位器。电阻器的标识方法有直标法、文字符号法、色标法和数码标志法。电位器阻值变化规律有直线型、指数型和对数型。用万用表欧姆挡测量其阻值与标称阻值比较判断其质量。

(2) 电容器的容量和误差的标志方法有直标法、文字符号法、数码法、色标法。有固定电容器和可变电容器之分。电容的质量判别可用万用表测量。电解电容在使用时应注意正、负极不要接错。

(3) 电感线圈的标志方法有直标法和色标法。用万用表可以大致判断电感器的好坏。可用万用表的欧姆挡测量线圈的直流电阻。若为无穷大,则说明线圈(或与引出线间)有断路;若为零,则线圈被完全短路。

(4) 半导体分立器件各国命名方法不同,有些可以替代。二极管的单向导电性是二极管检测的理论基础;三极管的检测一般可用万用表的欧姆挡来进行判别基极和管型,并可以用数字万用表测量其放大倍数。场效应管分结型场效应管和绝缘栅场效应管两大类,是单极性电压控制器件,保存时要防静电。

(5) 电声器件有传声器和扬声器,对扬声器的检测可估测阻抗和听"喀喀"声判断好坏;对驻极体送话器的检测用吹气观察万用表指针摆动大小来判断其好坏。

(6) 各种开关、接插件的识别与检测。用万用表测试其两个极,通过电阻值的大小和短路及开路情况来判断其质量。

(7) 印制电路板(PCB)分为单面印制电路板、双面印制电路板、多层印制电路板、软性印制电路板、平面印制电路板等。一块完整的 PCB 是由焊盘、过孔、安装孔、定位孔、印制线、元件面、焊接面、阻焊层和丝印层等组成。

(8) 常用的继电器有电磁继电器、舌簧继电器和固态继电器。普通电磁继电器的检测:可判别交流或直流电磁继电器,判别触点的数量和类别,测量触点接触电阻,测量线圈电阻。

思考与练习

(1) 常用电阻器有哪些类型?它们分别有哪些特点?

(2) 根据阻值及误差写出下列电阻器的色环。

① 用四环表示:

3.6 kΩ±5%;47 MΩ±10%

② 用五环表示:

820 Ω±1%；325 kΩ±2%；1 Ω±0.1%

（3）根据色环读出下列电阻器的阻值及误差：

红红棕金；橙白橙银；蓝灰棕金；绿蓝黑黑绿；紫绿黑红棕

（4）电位器的阻值变化有哪几种形式？每种形式适用于何种场合？

（5）写出下列符号所表示的电容量：

p33；0.033；223；109；6n8

（6）电感器有何作用？怎样用万用表测量电感的好坏？

（7）怎样对变压器进行质量检测？

（8）写出下列二极管型号的含义：

2CU52；2BP102；2CK5；2DW8；2AW18

（9）写出下列晶体管型号的含义。

3BG201；3CG15A；3AA31；3BG12；3DD108

（10）如何用万用表测量二极管的好坏和电极？

（11）晶体管的作用和种类有哪些？如何用万用表检测晶体管的电极、管型、放大能力及好坏？

（12）如何用万用表检测驻极体送话器的质量？

（13）怎样用万用表对扬声器进行检测？

（14）如何用万用表检测开关和接插件的好坏？

（15）印制电路板的分类有哪些？

（16）一块完整的 PCB 由哪些零部件组成？

项目 3

通孔插装元器件电子产品的手工装配焊接

3.1 任务驱动

任务：调幅收音机的手工装配焊接

电子元器件是组成电子产品的基本单元，把电子元器件牢固、可靠地焊接到印制电路板上，是电子产品装配的重要环节。焊接是电子产品组装的重要工艺，焊接质量的好坏直接影响电子产品的性能。掌握焊接的基本知识和基本技能是保证焊接质量、获得性能稳定、可靠的电子产品的重要前提。目前，虽然电子产品生产大都采用自动焊接技术，但在产品研制、设备维修以及一些小规模、小型电子产品的生产中，仍广泛应用手工焊接。对于通孔插装元器件的手工焊接，更是从事电子技术工作人员所必须掌握的技能。通过超外差调幅收音机的装焊工作任务，引出通孔插装电子元器件的手工装配焊接工艺。通过实际对超外差调幅收音机装配焊接任务的实施完成，使学生掌握焊接的基础理论知识和技能知识，能够熟练、规范地进行通孔插装元器件的手工装配焊接，掌握手工焊接的技巧和方法。

3.1.1 任务目标

1. 知识目标

（1）掌握常用导线和绝缘材料的种类和性能。

（2）掌握常用焊接材料与焊接工具的特点。

（3）掌握电子元器件准备工艺和导线加工处理工艺要求。

(4) 掌握通孔插装电子元器件装配和手工焊接工艺要求。

(5) 掌握焊接质量要求及焊接缺陷种类分析。

2. 技能目标

(1) 能正确使用工具进行导线加工和元器件成形,熟练操作器件的自动成形设备。

(2) 能根据装配图正确进行电子元器件的插装。

(3) 能遵守焊接安全操作规范,正确选择手工焊接工具和焊料,进行手工焊接与拆焊,掌握焊接与拆焊技巧。

3.1.2 任务要求

(1) 根据印制电路板及元件装配图对照电原理图和材料清单,对已经检测好的元器件进行成形加工处理。

(2) 对照印制电路板及元件装配图按照正确装配顺序进行元器件的插装,用 20 W 内热式电烙铁进行手工焊接。

(3) 装配焊接后进行检查,检查无误后装入机壳通电试机。

(4) 理解六管超外差调幅收音机电原理图和装配图。

① XH108-2 七管超外差调幅收音机电原理图如图 3-1 所示。

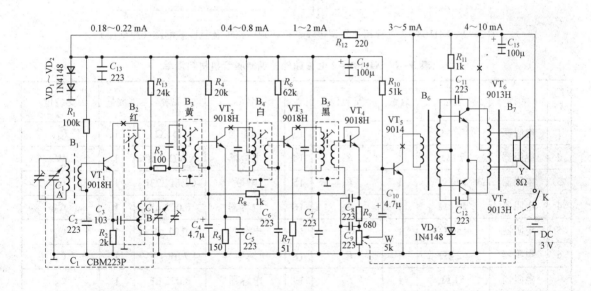

图 3-1 XH108-2 七管超外差调幅收音机电原理图

② XH108-2 七管超外差调幅收音机印制电路板及元件装配图(焊接面),如图 3-2 所示。

③ XH108-2 七管超外差调幅收音机材料清单见表 3-1。

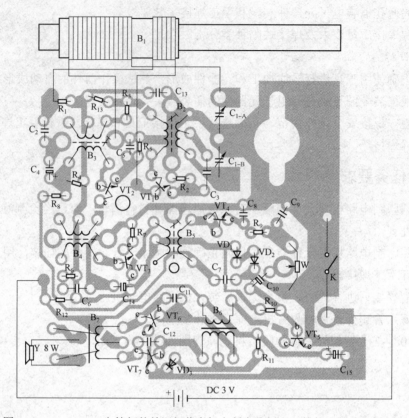

图3-2 XH108-2七管超外差调幅收音机印制电路板及元件装配图（焊接面）

表3-1 XH108-2七管超外差调幅收音机材料清单

序号	名称	规格	数量	安装位	序号	名称	规格	数量	安装位
1	电阻器	100 kΩ	1	R_1	13	电阻器	24 kΩ	1	R_{13}
2	电阻器	2 kΩ	1	R_2	14	电位器	NWD 5 kΩ	1	W
3	电阻器	100 Ω	1	R_3	15	双联	CBM 223P	1	C_1
4	电阻器	20 kΩ	1	R_4	16	电容器	0.022 μF	1	C_2
5	电阻器	150 Ω	1	R_5	17	电容器	0.01 μF	1	C_3
6	电阻器	62 kΩ	1	R_6	18	电解电容	4.7 μF/10 V	1	C_4
7	电阻器	51 Ω	1	R_7	19	电容器	0.022 μF	1	C_5
8	电阻器	1 kΩ	1	R_8	20	电容器	0.022 μF	1	C_6
9	电阻器	680 Ω	1	R_9	21	电容器	0.022 μF	1	C_7
10	电阻器	51 kΩ	1	R_{10}	22	电容器	0.022 μF	1	C_8
11	电阻器	1 kΩ	1	R_{11}	23	电容器	0.022 μF	1	C_9
12	电阻器	220 Ω	1	R_{12}	24	电解电容	4.7 μF/10 V	1	C_{10}

续表

序号	名称	规格	数量	安装位	序号	名称	规格	数量	安装位
25	电容器	0.022 μF	1	C_{11}	46	输入变压器	小功率蓝绿	1	B_6
26	电容器	0.022 μF	1	C_{12}	47	输出变压器	小功率黄红	1	B_7
27	电容器	0.022 μF	1	C_{13}	48	扬声器	0.25 W 8 Ω	1	Y
28	电解电容	100 μF/63 V	1	C_{14}	49	前框		1	
29	电解电容	100 μF/63 V	1	C_{15}	50	后盖		1	
30	二极管	1N4148	1	VD_1	51	周率板		1	
31	二极管	1N4148	1	VD_2	52	调谐盘		1	
32	二极管	1N4148	1	VD_3	53	电位盘		1	
33	三极管	9018H	1	VT_1	54	磁棒支架		1	
34	三极管	9018H	1	VT_2	55	印制板		1	
35	三极管	9018H	1	VT_3	56	正极片		2	
36	三极管	9018H	1	VT_4	57	负极簧		2	
37	三极管	9014	1	VT_5	58	调谐盘螺钉	沉头 M2.5×4	1	
38	三极管	9013H	1	VT_6	59	双联螺钉	M2.5×5	2	
39	三极管	9013H	1	VT_7	60	机芯自攻螺钉	M2.5×6	1	
40	磁棒	BS 4×13×55	1	B_1	61	电位器螺钉	M1.7×4	1	
41	天线线圈	12×32	1	B_1	62	正极导线	9 cm	1	
42	振荡线圈	MLL70-1 红	1	B_2	63	负极导线	10 cm	1	
43	中频变压器	MLT70-1 黄	1	B_3	64	扬声器导线	10 cm	2	
44	中频变压器	MLT70-2 白	1	B_4	65	电路图		1	
45	中频变压器	MLT70-3 黑	1	B_5	66	元件清单		1	

3.2 知识储备

3.2.1 常用焊接材料与工具

焊接材料包括焊料（焊锡）和焊剂（助焊剂与阻焊剂），焊接工具在手工焊接时是电烙铁，还有五金工具。

1. 常用焊接材料

1) 常用焊料

焊料是易熔金属，熔点应低于被焊金属。焊料熔化时，在被焊金属表面形成合金，与被焊金属连接在一起。

焊料按成分可分为锡铅焊料、银焊料、铜焊料等。在一般电子产品装配中，主要采用锡铅焊料，俗称焊锡。

（1）常用焊料的作用。把被焊物连接起来，对电路来说构成一个通路。

（2）常用焊料具备的条件。

① 焊料的熔点要低于被焊工件。

② 易于与被焊物连成一体，具有一定的抗压能力。

③ 有良好的导电性能。

④ 有较快的结晶速度。

（3）常用焊料的种类。

① 锡铅焊料。在锡焊工艺中常用的是铅与锡以不同比例熔合形成的锡铅合金焊料，具有一系列铅和锡不具备的优点。

a. 熔点低，易焊接，各种不同成分的锡铅焊料熔点均低于锡和铅的熔点，有利于焊接。

b. 机械强度高，焊料的各种机械强度均优于纯锡和铅。

c. 表面张力小，黏度下降，增大了液态流动性，有利于焊接时形成可靠接头。

d. 抗氧化性好，使焊料在熔化时减小氧化量。

② 共晶焊锡。锡铅含量为锡 61.9%、铅 38.1%，称为共晶合金。它的熔点最低，为 183 ℃，是锡铅焊料中性能最好的一种，它有以下特点。

a. 低熔点，使焊接时加热温度降低，可防止元器件损坏。

b. 熔点和凝固点一致，可使焊点快速凝固，不会因半熔状态时间的间隔而造成焊点结晶疏松、强度降低。

c. 流动性好，表面张力小，有利于提高焊点质量。

d. 强度高，导电性好。

（4）常用焊料的形状。在手工电烙铁焊接中，一般使用管状焊锡丝。它是将焊锡制成管状，在其内部充加助焊剂而制成。焊剂常用优质松香添加一定活化剂。焊料成分一般是含锡量 60%～65% 的锡铅焊料。焊锡丝直径有 0.5 mm、0.8 mm、0.9 mm、1.0 mm、1.2 mm、1.5 mm、2.0 mm、2.3 mm、2.5 mm、3.0 mm、4.0 mm、5.0 mm 等多种。

2) 常用助焊剂

（1）助焊剂的作用。

① 除去氧化膜。焊剂中的氯化物、酸类同氧化物发生还原反应，从而除去氧化膜。使金属与焊料之间接合良好。

② 防止加热时氧化。焊剂在熔化后，悬浮在焊料表面，形成隔离层，故防止了焊接面的氧化。

③ 减小表面张力。增加了焊锡流动性，有助于焊锡浸润。

④ 使焊点美观。合适的焊剂能够整理焊点形状，保持焊点表面光泽。

（2）常用助焊剂应具备的条件。

① 熔点低于焊料。在焊料熔化之前，焊剂就应熔化。

② 表面张力、黏度、相对密度均应小于焊料。焊剂表面张力必须小于焊料，因为它要先于焊料在金属表面扩散浸润。

③ 残渣容易清除。焊剂或多或少都带有酸性，如不清除就会腐蚀母材，同时也影响美观。

④ 不能腐蚀母材。酸性强的焊剂，不单单清除氧化层，而且它还会腐蚀母材金属，成为发生二次故障的潜在原因。

⑤ 不会产生有毒气体和臭味。从安全卫生角度讲，应避免使用毒性强或会产生臭味的化学物质。

（3）常用的助焊剂。在电子产品中，使用最多、最普遍的是以松香为主体的树脂系列焊剂。松香焊剂属于天然产物。

目前，在使用过程中通常将松香溶于酒精中制成"松香水"，松香与酒精的比例一般以1∶3为宜。也可根据使用经验增减，但不能过浓；否则流动性能变差。

（4）使用助焊剂的注意事项。常用的松香助焊剂在超过60 ℃时，绝缘性能会下降，焊接后的残渣对发热元器件有较大的危害，所以要在焊接后清除焊剂残留物。另外，存放时间过长的助焊剂不宜使用。因为助焊剂存放时间过长时，其成分会发生变化，活性变差，影响焊接质量。

3）常用阻焊剂

在焊接时，尤其是在浸焊和波峰焊中，为提高焊接质量，需采用耐高温的阻焊涂料，使焊料只在需要的焊点上进行焊接，而把不需要焊接的部位保护起来，起到一定的阻焊作用。这种阻焊涂料称为阻焊剂。

（1）阻焊剂的主要功能。

① 防止桥接、拉尖、短路及虚焊等情况的发生，以提高焊接质量，减小印制电路板的返修率。

② 印制电路板面被阻焊剂所涂覆，焊接时受到的热冲击小，降低了印制电路板的温度，使板面不易起气泡、分层。同时，也起到了保护元器件和集成电路的作用。

③ 除了焊盘外，其他部分均不上锡，节省了大量的焊料。

④ 使用带有颜色的阻焊剂，如深绿色和浅绿色等，可使印制电路板的板面显得整洁美观。按成膜材料不同，可分为热固化型阻焊剂、紫外线光固化型阻焊剂和电子辐射光固化型阻焊剂。

（2）常用的阻焊剂。常用的阻焊剂是紫外线光固化型阻焊剂，呈深绿色或浅绿色。

2. 常用焊接工具

电烙铁是手工施焊的主要工具。合理选择、使用电烙铁是保证焊接质量的基础。

1）电烙铁的分类

（1）按加热方式分，可分为直热式、感应式、气体燃烧式等多种。目前最常用的是单一焊接用的直热式电烙铁。它又分为内热式和外热式两种。

（2）按功率分，可分为20 W、30 W、35 W、45 W、50 W、75 W、100 W、150W、200 W、300 W 等多种。

常用焊接材料与工具

（3）按功能分，可分为单用式、两用式、恒温式、吸锡式等，如图3-3所示。

2）电烙铁的选用

在选用电烙铁时重点考虑加热形式、功率大小、烙铁头形状。

（1）加热形式的选择。内热式和外热式的选择：相同瓦数情况下，内热式比外热式电烙铁的温度高。

（2）电烙铁功率的选择。

① 焊接小瓦数的阻容元件、晶体管、集成电路、印制电路板的焊盘或塑料导线时，宜采用 30～45 W 的外热式或 20 W 的内热式电烙铁。应用中选用 20 W 内热式电烙铁最好。

② 焊接一般结构产品的焊接点，如线环、线爪、散热片、接地焊片等时，宜采用 75～100 W 电烙铁。

③ 对于大型焊点，如焊金属机架接片、焊片等，宜采用 100～200 W 的电烙铁。

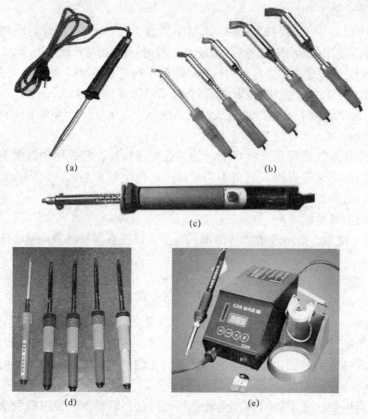

图 3-3　各式电烙铁

（a）内热式电烙铁；（b）外热式电烙铁；（c）吸锡电烙铁；（d）长寿命烙铁头电烙铁；（e）温控式电烙铁

（3）烙铁头形状的选择。烙铁头可以加工成不同形状，如图 3-4 所示。凿式和尖锥形烙铁头的角度较大时，热量比较集中，温度下降较慢，适用于焊接一般焊点。当烙铁头的角度较小时，温度下降快，适用于焊接对温度比较敏感的元器件。斜面烙铁头，由于表面大，传热较快，适用于焊接布线不很拥挤的单面印制电路板焊接点。圆锥形烙铁头适用于焊接高密度的线头、小孔及小而怕热的元器件。

对于有镀层的烙铁头，一般不要锉或打磨。因为电镀层的目的就是保护烙铁头不易被腐蚀。

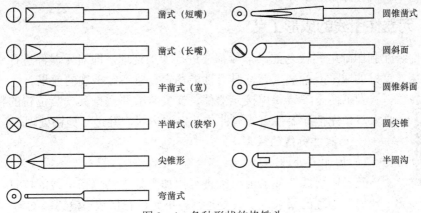

图 3-4 各种形状的烙铁头

（4）普通烙铁头的修整和镀锡。烙铁头使用一段时间后，会发生表面凹凸不平现象，而且氧化层严重，这种情况下需要修整。一般将烙铁头拿下来，夹到台钳上粗锉，修整为自己要求的形状，然后再用细锉修平，最后用细砂纸打磨光。

修整后的烙铁应立即镀锡。方法是：将烙铁头装好通电，在木板上放些松香并放一段焊锡，电烙铁沾上锡后在松香中来回摩擦；直到整个电烙铁修整面均匀镀上一层锡为止，如图 3-5 所示。需注意的是，电烙铁通电后一定要立刻蘸上松香；否则表面会生成难镀锡的氧化层。

图 3-5 烙铁头镀锡示意图

（5）吸锡器。吸锡器是专门对多余焊锡进行清除的用具，如图 3-6 所示。

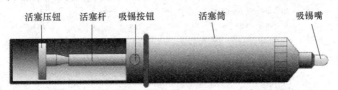

图 3-6 吸锡器的外形

3. 电子产品装焊常用五金工具

电子产品装焊常用的五金工具有尖嘴钳、斜口钳、扁嘴钳、克丝钳、镊子、螺丝刀、剥线钳等，如图 3-7 所示。

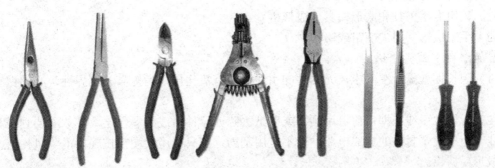

图 3-7 电子产品装焊常用五金工具

3.2.2 元器件引线的成形工艺

将元器件装配到印制电路板之前,一般都要进行加工处理,即对元器件进行引线成形,然后进行插装。良好的成形及插装工艺,具有性能稳定、整齐、美观的效果。

电子元器件准备工艺

为了便于安装和焊接元器件,在安装前要根据其安装位置的特点及技术要求,预先把元器件引线弯曲成一定的形状,并进行搪锡处理。

1. 元器件引线的成形

1)预加工处理

元器件引线在成形前必须进行预加工处理。包括引线的校直、表面清洁及搪锡3个步骤。预加工处理的要求是引线处理后,不允许有伤痕,镀锡层均匀,表面光滑,无毛刺和焊剂残留物。

2)引线成形的基本要求

引线成形工艺就是根据焊点之间的距离,做成需要的形状,目的是使它能迅速而准确地插入孔内。引线各种成形方式如图3-8所示。

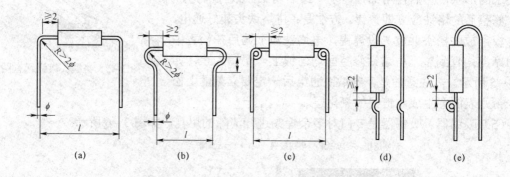

图3-8 引线各种成形方式

3)元器件引线成形的技术要求

(1)引线成形后,元器件本体不应产生破裂,表面封装不应损坏,引线弯曲部分不允许出现模印裂纹。

(2)引线成形后其标称值应处于查看方便的位置,一般应位于元器件的上表面或外表面。

4)元器件引线成形的方法

(1)采用专用工具和成形模具、成形机。

(2)手工成形,用尖嘴钳或镊子。

2. 元器件引线的搪锡

(1)因长期暴露于空气中,元器件的引线表面有氧化层,为提高其可焊性,必须做搪锡处理。

(2)元器件引线在搪锡前可用刮刀或砂纸去除元器件引线的氧化层。注意不要划伤和折断引线。但对扁平封装的集成电路,则不能用刮刀,而只能用绘图橡皮轻擦清除氧化层,并应先成形后搪锡。

3.2.3 导线的加工处理工艺

导线的加工处理属于电子产品装配的准备工艺,为顺利、准确的装配做好准备工作。

绝缘导线的加工处理分为剪裁、剥头、捻头(多股线)、搪锡、清洗、印标记等过程。

(1)剪裁(下料)。按工艺文件中导线加工表中的要求,用斜口钳或下线机等工具对所需导线进行剪切。下料时应做到长度准、切口整齐、不损伤导线及绝缘皮(漆)。

(2)剥头。将绝缘导线的两端用剥线钳等工具去掉一段绝缘层而露出芯线的过程,称为剥头。剥头长度一般为 10~12 mm。剥头时应做到绝缘层剥除整齐,芯线无损伤、断股等。

剥头方法有刃截法和热截法。

按不同连接方式,剥头长度基本尺寸为:搭焊 3 mm+2.0 mm;勾焊 6 mm+4.0 mm;绕焊 15 mm±5.0 mm。

(3)捻头。对多股芯线,剥头后用镊子或捻头机把松散的芯线绞合整齐,称为捻头。

捻头的方法是:按多股芯线原来合股的方向扭紧,芯线扭紧后不得松散。捻头时应松紧适度(其螺旋角一般为 30°~45°),不卷曲、不断股。

(4)浸锡或搪锡。搪锡是指对捻紧端头的导线进行浸涂焊料的过程。目的是防止已捻头的芯线散开及氧化,提高导线的可焊性,防止虚焊、假焊,要对导线进行浸锡或搪锡处理。

浸锡或搪锡的方法是把经前 3 步处理的导线剥头插入锡锅(槽)中浸锡或用电烙铁以手工搪锡的方法进行。

搪锡注意事项:绝缘导线经过剥头、捻头后应尽快浸锡;浸锡时应把剥头先浸助焊剂,再浸锡。浸锡时间以 1~3 s 为宜,浸锡后应立刻浸入酒精中散热,以防止绝缘层收缩或破裂。被浸锡的表面应光滑明亮,无拉尖和毛刺,焊料层薄厚均匀,无残渣和焊剂黏附。

(5)清洗。采用无水酒精作清洗液,清洗残留在导线芯线端头的脏物,同时又能迅速冷却浸锡导线,保护导线的绝缘层。

(6)印标记。复杂的产品中使用了很多导线,单靠塑胶线的颜色已不能区分清楚,应在导线两端印上线号或色环标记,才能使安装、焊接、调试、修理、检查时方便快捷。印标记的方式有导线端印字标记、导线染色环标记和将印有标记的套管套在导线上等,如图 3-9 所示。

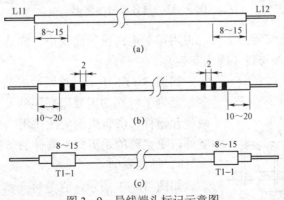

图 3-9 导线端头标记示意图
(a)印字标记;(b)色环标记;(c)套管标记

3.2.4 通孔插装电子元器件的插装工艺

1. 元器件安装的形式

元器件的安装形式可分为垂直安装、卧式安装、倒立安装、横向安装和嵌入安装。

1）卧式安装

卧式安装是将元器件紧贴印制电路板的板面水平放置，元器件与印制电路板之间的距离可视具体要求而定，又分为贴板安装和悬空安装。

（1）贴板安装。如图 3-10（a）所示，贴紧印制基板面且安装间隙小于 1 mm，印制基板面为金属外壳时应加垫。适于防振产品。

（2）悬空安装。如图 3-10（b）所示，距印制板面有一定高度，安装距离一般为 3~8 cm。适于发热元器件的安装。

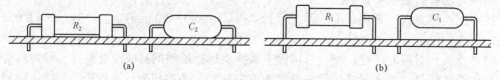

图 3-10 卧式安装示意图
(a) 贴板安装；(b) 悬空安装

卧式安装的优点是元器件的重心低，比较牢固、稳定，受振动时不易脱落，更换时比较方便。由于元器件是水平放置，故节约了垂直空间。

2）垂直安装

如图 3-11 所示，垂直于基板的安装，也叫立式安装。适用于安装密度较高的场合。但质量大且引线细的元器件不宜采用。

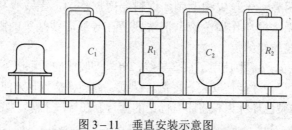

图 3-11 垂直安装示意图

立式安装的优点是安装密度大，占用印制电路板的面积小，安装与拆卸都比较方便。

3）倒立安装与嵌入安装（埋头安装）

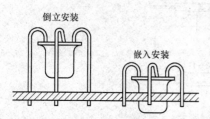

图 3-12 倒立安装与嵌入安装示意图

如图 3-12 所示，这两种安装形式一般情况下应用不多，是为了特殊的需要而采用的安装形式（如高频电路中减少元器件引脚带来的天线作用）。嵌入安装除为了降低高度外，更主要的是提高元器件的防振能力和加强牢靠度。

4）横向安装

如图 3-13 所示，它是将元器件先垂直插入印制电路板，然后将其朝水平方向弯曲。该安装形式适用于具有一定高度限制的元器件,以降低高度。

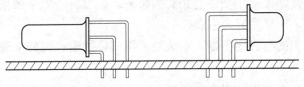

图 3-13　横向安装示意图

2. 典型件的安装

1) 二极管的安装

如图 3-14 所示,可立式安装也可卧式安装。

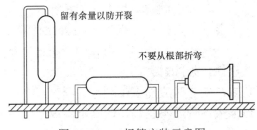

图 3-14　二极管安装示意图

2) 晶体管的安装

晶体管的安装一般以立式安装最为普遍,在特殊情况下也有采用横向或倒立安装的。不论采用哪一种安装形式,其引线都不能保留得太长,太长的引线会带来较大的分布参数,一般留的长度为 3~5 mm,但也不能留得太短,以防止焊接时过热而损坏晶体管。

对于一些大功率自带散热片的塑封晶体管,为提高其使用功率,往往需要再加一块散热板。安装散热板时,一定要让散热板与晶体管的自带散热片有可靠的接触,使散热顺利,如图 3-15 所示。三端稳压器的安装与中功率晶体管安装相同。

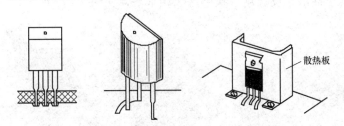

图 3-15　塑封晶体管安装方法示意图

3) 集成电路的安装

集成电路在装入印制电路板前,首先要判断引线的排列顺序,然后再检查引线是否与印制电路板的孔位相同;否则,就可能装错或装不进孔位,甚至将引线弄弯。安装集成电路时,不能用力过猛,以防止弄断或弄偏引线。

集成电路的封装形式很多,有晶体管式封装、单列直插式封装、双列直插式封装和扁平式封装。在使用时,一定要弄清楚引线排列的顺序及第一引脚是哪一个,然后再插入印制电路板。

4）重、大器件的安装

（1）中频变压器及输入输出变压器带有固定脚，安装时将固定脚插入印制电路板的相应孔位，先焊接固定脚，再焊接其他引脚。

（2）对于较大体积的电源变压器，一般要采用螺钉固定。螺钉上最好加上弹簧垫圈，以防止螺钉或螺母松动。

（3）磁棒的安装一般采用塑料支架固定。先将塑料支架插到印制电路板的支架孔位上，然后用电烙铁从印制电路板的反面给塑料脚加热熔化，使之形成铆钉将支架牢固地固定在电路板上，待塑料脚冷却后，再将磁棒插入即可。

（4）对于体积较大的电解电容器，可采用弹性夹固定，如图3-16所示。

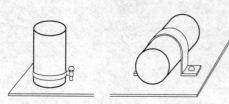

图3-16 大电解电容的安装示意图

3. 元器件安装注意事项

（1）引脚的弯折方向都应与铜箔走线方向相同。

（2）安装二极管时注意极性，外部封装。

（3）为区别极性和正负端，安装时应加上带颜色的套管。

（4）大功率晶体管发热量大，一般不宜装在印制电路板上。

3.2.5 通孔插装电子元器件的手工焊接工艺

1. 手工焊接的操作要领

1）焊接姿势

焊接时应保持正确的姿势。一般烙铁头的顶端距操作者鼻尖部位至少要保持20 cm以上，通常为40 cm，以免焊剂加热挥发出的有害化学气体吸入人体。同时要挺胸端坐，不要躬身操作，并要保持室内空气流通。

2）电烙铁的握法

电烙铁一般有正握法、反握法、执笔法3种拿法，如图3-17所示。

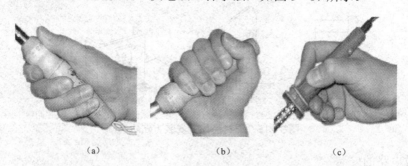

(a) (b) (c)

图3-17 电烙铁的握法
（a）正握法；（b）反握法；（c）执笔法

正握法适用于中等功率电烙铁或带弯头电烙铁的操作。

反握法动作稳定，长时间操作不易疲劳，适用于大功率电烙铁的操作。

执笔法多用于小功率电烙铁在操作台上焊接印制电路板等焊件。

3）焊锡丝的拿法

焊锡丝的拿法根据连续锡焊和断续锡焊的不同分为两种拿法，如图3-18所示。

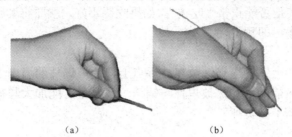

图3-18 焊锡丝的拿法
(a) 连续锡丝拿法；(b) 断续锡丝拿法

（1）连续锡丝拿法。连续锡丝拿法是用拇指和食指握住焊锡丝，三手指配合拇指和食指把焊锡丝连续向前送进。它适用于成卷（筒）焊锡丝的手工焊接。

（2）断续锡丝拿法。断续锡丝拿法是用拇指、食指和中指夹住焊锡丝。采用这种拿法，焊锡丝不能连续向前送进。它适用于小段焊锡丝的手工焊接。

4）焊接操作的注意事项

（1）由于焊丝成分中铅占一定比例，众所周知，铅是对人体有害的重金属，因此操作时应戴手套或操作后洗手，避免食入。

（2）焊剂加热时挥发出来的化学物质对人体是有害的，如果在操作时人的鼻子距离烙铁头太近，则很容易将有害气体吸入。一般鼻子距烙铁头的距离不小于30 cm，通常以40 cm为宜。

（3）使用电烙铁要配置烙铁架，一般将烙铁架放置在工作台右前方，电烙铁用后一定要稳妥地放于烙铁架上，并注意导线等物不要碰烙铁头。

2. 手工焊接的基本要求

焊锡丝一般要用手送入被焊处，不要用烙铁头上的焊锡去焊接，这样很容易造成焊料的氧化、焊剂的挥发。因为烙铁头温度一般都在300 ℃左右，焊锡丝中的焊剂在高温情况下容易分解失效。

通孔插装电子元器件手工焊接工艺

通常可以看到这样一种焊接操作法，即先用烙铁头沾上一些焊锡，然后将电烙铁放到焊点上停留，等待加热后使焊锡润湿焊件。应注意，这不是正确的操作方法。虽然这样也可以将焊件焊起来，但不能保证质量。

3. 手工焊接操作的步骤

焊接操作一般分为准备施焊、加热焊件、熔化焊料、移开焊锡、移开电烙铁五步。称为"五步法"，如图3-19所示。

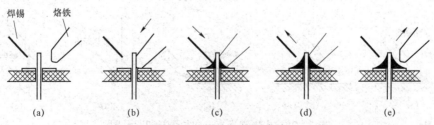

图3-19 手工焊接五步法
(a) 准备施焊；(b) 加热焊件；(c) 熔化焊料；(d) 移开焊锡；(e) 移开电烙铁

1）准备施焊

将焊接所需材料、工具准备好，如焊锡丝、松香焊剂、电烙铁及其支架等。焊前对烙铁头要进行检查，查看其是否能正常"吃锡"。如果吃锡不好，就要将其锉干净，再通电加热并用松香和焊锡将其镀锡，即预上锡。

2）加热焊件

加热焊件就是将预上锡的电烙铁放在被焊点上，使被焊件的温度上升。烙铁头放在焊点上时应注意，其位置应能同时加热被焊件与铜箔，并要尽可能加大与被焊件的接触面，以缩短加热时间，保护铜箔不被烫坏。

3）熔化焊料

待被焊件加热到一定温度后，将焊锡丝放到被焊件和铜箔的交界面上（注意不要放到烙铁头上），使焊锡丝熔化并浸湿焊点。

4）移开焊锡

当焊点上的焊锡已将焊点浸湿时，要及时撤离焊锡丝，以保证焊锡不至过多，焊点不出现堆锡现象，从而获得较好的焊点。

5）移开电烙铁

移开焊锡后，待焊锡全部润湿焊点，并且松香焊剂还未完全挥发时，就要及时、迅速地移开电烙铁，电烙铁移开的方向以45°角为宜。如果移开的时机、方向、速度掌握不好，则会影响焊点的质量和外观。

完成这五步后，焊料尚未完全凝固以前不能移动被焊件之间的位置，因为焊料未凝固时，如果相对位置被改变，就会产生假焊现象。

有时用三步法概括操作方法，即将上述步骤（2）、（3）合为一步，（4）、（5）合为一步。

4．焊点质量的基本要求

（1）电器接触良好。良好的焊点应该具有可靠的电气连接性能，不允许出现虚焊、桥接等现象。

（2）机械强度可靠。保证使用过程中不会因正常的振动而导致焊点脱落。

（3）外形美观。焊点应该是明亮、清洁、平滑的，焊锡量适中并呈裙状拉开，焊锡与被焊件之间没有明显的分界。

（4）焊点不应有毛刺和空隙。助焊剂过少会引起毛刺，有气泡会造成空隙。

5．手工焊接的工艺要求

（1）要保持烙铁头清洁，不要有杂物。

（2）要采用正确的加热方式，接触面尽量大。

（3）焊料、焊剂的用量要适中，焊接的温度和时间要掌握好。

（4）电烙铁撤离的方法要掌握好。电烙铁撤离的方向与焊料留存量的关系如图3-20所示。

图3-20 电烙铁撤离方向与焊料留存量图

（a）烙铁头与轴自成45°角撤离；（b）垂直向上撤离；（c）水平方向撤离；（d）垂直向下撤离；（e）垂直向上撤离

（5）焊点凝固过程中不要移动焊件；否则焊点松动易造成虚焊。

（6）焊接后要将焊点清洗干净，不要留存杂质。

6. 通孔插装电子元器件的手工焊接

1）焊接前的准备

（1）焊接前要将被焊元器件的引线进行清洁和预挂锡。

（2）清洁印制电路板的表面，主要是去除氧化层、检查焊盘和印制导线是否有缺陷和短路点等不足。同时还要检查电烙铁能否吃锡，如果吃锡不良，应去除氧化层并进行预挂锡工作。

（3）熟悉相关印制电路板的装配图，并按图纸检查所有元器件的型号、规格及数量是否符合图纸的要求。

2）装焊顺序

元器件装焊的顺序原则是先低后高、先轻后重、先耐热后不耐热。一般的装焊顺序依次是电阻器、电容器、二极管、晶体管、集成电路、大功率管等。

3）常见元器件的焊接

（1）电阻器的焊接。按图纸要求将电阻器插入规定位置，插入孔位时要注意，有字符标注电阻器的标称字符要向上（卧式）或向外（立式），色码电阻器的色环顺序应朝一个方向，以方便读取。插装时可按图纸标号顺序依次装入，也可按单元电路装入，依具体情况而定，然后就可对电阻器进行焊接。

（2）电容器的焊接。将电容器按图纸要求装入规定位置，并注意有极性电容器的阴、阳极不能接错，电容器上的标称值要易见。可先装玻璃釉电容器、金属膜电容器、瓷介电容器，最后装电解电容器。

（3）二极管的焊接。将二极管辨认正、负极后按要求装入规定位置，型号及标记要向上或朝外。对于立式安装二极管，其最短的引线焊接要注意焊接时间不要超过 2 s，以避免温升过高而损坏二极管。

（4）集成电路的焊接。将集成电路按照要求装入印制电路板的相应位置，并按图纸要求进一步检查集成电路的型号、引脚位置是否符合要求，确保无误后便可进行焊接。

7. 导线焊接工艺

导线焊前要进行处理，剥绝缘层，预焊。

1）导线的焊接种类

导线与接线端子、导线与导线之间的焊接一般采用绕焊、钩焊、搭焊。

2）导线焊接形式

（1）导线同接线端子的焊接。通常用压接钳压接，无法使用时用绕焊、钩焊、搭焊。

（2）导线与导线的焊接。导线与导线之间的焊接以绕焊为主，主要操作步骤如下：

① 将导线去掉一定长度的绝缘层。

② 端头上锡，并套上合适的套管。

③ 绞合，施焊。

④ 趁热套上套管，冷却后套管固定在接头处。

导线与导线之间焊接的方式如图 3-21 所示。

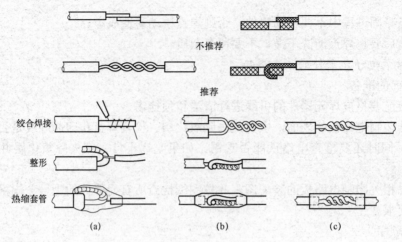

图 3-21 导线与导线之间焊接方式示意图
(a) 粗细不等的两根线;(b) 粗细相同的两根线;(c) 简化接法

(3) 导线与片状焊件的焊接。通常采用钩焊,外加绝缘套管,如图 3-22 所示。

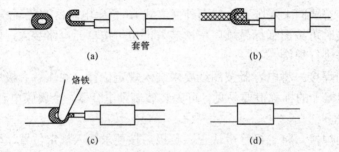

图 3-22 导线与片状焊件的焊接示意图
(a) 焊件预焊;(b) 导线钩接;(c) 烙铁点焊;(d) 套绝缘套管

(4) 导线与环形焊件焊接。通常采用插焊,外加绝缘套管,如图 3-23 所示。

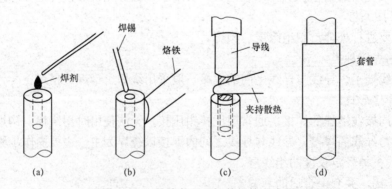

图 3-23 导线与环形焊件焊接示意图
(a) 填充焊剂;(b) 顶上焊锡;(c) 插入焊接;(d) 套好套管

(5) 导线与槽形、板形、柱形焊件焊接。通常采用搭焊、绕焊,外加绝缘套管,如图 3-24 所示。

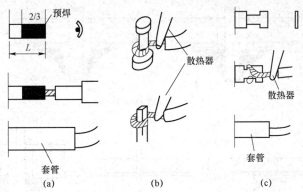

图 3-24　导线与槽形、柱形、板形焊件焊接示意图
（a）槽形搭焊；（b）柱形绕焊；（c）板形绕焊

（6）导线在金属板上的焊接。一般采用焊锡膏助焊，如图 3-25 所示。

（7）导线在 PCB 板上的焊接。导线应通过 PCB 的穿线孔，从元件面穿过，焊接在焊盘上。

3）导线拆焊方法

加热熔化焊锡，用镊子或尖嘴钳拆下导线引线即可。

3.2.6　手工焊接缺陷分析

1. 焊点的质量要求

焊接结束后，要对焊点进行外观检查。因为焊点质量的好坏，直接影响整机的性能指标。对焊点的基本质量有下列 7 点要求。

（1）防止假焊、虚焊和漏焊。

（2）焊点不应有毛刺、砂眼和气泡。

（3）焊点的焊锡要适量。

（4）焊点要有足够的强度。

（5）焊点表面要光滑。

（6）引线头必须包围在焊点内部。

（7）焊点表面要清洁。

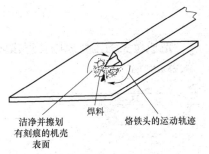

图 3-25　导线在金属板上的焊接

焊接质量与缺陷分析

2. 焊接缺陷分析

焊点会存在虚焊（假焊）、拉尖、桥连、空洞、堆焊、印制电路板铜箔起翘、焊盘脱落等缺陷。

1）虚焊（假焊）

虚焊指焊锡简单地依附在被焊物的表面，没有与被焊接的金属紧密结合形成金属合金的现象，如图 3-26 所示。从外形上看，虚焊的焊点几乎是焊接良好的，但实际上是松动的，或电阻很大甚至没有连接。

造成虚焊的主要原因是焊接面氧化或有杂质，焊锡质量差；焊剂性能不好或用量不当；焊接温度掌握不当；焊接结束但焊锡尚未凝固时焊接元件移动等。

2）拉尖

拉尖是指焊点表面有尖角、毛刺的现象，如图 3-27 所示。

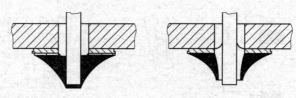

图 3-26 虚焊示意图

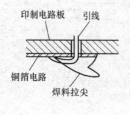 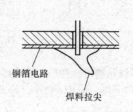 

图 3-27 拉尖示意图

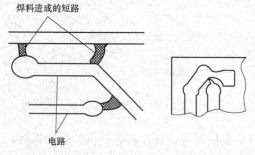

图 3-28 桥接示意图

造成拉尖的主要原因是焊接时间过长使焊料黏性增加，烙铁头离开焊点的方向不对，电烙铁离开焊点太慢，焊料质量不好，焊料中杂质太多，焊接时的温度过低等。

拉尖造成的后果是外观不佳、易造成桥接现象；对于高压电路，有时会出现尖端放电的现象。

3）桥接

桥接是指焊料将印制电路板中相邻的印制导线及焊盘连接起来的现象，如图 3-28 所示。

造成桥接的主要原因是焊锡用量过多、电烙铁使用撤离方向不当。

桥接造成的后果导致产品出现电器短路、有可能使相关电路的元器件损坏。

4）堆焊

堆焊是指焊点的焊料过多，外形轮廓不清，甚至根本看不出焊点的形状，而焊料又没有布满被焊物引线和焊盘，如图 3-29 所示。

造成堆焊的原因是焊料过多，或者是焊料的温度过低，焊料没有完全熔化，焊点加热不均匀，以致焊盘、引线不能润湿等。

5）空洞（不对称）

空洞是由于焊盘的插件孔太大、焊料不足，致使焊料没有全部填满印制电路板插件孔而形成的，如图 3-30 所示。除上述原因外，还有印制电路板焊盘插件孔位置偏离了焊盘中点，或插件孔周围焊盘氧化、脏污、预处理不良。

图 3-29 堆焊示意图　　　　图 3-30 空洞示意图

6）浮焊

浮焊的焊点没有正常焊点光泽和圆滑，而是呈白色细粒状，表面凹凸不平。

造成浮焊的原因是电烙铁温度不够；焊接时间太短；焊料中杂质太多。浮焊的焊点机械强度较弱，焊料容易脱落。

7）球焊

球焊是指焊点形状像球形，与印制板只有少量连接的现象。

球焊的主要原因是印制板面有氧化物或杂质。

球焊导致的后果：由于被焊部件只有少量连接，因而其机械强度差，略微振动就会使连接点脱落，造成虚焊或断路故障。

8）印制板铜箔起翘、焊盘脱落

铜箔从印制电路板上翘起，甚至脱落，如图3-31所示。

造成印制板铜箔起翘、焊盘脱落的主要原因是焊接时间过长、温度过高、反复焊接造成的；或在拆焊时，焊料没有完全熔化就拔取元器件造成的。

其后果是电路出现断路、或元器件无法安装的情况，甚至整个印制板被损坏。

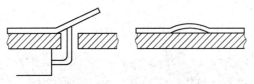

图3-31 印制板铜箔起翘、焊盘脱落示意图

除了上述缺陷外，还有其他一些焊点缺陷，如表3-2所示。

表3-2 焊点其他缺陷分析表

焊点缺陷	外观特点	危害	原因分析
焊料过少	焊料未形成平滑面	机械强度不足	焊丝撤离过早
松香焊	焊缝中夹有松香渣	强度不足，导通不良	① 助焊剂过多或已失效； ② 焊接时间不足，加热不够； ③ 表面氧化膜未去除
冷焊	表面呈现豆腐渣状颗粒，可能有裂纹	强度低，导电性不好	焊料未凝固前焊件抖动或电烙铁瓦数不够
过热	焊点发白，无金属光泽，表面较粗糙	焊盘容易剥落，强度降低	电烙铁功率过大，加热时间过长
松动	导线或元器件引线可移动	导通不良或不导通	① 未凝固前引线移动造成空隙； ② 引线未处理好，浸润差或不浸润
针孔	目测或低倍放大镜可见有孔	强度不足，焊点容易腐蚀	插件孔与引线间隙太大
气泡	引线根部内部藏有空洞	暂时通，但长时间容易引起导通不良	引线与插件孔间隙过大或引线浸润性不良

3.2.7 手工拆焊方法

1. 手工拆焊技术

在调试或维修电子仪器时，经常需要将焊接在印制电路板上的元器件拆卸下来，这个拆卸的过程就是拆焊，有时也称为解焊。拆焊比焊接困难得多，若掌握不好，会损坏元器件或印制电路板。

1）拆焊的常用工具和材料

普通电烙铁、镊子、吸锡器、吸锡电烙铁、吸锡材料等。

2）拆焊的操作要点

（1）严格控制加热的温度和时间。

（2）拆焊时不要用力过猛。

（3）吸去拆焊点上的焊料。

2. 手工拆焊方法

常用的手工拆焊方法有分点拆焊法、集中拆焊法和断线拆焊法。

手工拆焊方法

1）分点拆焊法

逐个对焊点进行拆除。具体方法如图3-32所示。

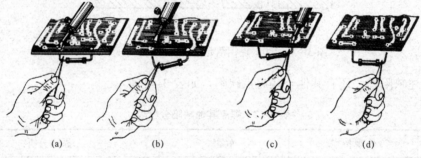

图3-32 分点拆焊法示意图

将印制电路板竖起来夹住，一边用电烙铁加热待拆元器件的焊点，一边用镊子或尖嘴钳夹住元器件引线轻轻拉出。

重焊时需用锥子将插件孔在加热熔化焊锡的情况下扎通。

2）集中拆焊法

同时对多个焊点进行拆除，可采用多种工具进行拆除。

（1）用医用空心针头拆焊，如图3-33所示。将医用空心针头用钢锉挫平，作为拆焊的工具，具体方法：一边用电烙铁熔化焊点，一边把医用空心针头套在被焊的元器件引线上，直至焊点熔化后，将医用空心针头迅速插入印制电路板的插件孔内，使元器件的引线与印制电路板的焊盘脱开。

（2）用气囊吸锡器进行拆焊，如图3-34所示。将被拆的焊点加热，使焊料熔化，再把吸锡器挤瘪，将吸嘴对准熔化的焊料，然后放松吸锡器，焊料就被吸进吸锡器内。

（3）用铜编织线进行拆焊。将铜编织线的一部分"吃"上松香焊剂，然后放在将要拆焊的焊点上，再把电烙铁放在铜编织线上加热焊点，待焊点上的焊锡熔化后，就被铜编织线吸去。如焊点上的焊料一次没有被吸完，则可进行第二次、第三次……，直至吸完。铜编织线吸满焊料后就不能再用,需要把已吸满焊料的部分剪去。

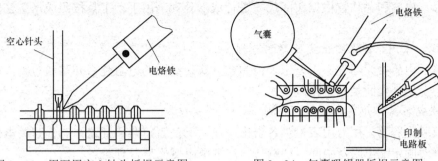

图 3-33　用医用空心针头拆焊示意图　　图 3-34　气囊吸锡器拆焊示意图

（4）采用吸锡电烙铁拆焊。吸锡电烙铁是一种专用于拆焊的烙铁,它能在对焊点加热的同时,把锡吸入内腔,从而完成拆焊。

3）断线拆焊法

把引线剪断后再进行拆焊,适用于已损坏的元器件的拆焊,如图 3-35 所示。

图 3-35　断线拆焊示意图

3.3　任务实施

3.3.1　手工装配焊接的工艺流程设计

1. 装接前的准备

（1）对照材料清单识读电原理图与元件装配图。

（2）印制电路板检查及元器件的识别与检测。

（3）元器件成形加工及导线准备。

（4）焊接工具和焊接材料的准备。

2. 元器件的装配焊接

（1）元器件的检测与引线成形。

（2）元器件的插装焊接。

（3）装配焊接后检查试机。

3.3.2　元器件的检测与引线成形

1. 电阻、电容、二极管、晶体管的检测与引线成形

（1）元器件的检测。用万用表对电阻、电容、二极管、晶体管进行检测,检测方法按元器件的检测方法进行。

（2）元器件引线成形。根据印制电路板元器件焊盘间的距离，对轴线类元件采用立式安装方式成形，电容和晶体管根据实际尺寸进行成形处理。用手动工具按照成形工艺要求进行加工处理。

2. 天线、中周、输入输出变压器的检测

这些属于电感类元器件，用万用表检测初、次级线圈的电阻是否开路和短路，初、次级线圈间及与金属外壳间是否短路。

3. 双联电容器、开关电位器的检测

对于双联电容器，用万用表检测各引出金属片间是否短路和开路；对于开关电位器，用万用表检测两固定端电阻及中间滑动端与固定端电阻变化是否有断点。

4. 扬声器的检测

将万用表置于欧姆挡，用表笔碰触扬声器两个引线焊接点，听扬声器是否发出"喀喀"声。

3.3.3 元器件的插装焊接

1. 安装顺序

遵循电子元器件的装配原则，按照先小后大、先轻后重、先分立后集成的顺序进行安装。但对于印制电路板上没有元器件符号标记的情况，按照这个原则往往容易出错。在实际生产实践中，先安装集成件，再安装分立件，先安装大器件，再安装小器件，这样很容易找对位置，并且不易遗漏。所以，对分立件调幅收音机的装配采取以下顺序：双联电容—中周—输入输出变压器—电位器—耳机插座—电阻器—电容器—二极管—晶体管—天线—跨接线—电池夹—扬声器。

2. 手工焊接

对照印制电路板及元件装配图，按照上述装配顺序进行元器件的插装，用 25 W 内热式电烙铁，按照手工焊接工艺要求进行焊接，焊点质量合格。

3. 剪脚

用斜口钳或剪刀将多余引线剪掉，引脚高度保留 0.5～1.5 mm。

3.3.4 装接后的检查测试

装配焊接后仔细进行检查，把断点焊接好，元器件引脚无相互碰触短路现象，检查无误后装入前后机壳和度盘旋钮，上好螺钉，装上两节 5 号干电池通电试机。装配好的收音机如图 3-36 所示。

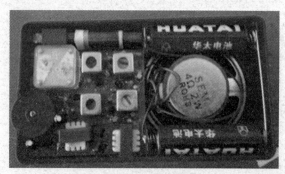

图 3-36　装配好的调幅收音机

3.4 知识拓展

3.4.1 常用导线和绝缘材料

电子产品整机装配中除元器件、零部件等外，还要用到各种线材和绝缘材料。

电子产品中常用线材包括电线和电缆，它们是传输电能或电磁信号的传输导线。

构成电线与电缆的核心材料是导线。导线按材料可分为单金属丝（如铜丝、铝丝）、双金属丝（如镀银铜线）和合金线；按有无绝缘层可分为裸电线和绝缘电线。

1. 电线类

1）裸导线

裸导线（又称裸线）是表面没有绝缘层的金属导线，可分为圆单线、绞线、软接线和其他特殊导线。裸线可作为电线电缆的导电线芯，也可直接使用，如电子元器件的连接线。

2）绝缘电线

绝缘电线是在裸导线表面裹上绝缘材料层。按用途和导线结构，绝缘电线可分为固定敷设电线、绝缘软电线（橡胶绝缘编织软线、聚氯乙烯绝缘电线、铜芯聚氯乙烯绝缘安装电线、铝芯绝缘塑料护套电线）和屏蔽线。屏蔽线是用来防止因导线周围磁场干扰而影响电路正常工作的绝缘电线，是在绝缘电线绝缘层的外面再包上一层金属编织材料构成一个金属屏蔽层。

3）电磁线

电磁线是由涂漆或包缠纤维制成的绝缘导线，它的导电线芯有圆线、扁线、带箔等。主要用于绕制电机、变压器、电感线圈等的绕组，其作用是通过电流产生磁场或切割磁力线产生电流，以实现电能和磁能的相互转换。按绝缘层的特点和用途，电磁线可分为绕包线（丝包、玻璃丝包、薄膜包、沙包）、漆包线、无机绝缘电磁线及特种电磁线（如高温、高湿低温等环境用电磁线）。

2. 电缆类

电缆是在单根或多根绞合而相互绝缘的芯线外面再包上金属壳层或绝缘护套而组成的，按照用途不同，电缆可分为绝缘电线电缆和通信电缆。

电缆的结构如图 3-37 所示，由导体、绝缘层、屏蔽层、护套组成。导体的主要材料是铜线或铝线，采用多股细线绞合而成，以增加电缆的柔软性。为了减少集肤效应，也有采用铜管或皱皮铜管作导体材料。

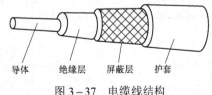

图 3-37 电缆线结构

（1）绝缘层。它由橡皮、塑料、油纸、绝缘漆、无机绝缘材料等组成，有良好的电气和机械物理性能。绝缘层的作用是防止通信电缆漏电和电力电缆放电。

（2）屏蔽层。屏蔽层是用导电或导磁材料制成的盒、壳、屏、板等将电磁能限制在一定的范围内，使电磁场的能量从屏蔽体的一面传到另一面时受到很大的衰减。一般用金属丝包或用细金属丝编织而成，也有采用双金属和多层复合屏蔽的。

（3）护套。电缆绝缘层或导体上面包裹的物质称为护套。它主要起机械保护和防潮的作用，有金属和非金属两种。

3. 常用导线

1）安装导线

安装导线即安装线。安装线是指用于电子产品装配的导线。常用的安装线分为裸导线和塑胶绝缘电线。

（1）裸导线。裸导线是指没有绝缘层的光金属导线。它有单股线、多股绞合线、镀锡绞合线、多股编织线、扁平线、电阻电热丝等若干种类。常用裸导线的种类、型号和用途如表3-3所示。

表3-3 常用裸导线的种类、型号和用途

分类	名称	型号	主要用途
裸单线	硬圆铜单线	TY	作电线电缆的芯线和电器制品（如电机、变压器等）的绕组线。硬圆铜单线也可作电力及通信架空线
	软圆铜单线	TR	
	镀锡软铜单线	TRX	用于电线电缆的内外导体制造及电器制品的电气连接
	裸铜软天线	TTR	适用于通信的架空天线
裸型线	软铜扁线	TBR	适用于电机、电器、配电线路及其他电工制品
	硬铜扁线	TBY	
	裸铜电刷线	TS、TSR	用于电机及电气线路上连接电刷
电阻合金线	镍铬丝	Cr20Ni80	供制造发热元件及电阻元件用，正常工作温度为1 000 ℃
	康铜丝	KX	供制造普通线绕电阻器及电位器用，能在500 ℃条件下使用

（2）塑胶绝缘电线。塑胶绝缘电线（塑胶线）是在裸导线的基础上，外加塑胶绝缘的电线，是由导电的线芯、绝缘层和保护层组成。广泛用于电子产品的各部分、各组件之间的各种连接。

塑胶绝缘电线型号命名的意义见表3-4。

表3-4 塑胶绝缘电线型号命名的意义

分类代号或用途		绝缘层		护套		派生特性	
符号	意义	符号	意义	符号	意义	符号	意义
A	安装线缆	V	聚氯乙烯	V	聚氯乙烯	P	屏蔽
B	布电缆	F	氟塑料	H	橡套	R	软线
F	飞机用低压线	Y	聚乙烯	B	编织套	S	双绞
R	日用电器用软线	X	橡皮	L	腊克	B	平行
Y	工业移动电器用线	ST	天然丝	N	尼龙套	D	带形
T	天线	B	聚丙烯	SK	尼龙丝	T	特种
		SE	双丝包				

2）电磁线

电磁线是由涂漆或包缠纤维作为绝缘层的圆形或扁形铜线。主要用于绕制各类变压器、电感线圈等。

常用电磁线的型号、名称和主要特性及用途见表3-5。

表3-5 常用电磁线的型号、名称和主要特性及用途

型号	名称	主要特性及用途
QZ-1	聚酯漆包圆铜线	其电气性能好，机械强度较高，抗溶剂性能好，耐温在130℃以下。用作中小型电机、电气仪表等的绕组
QST	单丝漆包圆钢线	用于电机、电气仪表的绕组
QZB	高强度漆包扁铜线	性能同QZ-1，主要用于大型线圈的绕组
QJST	高频绕组线	高频性能好，用作绕制高频绕组

3）扁平电缆

扁平电缆（排线或带状电缆）是由许多根导线结合在一起，相互之间绝缘的一种扁平带状多路导线的软电缆。这种电缆造价低、质量轻、韧性强，是电子产品常用的导线之一，如图3-38所示。可用作插座间的连接线、印制电路板之间的连接线及各种信息传递的输入输出柔性连接。

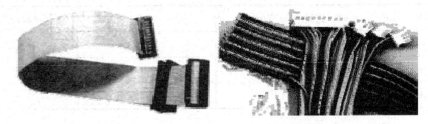

图3-38 扁平电缆

4）屏蔽线

屏蔽线是在塑胶绝缘电线的基础上，外加导电金属屏蔽层和外护套而制成的信号连接线，如图3-39所示。屏蔽线具有静电屏蔽、电磁屏蔽和磁屏蔽的作用，它能防止或减少线外信号与线内信号之间的相互干扰。屏蔽线主要用于1MHz以下频率的信号连接。

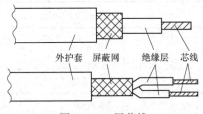

图3-39 屏蔽线

5）电缆

电子产品装配中的电缆主要包括射频同轴电缆、馈线和高压电缆等。

（1）射频同轴电缆。射频同轴电缆（高频同轴电缆）的结构与单芯屏蔽线基本相同，不同的是两者使用的材料不同，其电性能也不同，如图3-40（a）所示。射频同轴电缆主要用于传送高频电信号，具有衰减小、抗干扰能力强、天线效应小及便于匹配的优点，其阻抗一般有50Ω或75Ω两种。

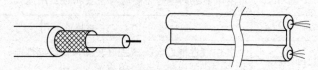

图3-40　电缆示意图
(a)同轴电缆示意图；(b)馈线示意图

（2）馈线。馈线是由两根平行的导线和扁平状的绝缘介质组成的，专用于将信号从天线传到接收机或由发射机传给天线的信号线，如图3-40（b）所示。其特性阻抗为300Ω，传送信号属平衡对称型。

（3）高压电缆。高压电缆的结构与普通带外护套的塑胶绝缘软线相似，只是要求绝缘体有很高的耐压特性和阻燃性，故一般用阻燃型聚乙烯作为绝缘材料，且绝缘体比较厚实。

高压电缆的耐压与绝缘体厚度的关系见表3-6。

表3-6　高压电缆的耐压与绝缘体厚度的关系

耐压（DC）/kV	绝缘体厚度/mm	耐压（DC）/kV	绝缘体厚度/mm
6	约0.7	30	约2.1
10	约1.2	40	约2.5
20	约1.7		

6）电源软导线

电源软导线的主要作用是连接电源插座与电气设备。选用电源线时，除导线的耐压要符合安全要求外，还应根据产品的功耗，合理选择不同线径的导线。

电器用聚氯乙烯软导线参数见表3-7。

表3-7　电器用聚氯乙烯软导线参数表

导体			成品外径/mm						导体电阻/(Ω·km^{-1})	允许电流/A
截面积/mm²	结构根/直径/mm	外径/mm	单芯	双根绞合	平形	圆形双芯	圆形3芯	长圆形		
0.5	20/0.18	1.0	2.6	5.2	2.6×5.2	7.2	7.6	7.2	36.7	6
0.75	30/0.18	1.2	2.8	5.6	2.8×5.6	7.6	8.0	7.6	24.6	10
1.25	50/0.18	1.5	3.1	6.2	3.1×6.2	8.2	8.7	8.2	14.7	14
2.0	37/0.26	1.8	3.4	6.8	3.4×6.8	8.8	9.3	8.8	9.50	20

7）导线颜色的选用

为了整机装配及维修方便，导线和绝缘套管的颜色通常按一定的规定选用，见表3-8。

表3-8 导线和绝缘套管的颜色

电路种类		导线颜色
一般交流线路		①白②灰
三相交流电源线	A相	黄
	B相	绿
	C相	红
	工作零线（中性线）	淡蓝
	保护零线（安全地线）	黄和绿双色线
直流线路	+	①红②棕
	0（GND）	①黑②紫
	-	①蓝②白底青纹
晶体管	e（发射极）	①红②棕
	b（基极）	①黄②橙
	c（集电极）	①青②绿
立体声电路	R（右声道）	①红②橙③无花纹
	L（左声道）	①白②灰③有花纹
指示灯		青

4. 电子产品中的绝缘材料

绝缘材料又称电介质，是指具有高电阻率、电流难以通过的材料。通常情况下，可认为绝缘材料是不导电的。

绝缘材料的作用是将电子产品中电位不同的带电部分隔离开。

1）绝缘材料的分类

（1）无机绝缘材料。主要用作电机、电器的绕组绝缘以及用于制作开关板、骨架和绝缘子等。

（2）有机绝缘材料。主要用于电子元件的制造和制成复合绝缘材料。

（3）复合绝缘材料。主要用作电器的底座、支架、外壳等。

常用绝缘材料的型号、特性与用途见表3-9。

表3-9 常用绝缘材料的型号、特性与用途

名称及标准号	牌号	特性与用途
电缆纸 QB 131—61	K-08、12、17	作35 kV的电力电缆、控制电缆、通信电缆及其他电器的绝缘用纸
电容器纸 QB 603—72	DR-Ⅱ	在电子设备中作变压器的层间绝缘
电话纸 QB 218—62	DH-40、50、75	作多股电信电缆的绝缘体用纸

续表

名称及标准号	牌号	特性与用途
电绝缘纸板 QB 342—63	DK-100/00	具有较高的抗电强度,适用于低压系统中各种电气设备,在电机、仪表、电气开关上作槽缝、卷线、部件、垫片及保护层用
粉末树脂		涂敷温度低,涂层坚韧、光亮、美观,机械强度高,可进行车削加工。用在不宜高温烘焙的电气元件及有关零件、部件的绝缘、密封、防腐等的表面涂敷
厚片云母	3号、4号	厚片云母为工业原料云母,是制作电容器介质薄片、电机绝缘片及大功率管与散热器中绝缘用薄片的原料
黄漆布与黄漆绸 JB 879—66		适用于一般电机电器的衬垫或线圈绝缘
醇酸玻璃漆布	2432	其耐热、耐潮及介电性能均优于黄漆布和黄漆绸,耐温性也好,用于在较高温度下工作的电机、电气设备的衬垫或线圈绝缘,以及在油中工作的变压器线圈的绝缘
黄漆管 JB 883—66	2710	有一定的弹性,适用于作电机、电气仪表、无线电器件和其他电器装置的导线连接时的保护和绝缘用
醇酸玻璃漆管 Q/D 145—66	2730	由编织的无碱玻璃丝管浸以醇酸清漆经加热烘干而成。在电子设备中作绝缘和导线连接端的保护用,耐热等级为B级（130 ℃）
硅有机玻璃漆布		耐热性较高,可供电机电器中作衬垫或线圈绝缘用
环氧玻璃漆布		适用于包扎环氧树脂浇注的特种电器线圈
软聚氯乙烯管（带） HG 2—64—65		作电气绝缘及保护用,颜色有灰、白、天蓝、紫、红、橙、棕、黄、绿色等
特种软聚氯乙烯管	5111	供低温下使用
聚四氟乙烯管 HG 2—536—67	SFG-1 SFG-2	用来制造在温度为-180～+250 ℃的各种腐蚀性介质中工作的密封、减摩和绝缘零件
聚四氟乙烯电容器薄膜	SFM-1	用于电容器及电气仪表中的绝缘,适用温度为-60～+250 ℃
聚四氟乙烯电器绝缘薄膜	SFM-3	
酚醛层压纸板 JB 885—66	3021、3023	3023具有低的介质损耗,适于在电信和高频设备中做绝缘结构。由3201制造的零件可在变压器油中使用
酚醛层压布板 JB 886—66	3025	有较高的力学性能和一定介电性能。适用在电气设备中作绝缘结构零部件,可在变压器油中使用
酚醛层压布板	3220	有较高的介电性能及一定的力学性能,耐油性好,可在变压器油中使用
有机硅环氧层压玻璃布板 Q/D 149—66	3250	有较高的机械强度、耐热性和介电性能,可在电机、电器中作槽楔、垫块和其他绝缘零件用
硬聚氟乙烯板 HG 2—62—65		具有优良的电气绝缘性能,耐酸、碱、油,在-10～+50 ℃范围内使用

续表

名称及标准号	牌号	特性与用途
有机玻璃板棒 HG 2—343—66		用作仪器仪表部件、电气绝缘材料及光学镜片等
有机玻璃管 YHG-62-66		是无色、透光、清晰的圆柱管,可用于各种工业设备、装置、仪器中,如离子交换树脂柱流体观察管

2) 常用绝缘材料的主要参数

(1) 耐压强度。1 mm 厚度的材料所能承受的电压。

(2) 机械强度。1 cm² 所能承受的压力。

(3) 耐热等级。绝缘材料允许的最高工作温度。耐热等级分 7 级,见表 3-10。

表 3-10 耐热等级及温度

级别代号	最高温度/℃	主要绝缘材料
Y	90	未浸渍的棉纱、丝、纸等制品
A	105	上述材料经浸渍
E	120	有机薄膜、有机瓷漆
B	130	用树脂黏合或浸渍的云母、玻璃纤维、石棉
F	155	用相应树脂黏合或浸渍的无机材料
H	180	耐热有机硅、树脂、漆或其他浸渍的无机物
C	>200	硅塑料、聚氟乙烯、聚酰亚胺及与玻璃、云母、陶瓷等材料的组合

3.4.2 黏结材料

黏结也称胶接,是一种新的连接工艺。要根据受力情况、工作温度、工作环境等条件选用合适的黏合剂。形成良好黏结的三要素是:选择适宜的黏合剂、处理好黏结表面和选择正确的固化方法。

1) 常用黏合剂

(1) 快速黏合剂。快速黏合剂即常用的 501、502 胶,成分是聚丙烯酸酯胶。其渗透性好,黏结快(几秒钟至几分钟即可固化,24 h 可达到最高强度),可以黏结除聚乙烯、氟塑料以及某些合成橡胶以外的几乎所有材料。缺点是接头的韧性差、不耐热。

(2) 环氧类黏合剂。这种黏合剂的品种多,常用的有 911、914、913、J-11、JW-1 等,其黏结范围广,且有耐热、耐碱、耐潮、耐冲击等优良性能。但不同的产品各有特点,需要根据产品的条件合理选择。这类黏合剂大多是双组分胶,要随用随配,并且要求有一定的温度与时间作为固化条件。

(3) 酚醛——聚乙烯醇缩醛类黏合剂。这种黏合剂的品种有 201、205、JSF-4 等,可黏结铝、铜、钢、玻璃等,且耐热、耐油。

(4) 耐低温胶——聚氨酯黏合剂。这种黏合剂有很多品种,即 JQ-1、101、202、405、

717等。黏结范围也很广泛，各种纸、木材、织物、塑料、金属、陶瓷等都可以获得良好黏结效果，其最大特点是低温性能好。

这类胶在固化时需要有一定的压力，并经过很长时间才能达到最高强度，适当提高温度可缩短固化时间。

（5）耐高温胶——聚酰亚胺黏合剂。这种黏合剂的常用牌号有14～30号。可黏结铝合金、不锈钢、陶瓷等。其工作温度可达300 ℃，胶膜的绝缘性能也很好。

2）电子工业专用胶

（1）导电胶。这种胶有结构型和添加型两种。结构型指树脂本身具有导电性；添加型则是指在绝缘的树脂中加入金属导电粉末，如加入银粉、铜粉等配制而成。这种胶的电阻率各不相同，可用于陶瓷、金属、玻璃、石墨等制品的机械—电气连接。成品有701、711、DAD3～DAD6、三乙醇胺导电胶等。

（2）导磁胶。这种胶是在胶黏剂中加入一定的磁性材料，使黏结层具有导磁作用。聚苯乙烯、酚醛树脂、环氧树脂等黏合剂加入铁氧化体磁粉或羰基铁粉等可组成不同导磁性能和工艺性导磁胶。主要用于铁氧化体零件、变压器等黏结加工。

（3）热溶胶。这种胶有点类似焊锡的物理特性，即在室温下为固态，加热到一定温度后成为熔融态，即可进行黏结工件，待温度冷却到室温时就能将工件黏合在一起。这种胶存放方便并可长期反复使用，其绝缘、耐水、耐酸性也很好，是一种很有发展前景的黏合剂。可接范围包括金属、木材、塑料、皮革、纺织品等。

（4）光敏胶。这种胶是由光引发而固化（如紫外线固化）的一种新型黏合剂，由树脂类胶黏剂中加入光敏剂、稳定剂等配制而成。光敏胶具有固化速度快、操作简单、适于流水线生产的特点。它可以用在印制电路板和电子元器件的连接中。在光敏胶中加入适当的焊料配制成焊膏，可用于集成电路的安装技术中。

知识梳理

（1）焊接材料包括焊料（焊锡）和焊剂（助焊剂与阻焊剂）；电烙铁是手工施焊的主要工具。合理选择、使用电烙铁是保证焊接质量的基础。

（2）绝缘导线的加工处理分为剪裁、剥头、捻头（多股线）、搪锡、清洗、印标记等过程。

（3）器件引线的成形主要有专用模具成形、专用设备成形以及手工用尖嘴钳进行简单加工成形等方法。其中模具手工成形较为常用。

（4）引线在浸锡前，应在距离器件根部2～5 mm处开始去除氧化层。从除去氧化层到进行浸锡的时间一般不要超过1 h。

（5）元器件的安装形式可分为垂直安装、卧式安装、倒立安装、横向安装和嵌入安装。

（6）手工焊接时，常采用五步操作法。对双层电路板上的金属化孔进行焊接时，不仅要让焊料润湿焊盘，而且让孔内也要润湿填充，因此对金属化孔的加热时间应稍长。

（7）导线与接线端子之间的焊接有3种基本形式，即绕焊、钩焊和搭焊。

（8）手工拆焊方法与技巧。一般电阻、电容、二极管、晶体管等元件的引脚不多，对这些元器件可直接用电烙铁进行触焊。当需要拆下多个引线的元器件或虽然元件的引线数少但引线比较硬时，可以采用自制专用工具拆焊，自己制作一个专用烙铁头。

(9)常用导线分电线类和电缆类,电线类有裸导线、绝缘电线、电磁线,电缆由导体、绝缘层、屏蔽层、护套组成。不同导线应用场合不同,选用导线时要考虑电气因素、环境因素和装配工艺因素。

(10)绝缘材料按其化学性质可分为无机、有机和混合绝缘材料。绝缘材料的性能指标有电阻率、电击穿强度、击穿电压、机械强度、耐热性能等。

(11)黏结也称胶接,形成良好黏结的三要素是选择适宜的黏合剂、处理好黏结表面和选择正确的固化方法。

 思考与练习

(1)常见电烙铁有哪些种类?各有何特点?
(2)烙铁头形状有哪些?对圆斜面式烙铁头采用怎样的处理方法?
(3)引线成形工艺的基本要求有哪些?
(4)焊接工艺的基本条件是什么?
(5)手工焊接的工艺步骤及工艺要求有哪些?
(6)焊点的质量要求及焊接缺陷有哪些?分析焊接缺陷产生的原因。
(7)拆焊的操作要点和拆焊方法是什么?
(8)常用导线的种类及特点是什么?
(9)绝缘导线的加工工艺流程是什么?
(10)导线与焊件的焊接形式通常有哪些?
(11)对线扎的绑扎有哪些方法?各有何特点?
(12)常用焊料形状有哪些?什么是共晶合金焊料?
(13)实操练习:找一块废旧的带有焊盘的印制电路板,若干个带引脚的元件,进行装配焊接和拆焊训练。

项目 4

通孔插装元器件的自动焊接工艺

4.1 任务驱动

任务：双声道音响功放电路板波峰焊接

把电子元器件牢固、可靠地焊接到印制电路板上，是电子产品装配的重要环节。焊接是电子产品组装的重要工艺，焊接质量的好坏直接影响电子产品的性能。传统的有引线元器件安装采用插装技术，在电子产品生产中广泛应用。安装方法可以手工插装，也可以利用自动化设备进行安装，无论用哪一种方法，都要求被装配元器件的形状和尺寸简单、一致，方向易于识别，插装前要对元器件进行预处理等。

目前，电子产品大规模生产大都采用自动焊接技术，在产品研制、设备维修以及一些大规模、大型电子产品的生产中，广泛应用自动焊接。对通孔插装元器件的自动焊接，更是从事电子技术工作人员所必须掌握的操作技能。

4.1.1 任务目标

1. 知识目标

（1）掌握常用通孔插装设备的操作与使用。
（2）掌握手工插装和自动插装技术。
（3）掌握手工浸焊和自动浸焊技术。
（4）学会使用常用的波峰焊机。
（5）掌握焊接质量要求及焊接缺陷种类分析。

2. 技能目标

（1）能够正确使用器件的自动成形设备。

(2) 能够根据装配图正确进行电子元器件的插装。

(3) 能够正确操作使用自动焊接设备。

(4) 能遵守焊接安全操作规范。

4.1.2 任务要求

(1) 根据印制电路板及元件装配图对照电原理图和材料清单，对已经检测好的元器件进行成形加工处理。

(2) 对照印制电路板及元件装配图按照正确装配顺序进行元器件的插装，使用浸焊和波峰焊机进行焊接。

(3) 装配焊接后进行检查，无误后通电试验。

(4) 理解音响功放电路原理图和装配图。

① 音响功放电路原理图。音响功放电路原理图如图 4-1 所示。

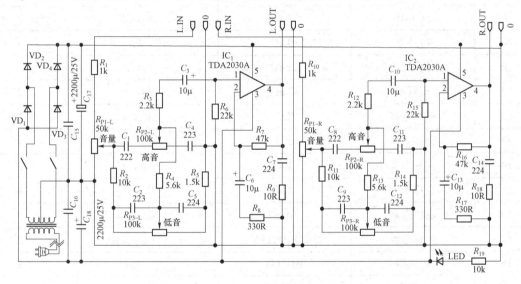

图 4-1 音响功放电路原理图

② 音响功放电路印制电路板（焊接面）及元件装配图分别如图 4-2 和图 4-3 所示。

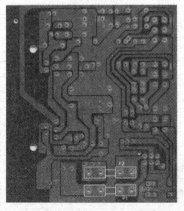

图 4-2 印制电路板（焊接面）

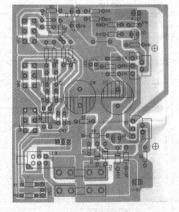

图 4-3 印制电路板元件装配图

③ 音响功放电路材料清单见表 4–1。

表 4–1 音响功放电路材料清单

序号	名称	型号规格	位号	数量
1	集成电路	TDA2030A	IC_1、IC_2	2
2	二极管	1N4001	$VD_1 \sim VD_4$	4
3	电阻器	10 Ω	R_9、R_{18}	2
4	电阻器	330 Ω	R_8、R_{17}	2
5	电阻器	1 kΩ	R_1、R_{10}	2
6	电阻器	1.5 kΩ	R_5、R_{14}	2
7	电阻器	2.2 kΩ	R_3、R_{12}	2
8	电阻器	5.6 kΩ	R_4、R_{13}	2
9	电阻器	10 kΩ	R_2、R_{11}、R_{19}	3
10	电阻器	22 kΩ	R_6、R_{15}	2
11	电阻器	47 kΩ	R_7、R_{16}	2
12	瓷片电容	222	C_1、C_8	2
13	瓷片电容	223	C_2、C_4、C_9、C_{11}	4
14	瓷片电容	104	C_{15}、C_{16}	2
15	瓷片电容	224	C_5、C_7、C_{12}、C_{14}	4
16	电解电容	10 μF	C_3、C_6、C_{10}、C_{13}	4
17	电解电容	2 200 μF/25 V	C_{17}、C_{18}	2
18	电位器	B50 kΩ	R_{P1}	1
19	电位器	B100 kΩ	R_{P2}、R_{P3}	2
20	散热片			1
21	螺母	M7	电位器	3
22	发光二极管	ϕ3 mm	LED	1
23	螺钉	3×8 PA		1
24	螺钉	3×8 PM		2
25	电源开关			1
26	保险丝座			4
27	保险丝 10 A			2
28	2P 排线	(3+250+3) mm 间距 2.5 mm、ϕ1.2 mm		2
29	3P 排线	(3+250+3) mm 间距 2.5 mm、ϕ1.2 mm		1
30	线路板	2025		1

4.2 知识储备

4.2.1 浸焊

浸焊是将插好元器件的印制电路板，浸入盛有熔融锡的锡锅内，一次性完成印制电路板上全部元器件焊接的方法。它比手工焊接生产效率高，操作简单，适于批量生产。

浸焊的工作原理是让插好元器件的印制电路板水平接触熔融的铅锡焊料，使整块印制电路板上的全部元器件同时完成焊接。由于印制电路板上的印制导线被阻焊层阻隔，浸焊时不会上锡，对于那些不需要焊接的焊点和部位，要用特制的阻隔膜（或胶布）贴住，防止不必要的焊锡堆积。

能完成浸焊功能的设备称为浸焊机，浸焊机价格低廉，现在还在一些小型企业中使用。图 4-4 所示为浸焊机和浸焊焊接示意图。

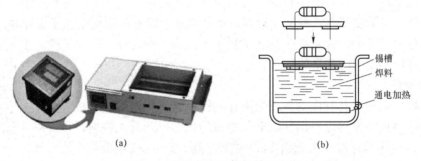

图 4-4 浸焊机和浸焊焊接示意图
(a) 浸焊机；(b) 浸焊焊接示意图

常用的浸焊机有两种：一种是带振动头的浸焊机；另一种是超声波浸焊机。浸焊机的焊锡槽如图 4-5 所示。

图 4-5 浸焊机的焊锡槽

（1）带振动头的浸焊机。带振动头的浸焊机是在普通浸焊机只有锡锅的基础上增加滚动装置和温度调节装置。这种浸焊机浸锡时，振动装置使电路板在浸锡时振动，槽内焊料在持续加热的作用下不停滚动，能让焊料与焊接面更好地接触浸润，改善了焊接效果。

（2）超声波浸焊机。超声波浸焊机一般由超声波发生器、换能器、水箱、焊料槽、加温设备等几部分组成。超声波浸焊机主要通过向锡锅内辐射超声波来增强浸锡效果。这类浸焊机有时还配有带振动头夹持印制电路板的专用设备，焊料能有效地浸润到焊点的金属化孔里，使焊点更加牢固。

常见的浸焊有手工浸焊和自动浸焊两种形式。

手工浸焊

1. 手工浸焊

手工浸焊是由装配工人用夹具夹持待焊接的印制电路板（装好元件）浸在锡锅内完成的浸锡方法，其步骤和要求如下。

（1）锡锅的准备。将锡锅加热，熔化焊锡的温度为230～250℃，并及时去除焊锡层表面的氧化层。有些元器件和印制电路板较大，可将焊锡温度提高到260℃左右。

（2）印制电路板的准备。将装好元器件的印制电路板涂上助焊剂。通常是在松香酒精溶液中浸渍，使焊盘上涂满助焊剂。

（3）浸焊。用夹具将待焊接的印制电路板夹好，水平地浸入锡锅中，使焊锡表面与印制电路板的底面完全接触。浸焊深度以印制电路板厚度的50%～70%为宜，切勿使印制电路板全部浸入锡中。浸焊时间以3～5 s为宜。

（4）完成浸焊。在浸焊时间到后，要立即取出印制电路板。稍冷却后，检查质量，如果大部分未焊好，可重复浸焊，并检查原因。个别焊点未焊好可用电烙铁手工补焊。

印制电路板浸焊的关键是将印制电路板浸入锡锅，此过程一定要平稳，接触良好，时间适当。手工浸焊不使用大批量的生产。

2. 自动浸焊

自动浸焊

自动浸焊一般利用具有振动头或超声波的浸焊机进行浸焊。将插装好元器件的印制电路板放在浸焊机的导轨上，由传动机构自动导入锡锅，浸焊时间为2～5 s。由于具有振动头或超声波，能使焊料深入焊接点的孔中，焊接更可靠，所以自动浸焊比手工浸焊质量要好，但使用自动浸焊有两方面不足：

（1）焊料表面极易氧化，要及时清理。

（2）焊料与印制电路板接触面积大，温度高，易烫伤元器件，还可使印制电路板变形。

自动浸焊的工艺流程如图4-6所示。

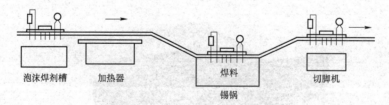

图4-6 自动浸焊的工艺流程

3. 导线和元器件引线的浸锡

浸锡锅既可用于小批量印制电路板的焊接，也可用于对元器件引线、导线端头等进行浸锡。

1）导线浸锡

（1）导线端头浸锡。通常称为搪锡，目的在于防止端头氧化，以提高焊接质量。导线搪锡前，应先剥头、捻头。方法是将捻好头的导线蘸上助焊剂，然后将导线垂直插入锡锅中，待润湿后取出，浸锡时间为1～3 s。浸锡时要注意以下几点：

① 时间不能太长，以免导线绝缘层受热后收缩。
② 浸渍层与绝缘层必须留有 1～2 mm 间隙；否则绝缘层会过热收缩甚至破裂。
③ 应随时清除锡锅中的锡渣，以确保浸渍层光洁。
④ 如一次不成功，可稍停留一会儿再次浸渍，切不可连续浸渍。

（2）裸导线浸锡。裸导线、铜带、扁铜带等在浸锡前要先用刀具、砂纸或专用设备等清除浸锡端面的氧化层污垢，然后再蘸助焊剂浸锡。镀银线浸锡时，工人应戴手套，以保护镀银层。

2）元器件引线浸锡

元器件引线浸锡前，应在距离器件根部 2～5 mm 处开始去除氧化层。元器件引线浸锡以后应立刻散热。浸锡的时间要根据元器件引线的粗细来确定。一般为 2～5 s，若时间太短，引脚未能充分预热，易造成浸锡不良；若时间过长，大量热量传到器件内部，易造成器件变质、损坏。

4. 浸焊工艺中的注意事项

（1）焊料温度控制。一开始要选择快速加热，当焊料熔化后，改用保温挡进行小功率加热，既可防止由于温度过高加速焊料氧化，保证浸焊质量，也可节省电力消耗。

（2）焊接前须让印制电路板浸渍助焊剂，并保证助焊剂均匀涂敷到焊接面的各处。有条件的，最好使用发泡装置，有利于助焊剂涂敷。

（3）在焊接时，要特别注意印制电路板底面与锡液完全接触，保证板上各部分同时完成焊接，焊接的时间应该控制在 3 s 左右。离开锡液时，最好让板面与锡液平面保持向上倾斜的夹角，$\delta \approx 10° \sim 20°$，这样不仅有利于焊点内的助焊剂挥发，避免形成夹气焊点，还能让多余的焊锡流下来。

（4）在浸锡过程中，为保证焊接质量，要随时清理、刮除漂浮在熔融锡液表面的氧化物、杂质和焊料废渣，避免其进入焊点造成夹渣焊。

（5）根据焊料使用消耗的情况，及时补充焊料。

5. 浸焊的优、缺点

（1）优点。浸焊比手工焊接效率高，设备也比较简单。

（2）缺点。由于锡槽内的焊锡表面是静止的，表面上的氧化物极易粘在被焊物的焊接处，从而造成虚焊；又由于温度高，容易烫坏元器件，并导致印制电路板变形。所以，在现代的电子产品生产中已逐渐被波峰焊所取代。

4.2.2 波峰焊技术

波峰焊是将熔融的液态焊料，借助泵的作用，在焊料槽液面形成特定形状的焊料波，将插装好元件的印制电路板置于传送链上，经过某一特定的角度以及一定的浸入深度穿过焊料波峰，与波峰相接触而实现焊点焊接的过程。这种方法适合于大批量焊接印制电路板，特点是质量好、速度快、操作方便，如与自动插件器配合使用，即可实现半自动化生产。

实现波峰焊的设备称为波峰焊机。波峰焊机是在浸焊机的基础上发展起来的自动焊接设备，两者最主要的区别在于设备的焊锡槽。波峰焊是利用焊锡槽内的机械式或电磁式离心泵，将熔融焊料压向喷嘴，从喷嘴中形成一股向上平稳喷涌的焊料波峰，并源源不断地溢出，如图 4-7 所示。

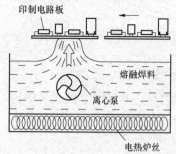

图4-7 波峰焊机焊锡槽示意图

波峰焊原理

1. 波峰焊的原理

装有元器件的印制电路板以平面直线匀速运动的方式通过焊料波峰,波峰的表面均被一层氧化皮覆盖,它在沿焊料波的整个长度方向上几乎都保持静态,在波峰焊接过程中,印制电路板焊接面接触到焊料波的前沿表面,氧化皮破裂,印制电路板前面的焊料波被推向前进,这说明整个氧化皮与印制电路板以同样的速度移动。当印制电路板进入波峰面前端时,基板与引脚被加热,并在未离开波峰面之前,整个印制电路板浸在焊料中,即被焊料所桥接,但在离开波峰尾端的瞬间,少量的焊料由于润湿力的作用,黏附在焊盘上,并由于表面张力的原因,会出现以引线为中心收缩至最小状态,此时焊料与焊盘之间的润湿力大于两焊盘之间焊料的内聚力,因此会形成饱满、圆整的焊点。离开波峰尾部的多余焊料,由于重力的原因,回落到锡锅中,在焊接面上形成润湿焊点而完成焊接。

与浸焊机相比,波峰焊设备具有以下优点。

(1)熔融焊料的表面漂浮一层抗氧化剂,隔离了空气,只有焊料波峰处暴露在空气中,减少了氧化的机会,可以减少焊料氧化带来的浪费。

(2)印制电路板接触高温焊料的时间短,可以减轻印制电路板因高温产生的变形。

(3)波峰焊机在焊料泵的作用下,整槽的熔融焊料循环流动,使焊料成分均匀一致,有利于提高焊点的质量。

2. 波峰焊工艺过程

波峰焊过程:治具安装→喷涂助焊剂系统→预热→波峰焊接→冷却。下面分别介绍各步内容及作用。波峰焊机的内部结构示意图如图4-8所示。

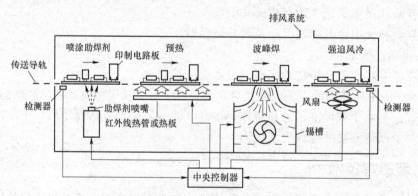

图4-8 波峰焊机的内部结构示意图

1)治具安装

治具安装是指给待焊接的印制电路板安装夹持的治具,可以限制基板受热变形的程度,防止冒锡现象的发生,从而确保浸锡效果的稳定。

2)助焊剂系统

助焊剂系统是保证焊接质量的第一个环节,其主要作用是均匀地涂覆助焊剂,除去印制电路板和元器件焊接表面的氧化层并防止焊接过程中再氧化。助焊剂的涂覆一定要均匀,尽量不产生堆积；否则将导致焊接短路或开路。

助焊剂系统有多种，包括喷雾式、喷流式（波峰式）和发泡式。目前一般使用喷雾式助焊剂系统，采用免清洗助焊剂，这是因为免清洗助焊剂中固体含量极少。所以必须采用喷雾式助焊剂系统涂覆助焊剂，同时在焊接系统中加防氧化系统，保证在印制电路板上得到一层均匀、细密、很薄的助焊剂涂层，这样才不会因第一个波的擦洗作用和助焊剂的挥发，造成助焊剂量不足，而导致焊料桥接和拉尖。

波峰焊工艺过程

喷雾式有两种方式：一是采用超声波击打助焊剂，使其颗粒变小，再喷涂到印制电路板上；二是采用微细喷嘴在一定空气压力下喷雾助焊剂。这种喷涂均匀、粒度小、易于控制，喷雾高度和宽度可自动调节，是主流方式。

3）预热系统

（1）预热系统的作用。

① 助焊剂中的溶剂成分在通过预热器时，将会受热挥发，从而避免溶剂成分在经过液面时高温气化造成炸裂的现象发生，最终防止产生锡粒的品质隐患。

② 待浸锡产品搭载的部品在通过预热器时的缓慢升温，可避免过波峰时因骤热产生的物理作用造成部品损伤的情况发生。

③ 预热后的部品或端子在经过波峰时，不会因自身温度较低的因素大幅度降低焊点的焊接温度，从而确保焊接在规定的时间内达到温度要求。

（2）预热方法。波峰焊机中常见的预热方法有 3 种：空气对流加热；红外加热器加热；热空气和辐射相结合的方法加热。

（3）预热温度。一般预热温度为 130～150 ℃，预热时间为 1～3 min。预热温度控制得好，可防止虚焊、拉尖和桥接，减小焊料波峰对基板的热冲击，有效地解决焊接过程中印制电路板板翘曲、分层、变形问题。

4）焊接系统

焊接系统一般采用双波峰。在波峰焊接时，印制电路板先接触第一个波峰，然后接触第二个波峰。第一个波峰是由窄喷嘴喷出的"湍流"波峰，其流速快，对组件有较高的垂直压力，使焊料对尺寸小、贴装密度高的表面组装元器件的焊端有较好的渗透性。通过湍流的熔融焊料在所有方向擦洗组件表面，从而提高了焊料的润湿性，并克服了由于元器件的复杂形状和取向带来的问题；同时也克服了焊料的"遮蔽效应"。湍流波向上的喷射力足以使焊剂气体排出。因此，即使印制电路板上不设置排气孔也不存在焊剂气体的影响，从而大大减小了漏焊、桥接和焊缝不充实等焊接缺陷，提高了焊接可靠性。经过第一个波峰的产品，因浸锡时间短以及部品自身的散热等因素，浸锡后存在着很多的短路、锡多、焊点光洁度不正常以及焊接强度不足等不良情况。因此，紧接着必须进行浸锡不良的修正，这个动作由喷流面较平较宽阔、波峰较稳定的二级喷流进行。这是一个"平滑"的波峰，流动速度慢，有利于形成充实的焊缝，同时也可有效地去除焊端上过量的焊料，并使所有焊接面上焊料润湿良好，修正了焊接面，消除了可能的拉尖和桥接，获得充实无缺陷的焊缝，最终确保了组件焊接的可靠性。

5）冷却

焊接后要立即进行冷却，适当的冷却有助于增强焊点接合强度的功能，同时，冷却后的产品更利于炉后操作人员的作业。冷却方式大都采用强迫风冷。

3. 波峰焊工艺要求

1）波峰焊接材料的补充

在波峰焊机操作的过程中，焊料和助焊剂被不断消耗，必须进行焊接材料的监测与补充。

波峰焊工艺要求

（1）焊料。波峰焊一般采用 Sn_{63}/Pb_{37} 的共晶焊料，熔点为 183 ℃。Sn 的含量应该保持在 61.5% 以上，并且 Sn/Pb 两者的含量比例误差不得超过 ±1%。根据设备的使用情况，每隔 3 个月到半年定期检查焊料中 Sn 的含量和主要金属杂质含量。如果不符合要求，可以更换焊料或采取其他措施。例如，当 Sn 的含量低于标准时，可以添加纯 Sn 以保证含量比例。

（2）助焊剂。焊接使用的助焊剂要求表面张力小，扩展率大于 85%；黏度小于熔融焊料；密度为 0.82~0.84 g/mL，可以用相应的溶剂来稀释调整，焊接后容易清洗。对于要求不高的电子产品，可以采用中等活性的松香助焊剂，焊接后不必清洗，当然也可以使用免清洗助焊剂。通信、计算机等电子产品，可以采用免清洗助焊剂，或者用清洗型助焊剂，焊接后进行清洗。

（3）焊料添加剂。在波峰焊的焊料中，还要根据需要添加和补充一些辅料，如防氧化剂和锡渣减除剂。防氧化剂可以减少高温焊接时焊料的氧化，不仅可以节约焊料，还能提高焊点质量。防氧化剂由油类与还原剂组成。要求还原能力强，在焊接温度下不会碳化。锡渣减除剂能让熔融的焊料与锡渣分离，防止锡渣混入焊点，并节省焊料。

2）其他工艺要求

（1）元器件的可焊性。元器件的可焊性是焊接良好与否的一个主要方面。对可焊性的检查要定时进行。

（2）波峰高度及波峰平稳性。波峰高度是作用波的表面高度。较好的波峰高度是以波峰达到印制电路板厚度的 1/2~2/3 为宜。波峰过高，易拉毛、堆锡，还会使锡溢到印制电路板上面，烫伤元件；波峰过低，易漏焊和挂焊。

（3）焊接温度。焊接温度是指被焊接处与熔化的焊料相接触时的温度。温度过低会使焊接点毛糙、不光亮，造成虚假焊及拉尖；温度过高易使印制电路板变形，烫伤元件。

（4）传递速度。印制电路板的传递速度决定焊接时间。速度过慢，则焊接时间长且温度高，给印制电路板及元器件带来不良影响；速度过快，则焊接时间短，容易产生假焊、虚焊、桥焊等不良现象。焊接点与熔化的焊料所接触的时间以 3~4 s 为宜，即印制电路板选用 1 m/min 左右的速度。

（5）传递角度。在印制电路板的前进过程中，当印制电路板与焊接时焊料的波峰成一个角度时，则可以减少挂锡、拉毛、气泡等不良现象，所以在波峰焊接时印制电路板与波峰通常成 5°~8° 的仰角。

（6）氧化物的清理。锡槽中焊料长时间与空气接触易氧化，氧化物漂浮在焊料表面，积累到一定程度，会随焊料一起喷到印制电路板上，使焊点无光泽，造成渣孔和桥接等缺陷，因此要定期清理氧化物。一般 4 h 清理一次，并在焊料中加入抗氧化剂。

3）波峰焊的温度工艺参数控制

理想的双波峰焊的焊接温度曲线如图 4-9 所示。从图中可以看出，整个焊接过程被分为 3 个温度区域，即预热、焊接、冷却。实际的焊接温度曲线可以通过对设备的控制系统编程进行调整。

（1）预热区温度控制。在预热区内，印制电路板上喷涂的助焊剂中的溶剂被挥发，可以减少焊接时产生气体。同时，松香和活化剂开始分解活化，去除焊接面上的氧化层和其他污染物，并且防止金属表面在高温下再次氧化。印制电路板和元器件被充分预热，可以有效地避免焊接时急剧升温产生的热应力损坏。印制电路板的预热温度及时间，要根据印制电路板的大小、厚度、元器件的尺寸和数量，以及贴装元器件的多少确定。在印制电路板表面测量的预热温度应该在90～130 ℃之间，多层板或贴片元器件较多时，预热温度取上限。

预热时间由传送带的速度来控制。如果预热温度偏低或预热时间过短，助焊剂中的溶剂挥发不充分，焊接时就会产生气体引起气孔、锡珠等焊接缺陷；如预热温度偏高或预热时间过长，焊剂被提前分解，使焊剂失去活性，同样会引起毛刺、桥接等焊接缺陷。

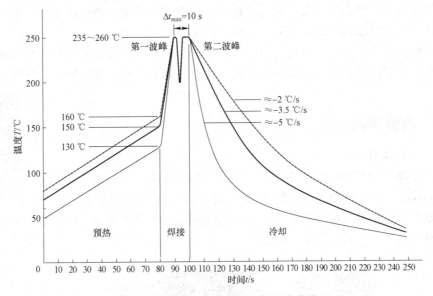

图4-9　理想双波峰焊的焊接温度曲线

为恰当控制预热温度和时间，达到最佳的预热温度，可以参考表4-2中不同印制电路板在波峰焊时的预热温度进行设置，也可以通过波峰焊前涂覆在印制电路板底面的助焊剂是否有黏性来进行判断。

表4-2　不同印制电路板在波峰焊时的预热温度

印制电路板类型	元器件种类	预热温度/℃
单面板	THC+SMD	90～100
双面板	THC	90～110
双面板	THC+SMD	100～110
多层板	THC	110～125
多层板	THC+SMD	110～130

（2）焊接区温度控制。焊接过程是焊接金属表面、熔融焊料和空气等之间相互作用的复

杂过程，同样必须要控制好焊接温度和时间。如焊接温度偏低，液体焊料的黏性大，不能很好地在金属表面浸润和扩散，就容易产生拉尖和桥接、焊点表面粗糙等缺陷；如果焊接温度过高，不仅容易损坏元器件，还会由于焊剂被碳化而失去活性、焊点氧化速度加快，产生焊点发乌、不饱满等问题。测量波峰表面温度，一般应该在 250 ℃±5 ℃的范围内。因热量、温度是时间的函数，在一定温度下，焊点和元件的受热量随时间而增加。波峰焊的焊接时间可以通过调整传送系统的速度来控制。传送带的速度要根据不同波峰焊机的长度、预热温度、焊接温度等因素进行调整。以每个焊点接触波峰的时间来表示焊接时间，一般焊接时间为 3～4 s。双波峰焊的第一波峰一般调整为 235～240 ℃/1 s，第二波峰一般设置为 240～260 ℃/3 s。

（3）冷却区温度控制。为了减少印制电路板的受高热时间，防止印制电路板变形，提高印制导线与基板的附着强度，增加焊接点的牢固性，焊接后应立即冷却。冷却区温度应根据产品的工艺要求、环境温度以及印制电路板传送速度等来确定，冷却区温度一般以一定负温度速度下降，可设置成 -2 ℃/s、-3 ℃/s、-5 ℃/s。

综合调整控制工艺参数，对提高波峰焊质量非常重要。焊接温度和时间是形成良好焊点的首要条件。焊接温度和时间，与预热温度、焊料波峰的温度、导轨的倾斜角度、传输速度都有关系。

4.2.3 波峰焊机

1. 常见的波峰焊机

早期的波峰焊机在焊接过程中经常出现一些焊接缺陷，常出现气泡遮蔽效应和阴影效应。为了改变老式波峰焊机在焊接时容易造成焊料堆积、焊点短路等现象以及利用波峰焊机焊接 SMT 电路板时，易产生气泡遮蔽效应和阴影效应，现在有许多改进型波峰焊机。新型波峰焊机外形如图 4-10 所示。

波峰焊机的分类

图 4-10 新型波峰焊机外形

1）斜坡式波峰焊机

斜坡式波峰焊机是一种单波峰焊机，它与一般波峰焊机的区别在于传送导轨是以一定角度的斜坡式安装的，如图 4-11（a）所示。这种波峰焊机的优点是：假如印制电路板以与一般波峰焊机同样的速度通过波峰，等效增加了焊点浸润时间，增加了印制电路板焊接面与焊锡波峰接触的长度，从而提高了传送导轨的运行速度和焊接效率，不仅有利于焊点内的助焊剂挥发，避免形成夹气焊点，还能让多余的焊锡流下来，保证了焊点的质量。

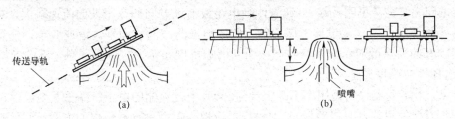

图4-11 斜坡式波峰焊机和高波峰焊机
(a) 斜坡式波峰焊；(b) 高波峰焊

2) 高波峰焊机

高波峰焊机也是一种单波峰焊机，它的焊锡槽及其锡波喷嘴如图4-11 (b) 所示，它适用于THT元器件长脚插焊工艺。其特点是，焊料离心泵的功率较大，从喷嘴中喷出的锡波高度较高，并且其高度可以调节，保证元器件的引脚从锡波里顺利通过。一般情况下在焊机的后面配置剪腿机，用来剪短元器件的引脚。

3) 双波峰焊机

为了适应SMT技术的发展，也为了适应焊接如THT+SMT混合元器件的印制电路板，在单波峰焊机基础上改进形成了双波峰焊机，即有两个波峰。双波峰焊机的焊料波型有3种，即空心波、紊乱波、宽平波。一般两个焊料波峰的形式不同，最常见的波峰组合是"紊乱波"+"宽平波"和"空心波"+"宽平波"。双波峰焊机的焊料波型如图4-12所示。

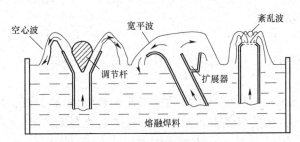

图4-12 双波峰焊机的焊料波型

(1) 空心波。空心波的特点是在熔融铅锡焊料的喷嘴出口设置了指针形调节杆，让焊料熔液从喷嘴两边对称的窄缝中均匀地喷流出来，使两个波峰的中部形成一个空心的区域，并且两边焊料熔液喷流的方向相反。由于空心波的流体力学效应，它的波峰不会将元器件推离基板，相反会使元器件贴向基板。空心波的波型结构，可以从不同方向消除元器件的阴影效应，有极强的填充死角、消除桥接的效果。它能够焊接SMT元器件和引线元器件混合装配的印制电路板，特别适合焊接极小的元器件，即使是在焊盘间距为0.2 mm的高密度印制电路板上，也不会产生桥接。空心波焊料熔液喷流形成的波柱薄、截面积小，使印制电路板基板与焊料熔液的接触面减小，不仅有利于助焊剂热分解气体的排放，克服了气体遮蔽效应，还减少了印制电路板吸收的热量，降低了元器件损坏的概率。

(2) 紊乱波。在双波峰焊接机中，用一块多孔的平板去替换空心波喷口的指针形调节杆，就可以获得由若干个小子波构成的紊乱波。看起来像平面涌泉似的紊乱波，也能很好地克服一般波峰焊的遮蔽效应和阴影效应。

（3）宽平波。在焊料的喷嘴出口处安装了扩展器，熔融的铅锡熔液从倾斜的喷嘴喷流出来，形成偏向宽平波（也叫片波）。逆着印制电路板前进方向的宽平波的流速较大，对印制电路板有很好的擦洗作用；在设置扩展器的一侧，熔液的波面宽而平，流速较小，使焊接对象可以获得较好的后热效应，起到修整焊接面、消除桥接和拉尖、丰满焊点轮廓的效果。

4）选择性波峰焊设备

近年来，SMT 元器件的使用率不断上升，在某些混合装配的电子产品里甚至已经占到 95% 左右，按照以往的思路，对电路板 A 面进行再流焊、B 面进行波峰焊的方案已经面临挑战。在以集成电路为主的产品中，很难保证在 B 面上只贴装耐受温度的 SMC 元件、不贴装 SMD（如集成电路，它承受高温的能力较差，可能因波峰焊导致损坏）；假如用手工焊接的办法对少量 THT 元件实施焊接，又感觉一致性难以保证。为此，国外厂商推出了选择性波峰焊设备。这种设备的工作原理是，在由印制电路板设计文件转换的程序控制下，小型波峰焊锡槽和喷嘴移动到印制电路板需要补焊的位置，顺序、定量地喷涂助焊剂并喷涌焊料波峰，进行局部焊接。

2. 波峰焊机的操作

1）波峰焊基本操作规程

（1）准备工作。

① 检查波峰焊机配用的通风设备是否良好。

② 检查波峰焊机定时开关是否良好。

③ 检查锡槽温度指示器是否正常。

波峰焊机的操作

方法：进行温度指示器上下调节，然后用温度计测量锡槽液面下 10～15 mm 处的温度，判断温度是否随其变化。

④ 检查预热器系统是否正常。

方法：打开预热器开关，检查其是否升温且温度是否正常。

⑤ 检查切脚刀的工作情况。

方法：根据印制电路板的厚度与所留元件引线的长度调整刀片的高低，然后将刀片架拧紧且平稳，开机目测刀片的旋转情况，最后检查保险装置有无失灵。

⑥ 检查助焊剂容器压缩空气的供给是否正常。

方法：倒入助焊剂，调好进气阀，开机后助焊剂发泡，使用试样印制电路板将泡沫调到板厚的 1/2 处，再拧紧眼压阀，待正式操作时不再动此阀，只开进气开关即可。

⑦ 待以上程序全部正常后，方可将所需的各种工艺参数预置到设备的有关位置上。

（2）操作规则。

① 波峰焊机需要经过培训的专职工作人员进行操作管理，并能进行一般性的维修与保养。

② 开机前，操作人员需佩戴粗纱手套拿棉纱将设备擦干净，并向注油孔内注入适量润滑油。

③ 操作人员需佩戴橡胶防腐手套清除锡槽及焊剂槽周围的废物和污物。

④ 操作间内设备周围不得存放汽油、酒精、棉纱等易燃物品。

⑤ 焊机运行时，操作人员要佩戴防毒口罩，同时要佩戴耐热耐燃手套进行操作。

⑥ 非工作人员不得随便进入波峰焊操作间。

⑦ 工作场所不允许吸烟、吃食物。

⑧ 进行插装工作时要穿戴工作帽、鞋及工作服。

2）单机式波峰焊的操作过程

（1）打开通风开关。

（2）开机。

① 接通电源。

② 接通焊锡槽加热器。

③ 打开发泡喷涂器的进气开关。

④ 焊料温度达到规定数据时检查锡液面，若锡液面太低要及时添加焊料。

⑤ 开启波峰焊气泵开关，用安装印制电路板的专用夹具来调整压锡深度。

⑥ 清除锡面残余氧化物，在锡面干净后添加防氧化剂。

⑦ 检查助焊剂，如果液面过低需加适量助焊剂。

⑧ 检查调整助焊剂密度，使之符合要求。

⑨ 检查助焊剂发泡层是否良好。

⑩ 打开预热器温度开关，调到所需温度位置。

⑪ 调节传动导轨的角度。

⑫ 开通传送机开关并调节速度到需要的数值。

⑬ 开通冷却风扇。

⑭ 将焊接夹具装入导轨。

⑮ 将印制电路板装入夹具，板四周贴紧夹具槽，力度适中，然后把夹具放到传送导轨的始端。

3）波峰焊机操作工艺流程

波峰焊机操作人员应详细熟悉设备原理、电原理图、技术说明书及其他辅助资料后方可操作。

（1）开动波峰焊机前应检查机床各部件螺钉有无松动。

（2）打开电源。

（3）将锡锅温度与预热温度设置至工艺要求后打开电热开关。

（4）在焊剂储液箱内加满一定浓度的助焊剂。

（5）调节喷雾槽空气压力与流量，使喷雾效果最佳。

（6）调整链爪速度至工艺要求。

（7）调整链爪开档至印制电路板同宽。

（8）待温度达到设定值时，启动锡泵，输送印制电路板进行焊接。

（9）焊接结束后关闭电源，清扫作业现场。

4.2.4 波峰焊接缺陷分析

1. 沾锡不良

沾锡不良是不可接受的缺点，是指在焊点上只有部分沾锡。局部沾锡不良不会露出铜箔面，只有薄薄的一层锡而无法形成饱满的焊点。分析其原因及改善方式如下。

波峰焊接缺陷分析

（1）在印制阻焊剂时沾上的外界污染物，如油、脂、蜡等。此类污染物通常可用溶剂清洗。

（2）作为抗氧化使用的硅油因它会蒸发沾在基板上而造成沾锡不良，硅油不易清理，因此使用它时要非常小心。

（3）常因储存状况不良或基板制程上的问题发生氧化，且助焊剂无法完全去除时会造成沾锡不良。解决方法是过二次锡。

（4）沾助焊剂方式不正确，造成此种原因是发泡气压不稳定或不足，致使泡沫高度不稳或不均匀而使基板部分没有沾到助焊剂。解决方法是调整助焊剂涂敷质量。

（5）吃锡时间不足或锡温不足会造成沾锡不良。因为熔锡需要足够的温度及时间湿润，通常焊锡温度应高于熔点温度 50～80 ℃，沾锡总时间约 3 s。

2. 冷焊或焊点不亮

焊点看似碎裂、不平，大部分原因是零件在焊锡正要冷却形成焊点时振动所致，注意锡炉输送是否有异常振动。

3. 焊点破裂

焊点破裂通常是焊锡、基板、导通孔及零件脚之间膨胀系数不一致造成的，应在基板材质、零件材料及设计上去改善。

4. 焊点锡量太大

通常在评定一个焊点时，希望焊点又大又圆又胖，但事实上过大的焊点对导电性及抗拉强度未必有所帮助。原因有以下几点：

（1）锡炉输送角度不正确会造成焊点过大，倾斜角度由 1°～7° 依基板设计方式调整，一般角度约 3.5°，角度越大沾锡越薄，角度越小沾锡越厚。

（2）焊接温度和时间不够。提高锡槽温度，加长焊锡时间，使多余的锡再回流到锡槽。

（3）预热温度不够。提高预热温度，可减少基板沾锡所需热量，增加助焊效果。

（4）助焊剂比例不合适。略微降低助焊剂比例。通常比例越高吃锡越厚，也越易短路，比例越低吃锡越薄，但越易造成锡桥、锡尖。

5. 拉尖

拉尖指在元器件脚顶端或焊点上发现有冰尖般的锡，产生原因及解决方法如下：

（1）基板的可焊性差。此问题通常伴随着沾锡不良，可试着提升助焊剂比例来改善。

（2）基板上焊盘面积过大。可用阻焊漆线将焊盘分隔来改善，原则上用阻焊漆线将大焊盘分隔成 5 mm×10 mm 区块。

（3）锡槽温度不足，沾锡时间太短。可用提高锡槽温度、加长焊锡时间，使多余的锡再回流到锡槽来改善。

（4）出波峰后之冷却风流角度不对。不可朝锡槽方向吹，会造成锡点急速冷却，多余焊锡无法受重力与内聚力拉回锡槽。

6. 白色残留物

在焊接或溶剂清洗过后发现有白色残留物在基板上，通常是松香的残留物，这类物质虽然不会影响表面电阻质，但客户不接受。

（1）助焊剂通常是造成此问题的主要原因，有时改用另一种助焊剂即可改善，松香类助焊剂常在清洗时产生白斑，此时最好的方式是寻求助焊剂供货商的协助。

（2）基板制作过程中残留杂质，在长期储存下也会产生白斑，可用助焊剂或溶剂清洗即可。

（3）使用的助焊剂与基板氧化保护层不兼容。通常发生在新的基板供货商，或更改助焊剂厂牌时发生，应请供货商协助。

（4）清洗基板的溶剂水分含量过高，降低清洗能力并产生白斑，应更新清洗溶剂。

（5）助焊剂使用过久、老化，暴露在空气中吸收水气劣化。建议更新助焊剂（通常发泡式助焊剂应每周更新，浸泡式助焊剂每两周更新，喷雾式每月更新）即可。

（6）使用松香型助焊剂，过完焊锡炉后停放时间太久才清洗，导致引起白斑。尽量缩短焊锡与清洗的时间即可改善。

7. 深色残余物及浸蚀痕迹

通常黑色残余物均发生在焊点的底部或顶端，此问题通常是不正确地使用助焊剂或清洗造成。

（1）松香型助焊剂焊接后未立即清洗，留下黑褐色残留物。尽量提前清洗即可。

（2）有机类助焊剂在较高温度下烧焦而产生黑斑，确认锡槽温度，改用较耐高温的助焊剂即可。

8. 绿色残留物

绿色通常是腐蚀造成的，特别是电子产品。但并非完全如此，因为很难分辨到底是绿锈还是其他化学产品。但通常来说发现绿色物质时，必须立刻查明原因，尤其是此种绿色物质会越来越大，应非常注意，但通常可用清洗来改善。

（1）腐蚀的问题。通常发生在裸铜面或含铜合金上，因为使用的非松香型助焊剂，这种腐蚀物质内含铜离子，因此呈绿色。当发现此绿色腐蚀物时，即可证明是在使用非松香助焊剂后未正确清洗。

（2）氧化铜与松香的化合物。此物质是绿色但绝不是腐蚀物且具有高绝缘性，不影响品质，但客户不会满意，应清洗。

（3）基板制作上类似残余物，在焊锡后会产生绿色残余物。应要求基板制作厂在基板制作清洗后再做清洁度测试，以确保基板清洁度的品质。

9. 针孔及气孔

针孔与气孔的区别：针孔是在焊点上发现一小孔，气孔则是焊点上较大的孔，可看到内部；针孔内部通常是空的，气孔则是内部空气完全喷出造成的大孔。其形成原因是焊锡在气体尚未完全排除即已凝固而形成的。

（1）有机污染物。基板与零件脚都可能产生气体而造成针孔或气孔，其污染源可能来自自动插件机或储存状况不佳造成，此问题较为简单，只要用溶剂清洗即可，但如发现污染物不容易被溶剂清洗，可在制程中考虑其他代用品。

（2）基板有湿气。如使用较便宜的基板材质，或使用较粗糙的钻孔方式，在贯孔处容易吸收湿气，焊锡过程中受到高热蒸发出来而造成。解决方法是放在烤箱中进行 120 ℃烤 2 h。

（3）电镀溶液中的光亮剂。使用大量光亮剂电镀时，光亮剂常与金同时沉积，遇到高温则挥发而造成，特别是镀金时。可改用含光亮剂较少的电镀液，当然这要回馈到供货商。

10. 焊点灰暗

此现象分为两种：一是焊锡过后一段时间焊点颜色转暗；二是经制造出来的成品焊点即是灰暗的。主要是与助焊剂成分有关，原因是酸没有完全气化造成"原电池短路效应"，通常良好的助焊剂焊接后焊点明亮，是不会有明显变化的。

（1）焊锡内有杂质。必须每 3 个月定期检验焊锡内的金属成分。

（2）助焊剂在热的表面上也会产生某种程度的灰暗色，如 RA 及有机酸类助焊剂留在焊点上过久也会造成轻微的腐蚀而呈灰暗色，在焊接后立刻清洗应可改善。某些无机酸类的助焊剂会造成氯氧化锌，可用 1%的盐酸清洗再水洗。

(3) 在焊锡合金中，锡含量低者焊点也较灰暗。

11. 焊点表面粗糙

焊点表面呈砂状突出表面，而焊点整体形状不改变。原因如下：

(1) 金属杂质的结晶。必须每3个月定期检验焊锡内的金属成分。

(2) 锡渣。锡渣被泵打入锡槽内经喷嘴涌出，因锡内含有锡渣而使焊点表面有砂状突出，因为锡槽焊锡液面过低。锡槽内应追加焊锡，并应清理锡槽及泵即可改善。

(3) 外来物质。如毛边、绝缘材料等藏在元器件引脚处，也会产生粗糙表面。

12. 黄色焊点

系因焊锡温度过高造成。立即查看锡温及温控器是否有故障。

13. 短路

(1) 基板吃锡时间不够，预热不足。调整锡炉即可。

(2) 助焊剂不良。助焊剂比例不当、劣化等。

(3) 基板进行方向与锡波配合不良。更改吃锡方向即可。

(4) 线路设计不良，线路或接点间太过接近。如为排列式焊点或IC，则应考虑锡焊垫，或使用文字白漆予以区隔，此时的白漆厚度需为2倍焊垫厚度以上。

(5) 被污染的锡或积聚过多的氧化物被泵带上造成短路。应清理锡炉或全部更新锡槽内的焊锡。

4.3 任务实施

4.3.1 印制电路板插装波峰焊接工艺设计

(1) 波峰焊接前的准备。

① 对照材料清单识读电原理图与元件装配图。

② 印制电路板检查及元器件的识别与检测。

③ 元器件成形加工及导线准备。

④ 通孔插装元器件的插装。

⑤ 波峰焊接设备的准备。

(2) 波峰焊接的实施。

(3) 装接后检查测试。

4.3.2 通孔插装元器件的检测与准备

传统的有引线元器件安装采用插装技术，在电子产品生产中广泛应用。安装方法可以手工插装，也可以利用自动化设备进行安装，无论采用哪一种方法，都要求被装配的元器件形状和尺寸简单、一致，方向易于识别，插装前都要对元器件进行预处理等。

(1) 插装的准备。在电子产品开始插装以前，除了要事先做好对元器件的测试筛选以外，还要进行两项准备工作：一是要检查元器件引线的可焊性，若可焊性不好，就必须进行镀锡处理；二是要根据元器件在印制电路板上的安装形式，对元器件的引线进行整形，直至符合安装要求。

（2）预处理。元器件引线在成形前必须进行加工处理。引线的加工处理主要包括引线的校直、表面清洁及上锡 3 个步骤。引线处理后，要求不允许有伤痕、镀锡层均匀、表面光滑、无毛刺和残留物。

（3）元器件引线成形。对于通孔安装的元器件，在安装前都要对引线进行成形处理。对采用自动焊接的元器件，最好把引线加工成耐热的形状。

成形的基本要求：元器件引线开始弯曲处，离元器件端面的最小距离应小于 1.5 mm，弯曲半径不应小于引线直径的两倍。元器件标称值应处在便于查看的位置，成形后不允许用机械损伤。怕热元器件要求引线增长，成形时绕成环。

为保证引线成形的质量和一致性，应使用专用工具和设备来成形。目前，元器件引线成形的主要方法有专用模具成形、专用设备成形以及用尖嘴钳进行简易加工成形等。

小规模生产时常用模具手工成形。模具的垂直方向开有供插入元器件引线的长条形孔，孔距等于格距。将元器件的引线从上方插入长条形孔后，插入插杆，引线即成形。然后拔出插杆，把元器件水平移动即可成形。采用这种办法加工的引线一致性好。

在自动化程度高的工厂，成形工序是在自动成形机上自动完成的。在没有专用工具或加工少量元器件时，可采用手工成形，常用的工具有平口钳、尖嘴钳、镊子等。

4.3.3 通孔插装元器件的插装

（1）插装的原则。元器件插装到印制电路板上，应按工艺指导卡进行，元器件的插装总原则为：先小后大、先轻后重、先低后高、先里后外，先插装的元器件不能妨碍后插装的元器件。

（2）一般元器件的插装要求。要根据产品的特点和设备条件安排装配的顺序。尽量减少插件岗位的元器件种类，同一种元器件尽可能安排给同一岗位。

所有组装件应按设计文件及工艺文件要求进行插装。插装装连过程应严格按工艺文件中的工序进行。

每个连接盘只允许插装一根元器件引线。当元器件引线穿过印制电路板后，折弯方向应沿印制导线方向紧贴焊盘，折弯长度不应超出焊接区边缘或有关规定的范围。

尽量使元器件的标记（用色码或字符标注的数值、精度等）朝上或朝着易于辨认的方向，并注意标记的读数方向一致（从左到右或从上到下），这样有利于检验人员直观检查；凡带有金属外壳的元器件插装时，必须在与印制电路板的印制导线相接触部位用绝缘体衬垫。

卧式安装的元器件，尽量使两端引线的长度相等且对称，把元器件放在两孔中央，排列要整齐；立式安装的色环电阻应该高度一致，最好让起始色环向上以便检查安装正误，上端的引线不要留得太长以免与其他元器件短路。

装连在印制电路板上的元器件不允许重叠，并在不必移动其他元器件情况下就可拆装元器件。

0.5 W 以上的电阻一般不允许紧贴印制电路板上装接，应根据其耗散功率大小，使其电阻壳体距印制电路板留有 2～6 mm 间距。

凡不宜采用波峰焊接工艺的元器件，一般先不装入印制电路板，待波峰焊接后按要求装连。凡插装静电敏感元件时，一定要在防静电的工作台上进行，戴好接地腕带。

（3）特殊元器件的插装要求。大功率晶体管、电源变压器、彩色电视机高压包等大型元器件的插孔要加固。体积、质量等都较大的大容量电解电容器，容易发生倾斜、引线折断及焊点焊盘损坏现象。为此，必要时，这种元件的装插孔除加固外，还要用黄色硅胶将其底部粘在印制电路板上。

中频变压器、输入输出变压器带有固定插脚，插入印制电路板插孔后，须将插脚压倒，以便焊锡固定。较大的电源变压器则采用螺钉固定，并加弹簧圈防止螺钉、螺母松动。

集成电路引线脚比晶体管及其他元器件多得多，引线间距也小，装插前应用夹具整形，插装时要弄清引脚排列顺序，并和插孔位置对准，用力时要均匀，不要倾斜，以防引线脚折断或偏斜。

4.3.4 波峰焊接设备的准备

对波峰焊接机应进行导轨尺寸调整、传送坡度调整、焊锡槽温度调整和助焊剂喷涂调整。

1. 生产用具、原材料

焊锡炉、排风机、空压机、夹子、刮刀、插好元器件的线路板、助焊剂、锡条、稀释剂、切脚机、波峰焊机。

2. 准备工作

（1）按要求打开焊锡炉、波峰焊机的电源开关，将温度设定为255～265 ℃（冬高夏低），加入适当锡条。

（2）将助焊剂和稀释剂按工艺卡的比例要求调配好，并开起发泡机。

（3）将切脚机的高度、宽度调节到相应位置，输送带的宽度及平整度与线路板相符，切脚高度为1～1.2 mm，将切脚机输送带和切刀电源开关置于"ON"位置。

（4）调整好上、下道流水线速度，打开排风设备。

（5）检查待加工材料批号及相关技术要求，发现问题提前上报并进行处理。

（6）按波峰焊操作规程对整机进行熔锡、预热、清洗，调节传送速度与印制电路板相应宽度，直到启动灯亮为止。

4.3.5 波峰焊接的实施

波峰焊接机由喷涂助焊料装置、预热装置、焊料槽、冷却风扇和传动机构等组成。根据各组成部分的作用和功能，按先后顺序一般波峰焊的流水工艺为：印制电路板（插好元件的）上夹具→喷涂助焊剂→预热→波峰焊接→冷却→质检→出线。

印制电路板通过传送带进入波峰焊机以后，会经过某个形式的助焊剂涂敷装置，在这里助焊剂利用波峰、发泡或喷射的方法涂敷到印制电路板上。由于大多数助焊剂在焊接时必须要达到并保持一个活化温度来保证焊点的完全浸润，因此印制电路板在进入波峰槽前要先经过一个预热区。助焊剂涂敷之后的预热可以逐渐提升印制电路板的温度并使助焊剂活化，这个过程还能减小组装件进入波峰时产生的热冲击。它还可以用来蒸发掉所有可能吸收的潮气或稀释助焊剂的载体溶剂，如果这些东西不被去除，它们会在过波峰时沸腾并造成焊锡溅射，或者产生蒸气留在焊锡里面形成中空的焊点或砂眼。波峰焊机预热段的长度由产量和传送带速度来决定，产量越高，为使板子达到所需的浸润温度就需要更长的预热区。

4.3.6 装接后的检查测试

波峰焊是进行高效率、大批量焊接印制电路板的主要手段之一，操作中如有不慎，即可能出现焊接质量问题。所以，操作人员应对波峰焊机的构造、性能、特点有全面的了解，并熟悉设备的操作方法。在操作中还做好三检查。

（1）焊前检查。工作前应对设备的各个部分进行可靠性检查。

（2）焊中检查。在焊接过程中应不断检查焊接质量，检查焊料的成分，及时去除焊料表面的氧化层，添加防氧化剂，并及时补充焊料。

（3）焊后检查。对焊接的质量进行抽查，及时发现问题，少数漏焊可用手工补焊。

4.4 知识拓展 自动插装设备

1. 导线切剥机

导线切剥机分为单功能的剪线机和可以同时完成剪线、剥头的自动切剥机等多种类型。它能自动核对并随时调整剪切长度，也能自动核对调整剥头长度。

导线剪线机是靠机械传动装置将导线拉到预定长度，由剪切刀剪断导线的。剪切刀由上、下两片半圆凹形刀片组成。操作时，先将导线放置在架线盘上，根据剪线长度将剪线长度指示器调到相应位置上固定好；然后将导线穿过导线校直装置，并引过刀口放在止挡位置上，固定好导线的端头，并将计数器调到零；再启动设备即能自动按预定长度剪切导线。剪切长度符合要求后，使设备正常运行，直到按预定数量剪切完导线为止。

多功能自动切剥机能在剪断导线的同时完成剥掉导线端头绝缘层的工作。这种设备适用于塑胶线、腊克线等单芯、多芯导线的剪切与剥头。对 ASTVR 等带有天然或人造纤维绝缘层的导线，应使用装有烧除纤维装置的设备。在使用这类设备时，要同时调整好剪切导线的长度和剥头长度，并对首件加以检查，合格后方可开机连续切剥。

2. 剥头机

剥头机用于剥除塑胶线、腊克线等导线端头的绝缘层。单功能剥头机机头部分有四把或八把刀，装在刀架上，并形成一定的角度；刀架后有可调整剥头尺寸的止挡；电动机通过皮带带动机头旋转。操作时，将需要剥头的导线端头放入导线入口处，剥头机即将导线端头带入设备内，内呈螺旋形旋转的刀口将导线绝缘层切掉。当导线端头被带到止挡位置时，导线即停止前进。将导线拉出，被切割的绝缘层随之脱落，掉入收料盒内。剥头机的刀口可以调整，以适应不同直径芯线的需要。通常，在这种设备上可安装数个机头，调成不同刀距，供不同线径使用。这种单功能的剥头机同样不能去掉 ASTVR 等塑胶导线的纤维绝缘层。使用此种剥头机剥掉导线绝缘层时，可借助被旋转拉掉的绝缘层的作用将多股芯线捻紧，同时完成捻头操作。

3. 切管机

切管机用于剪切塑胶管和黄漆管，其外形如图 4-13 所示。切管机刀口部分的构造与剥头机的刀口相似。每台切管机有几个套管入口，可根据被切套管的直径选择使用。

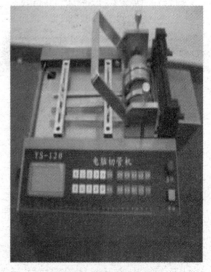

图 4-13 切管机的外形

操作时，根据要求先调整剪切长度，将计数器调零，然后开始剪切。对剪出的首件应进行检查，合格后方可开始批量剪切。

4. 捻线机

多股芯线的导线在剪切剥头等加工过程中易松散，而松散的多股芯线容易折断、不易焊接，且增加连接点的接触电阻，影响电子产品的电性能。因此，多股芯线的导线在剪切剥头后必须增加捻线工序。

捻线机的功能是捻紧松散的多股导线芯线。使用捻线机比手工捻线效率高、质量好。捻线机机头上有如同钻卡头似的 3 个瓣，每瓣均可活动，机架上装有脚踏闭合装置。使用时，将被捻导线端头放入转动的机头内，脚踏闭合装置的踏板，活瓣即闭合，将导线卡紧。随着卡头的转动，在逐渐向外拉出导线的同时，松散的多股芯线即被朝一个方向捻紧。捻过的导线如不合格，可再捻一次。捻线的角度、松紧度与拉出导线的速度、脚踏用力的程度有关，应根据要求适当掌握。捻线机还可制成与小型手电钻相似的手枪式，使用起来更方便。

5. 打号机

打号机用于对导线、套管及元器件打印标记。常用打号机的构造有两种类型，一种类似于小型印刷机，由铅字盘、油墨盘、机身、手柄、胶轴等几部分组成。操作时，按动手柄，胶轴通过油墨盘滚上油墨后给铅字上墨，反印在印字盘橡皮上。将需要印号的导线或套管在着油墨的字迹上滚动，清晰的字迹即再现于导线或套管上，形成标记。

另一种打号机是由在手动打号机的基础上加装电传动装置构成的。对于圆柱形的电阻、电容等器件，其打标记的方法与导线相同。对于扁平形元器件，可直接将元器件按在着油墨的印字盘上，即可印上标记。

6. 插件机

插件机是指各类能在电子整机印制电路板上自动、正确装插元件的专用设备。使用过程中，通常由插件机中的微处理器根据预先编好的程序控制机械手，自动完成电子元件的切断引线、引线成形、插入印制电路板上的预制孔并弯角固定的动作。自动插件机一般每分钟能完成 500 件次的装插，常用插件机有跳线插件机、连体卧式插件机、自动卧式插件机、自动立式插件机和 LED 专用插件机等。

图 4-14 所示为一种自动卧式插件机，每分钟能完成 575 件次的装插。

7. 自动切脚机

自动切脚机用于切除印制电路板上元器件的多余引脚。图 4-15 所示为自动切脚机，具有切除速度快、效率高、引脚预留长度可以任意调节，且切面平整等特点。

图 4-14 自动卧式插件机

8. 自动元器件引脚成形机

自动元器件引脚成形机是一种能将元器件的引线按规定要求自动快速地弯成一定形状的专用设备。该设备能大大提高生产效率和装配质量，特别适合大批量生产。

常用的自动元器件引脚成形设备有散装电阻成形机、带式电阻成形机、IC 成形机、自动跳线成形机、电容及晶体管等立式元器件成形机等，其中散装电阻成形机的外形如图 4-16 所示。

项目 4　通孔插装元器件的自动焊接工艺

图 4-15　自动切脚机

图 4-16　散装电阻成形机外形

知识梳理

（1）焊接工艺概述，焊接分类；常见的通孔插装元器件锡焊方式有手工烙铁焊、浸焊、波峰焊。

（2）锡焊原理：将焊件和熔点比焊件低的焊料形成焊件的连接，进行锡焊。必须具备的条件，如良好的可焊性、表面清洁、合适的助焊剂、适当温度、焊接时间。

（3）锡焊焊点的质量要求，可靠的电气连接，足够的机械强度，焊点应光滑整齐。

（4）浸焊是将插好元器件的印制电路板，浸入盛有熔融锡的锡锅内，一次性完成印制电路板上全部元器件焊接的方法，它可以提高生产率。常用的浸焊机有两种：一种是带振动头的浸焊机；另一种是超声波浸焊机。常见的浸焊有手工浸焊和自动浸焊两种形式。手工浸焊是由装配工人用夹具夹持待焊接的印制电路板（装好元件）浸在锡锅内完成的浸锡方法，自动浸焊一般利用具有振动头或超声波的浸焊机进行浸焊。还有导线和元器件引线的浸锡浸焊工艺中的注意事项。

（5）波峰焊是让插装好元器件的印制电路板与熔融焊料的波峰相接触，实现焊接的一种方法。这种方法适合于大批量焊接印制电路板，特点是质量好、速度快、操作方便，如与自动插件器配合，即可实现半自动化生产。

（6）新型波峰焊机主要有高波峰焊机、斜坡式波峰焊机和双波峰焊机等。波峰焊的工艺流程；波峰焊的工艺要求；波峰焊的温度参数设置：预热区温度的设置，焊接区温度的设置，冷却区温度的设置。波峰焊机设备的准备；波峰焊接的实施。

（7）波峰焊接缺陷有：印制电路板焊接后有锡珠、上锡不良、焊点上锡多或少、印制电路板绿油起泡或脱落、焊点上有针孔或焊盘的边缘上锡不良、双面板或多层板铜孔不透锡、板面焊接后不干净等。

思考与练习

（1）什么叫浸焊？什么叫波峰焊？

（2）操作浸焊机时应注意哪些问题？

（3）浸焊机是如何分类的？各类的特点是什么？

(4) 波峰焊机分几类？各有什么特点？
(5) 简述波峰焊的主要工艺流程。
(6) 请列举其他的焊接方法。
(7) 如何进行波峰焊机的温度参数调整？
(8) 无铅焊接的特点及技术难点是什么？
(9) 如何进行波峰焊机的检查工作？
(10) 简述波峰焊机的操作工艺流程。
(11) 简述波峰焊机焊接缺陷和产生的原因。

项目 5

印制电路板的制作工艺

5.1 任务驱动

任务：八路抢答器电路板设计与制作

电子工业特别是微电子技术的飞速发展，使集成电路的应用日益广泛，随之而来，对印制电路板的制造工艺和精度也不断提出新的要求。不同条件、不同规模的制造企业所采用的工艺不尽相同。在产品研制、科技及创作以及学校的教学实训等活动中，往往需要制作少量印制电路板，进行产品性能分析试验或制作样机，为了赶时间和经济性常需要自制印制电路板。通过八路抢答器这一比较常见的电路板的设计与制作任务，引出印制电路板的制作流程和工艺过程，进而学习各类印制电路板的设计和制作方法。通过八路抢答器电路板的设计与制作任务的实施完成，使学生能够掌握制作印制电路板的一般步骤和注意事项。

5.1.1 任务目标

1. 知识目标
（1）掌握印制电路板布局的基本方法与规则。
（2）掌握印制电路板制作的工艺流程。
2. 技能目标
（1）能够根据要求绘制相应的印制板图。
（2）能够根据印制板图制作印制电路板，且电气功能完整。

5.1.2 任务要求

（1）八路抢答器作为一种电子产品，已广泛应用于各种智力竞赛和知识竞赛场合。设计一套带有数码显示功能的八路抢答器，其总体框图如图5-1所示。当主持人宣布开始抢答后，且第一个按按钮的选手按动抢答键时，能显示该选手的编号，同时能封锁输入电路，禁止其他选手抢答。若超时仍无人抢答，则报警指示灯熄灭。

整个电路主要由输入锁存控制电路、数码显示电路、报警电路三部分组成。

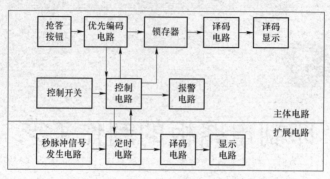

图5-1　八路抢答器总体框图

（2）用万用表对元器件进行质量检测，判断元器件质量是否符合技术指标要求。抢答器材料清单见表5-1。

表5-1　八路抢答器部分材料清单

序号	名称	规格	数量	序号	名称	规格	数量
1	与非门	74LS00D	2	11	扬声器	8Ω、1W	1
2	与非门	74LS20D	1	12	集成电路插座	DIP系列	8
3	译码器	74LS48D	2	13	电阻	100Ω	30
4	可逆计数器	74LS192D	2	14	电阻	12kΩ	1
5	锁存器	74LS29	1	15	电阻	10kΩ	10
6	集成电路	NE555	1	16	电阻	180Ω	1
7	晶体管	8550	1	17	电阻	330Ω	1
8	七段数码管	S02831BH	2	18	电容	10μF	2
9	按键	不带锁	8	19	电容	100μF	1
10	发光二极管	3mm	1	20	共阴极三极管	9014NPN型	1

5.2　知 识 储 备

5.2.1　半导体集成电路的识别与检测

集成电路是发展最快的电子元器件。用于电子技术的各个方面，种类繁多，而且新品种层出不穷，这里仅从应用的角度介绍常用集成电路的类别、封装、引脚识别等应用知识。

1. 集成电路的分类

（1）按制造工艺和结构分类，可分为半导体集成电路、膜集成电路、混合集成电路。通常所说的集成电路指的就是半导体集成电路。膜集成电路又可分为薄膜和厚膜两类。膜集成电路和混合集成电路一般用于专用集成电路，通常称为模块。

（2）按半导体工艺分类，可分为双极型集成电路、MOS 集成电路、双极型—MOS 集成电路。

（3）按集成度分类：集成度是指一块硅片上含有的元件数目，表 5-2 给出了早期对集成度的分类。

半导体集成电路的识别与检测

表 5-2 按集成度分类

名称	编号	模拟	数字 MOS	数字双极
小规模集成电路	SSIC	<30		<100
中规模集成电路	MSIC	30~100	100~000	100~500
大规模集成电路	LSIC	100~300	1 000~10 000	500~2 000
超大规模集成电路	VLSIC	>300	>10 000	>2 000

一般常用集成电路以中、大规模集成电路为主，超大规模集成电路主要用于存储器及计算机 CPU 等专用芯片中。

（4）按使用功能分类，可分为军用、工业用和民用集成电路三大类，相对而言，对集成电路的性能指标要求有所不同。还有通用和专用集成电路之分，特殊专门用途的称为专用集成电路，专用集成电路性能稳定、功能强、保密性好，具有广泛的前景和广阔的市场。

2. 国产集成电路的命名

国产集成电路的型号命名基本与国际标准接轨，如表 5-3 所示。对于同种集成电路，各厂家基本用相同的数字标号（表中第二部分），但以不同字头代表不同厂商，功能、性能、封装和引脚排列完全一致，使用中可以互换。

表 5-3 国产集成电路的命名方法

第 0 部分		第一部分		第二部分	第三部分		第四部分	
用字母表示封装国家标准		用字母表示类型		用阿拉伯数字表示系列和品种代号	用字母表示工作温度和范围		用字母表示封装	
符号	意义	符号	意义		符号	意义	符号	意义
C	中国制造	B	非线性电路	（与国际接轨）	C	0~70 ℃	B	塑料扁平
		C	CMOS		E	-40~85 ℃	D	陶瓷直插
		D	电视电路		M	-55~85 ℃	F	全密封扁平黑
		E	ECL		R	-55~125 ℃	J	陶瓷直插
		F	线性放大器				K	金属菱形
		H	HTL				P	塑料直插
		J	接口电路				T	金属圆形
		M	存储器				W	陶瓷扁平
		T	TTL					
		W	稳压器					

3. 集成电路封装与引脚识别

不同种类的集成电路封装不同，按封装形式分可分为普通双列直插式、普通单列直插式、小型双列扁平、小型四列扁平、圆形金属以及体积较大的厚膜电路等。

按封装体积大小排列分，最大为厚膜电路，其次分别为双列直插式、单列直插式、金属封装、双列扁平封装，四列扁平封装为最小。

按两引脚之间的间距分，对于普通标准型塑料封装，双列、单列直插式一般多为 2.54 mm±0.25 mm，其次有 2 mm（多见于单列直插式）、1.778 mm±0.25 mm（多见于缩型双列直插式）、1.5 mm±0.25 mm 或 1.27 mm±0.25 mm（多见于单列附散热片或单列 V 型）、1.27 mm±0.25 mm（多见于双列扁平封装）、1 mm±0.15 mm（多见于双列或四列扁平封装）、0.8 mm±（0.05～0.15）mm（多见于四列扁平封装）、0.65 mm±0.03 mm（多见于四列扁平封装）。

双列直插式两列引脚之间的宽度一般有 7.4～7.62 mm、10.16 mm、12.7 mm、15.24 mm 等数种。

按双列扁平封装两列之间的宽度分（包括引线长度），一般有 6～6.5 mm、7.6 mm、10.5～10.65 mm 等。

四列扁平封装 40 引脚以上的长×宽一般有 10 mm×10 mm（不计引线长度）、13.6 mm×（13.6±0.4）mm（包括引线长度）、20.6 mm×（20.6±0.4）mm（包括引线长度）、8.45 mm×（8.45±0.5）mm（不计引线长度）、14 mm×（14±0.15）mm（不计引线长度）等。

表 5-4 给出常见集成电路封装及特点。

表 5-4 常见集成电路封装及特点

名称	封装标	引脚数/间距	特点及其应用
金属圆形 Can TO-99		8，12	可靠性高，散热和屏蔽性能好，价格高，主要用于高档产品
功率塑封 ZIP-TAB		3，4，5，8，10，12，16	散热性能好，用于大功率器件
双列直插 DIP，SDIP DIPtab		8，14，16，20，22，24，28，40 2.54 mm/1.78 mm 标准/窄间距	塑封造价低，应用最广泛；陶瓷封装耐高温，造价较高，用于高档产品中
单列直插 SIP，SSIP SIPtab		3，5，7，8，9，10，12，16 2.54 mm/1.78 mm 标准/窄间距	造价低且安装方便，广泛用于民用品
双列表面安装 SOP SSOP		5，8，14，16，20，22，24，28 2.54 mm/1.78 mm 标准/窄间距	体积小，用于微组装产品

续表

名称	封装标	引脚数/间距	特点及其应用
扁平封装 QFP SQFP		32，44，64，80，120，144，168 0.88 mm/0.65 mm QFP/SQFP	引脚数多，用于大规模集成电路
软封装		直接将芯片封装在 PCB 上	造价低，主要用于低价格民用品，如玩具 IC 等

4. 集成电路的检测方法

集成电路的检测在专业的情况下使用专用集成电路检测仪。没有专用仪器时常采用万用表用以下方法进行判测。

（1）不在路检测。一般情况下可用万用表测量各引脚对应于接地引脚之间的正、反向电阻值，并和完好的集成电路或给出的各脚正反电阻值表进行比较，判别电路的好坏。

印制电路板的设计规则

印制电路板手工设计过程

（2）在路检测。用万用表检测 IC 各引脚在路（IC 接在电路中）对地交/直流电压、直流电阻及总工作电流，与给定正确值（参考值）相比较进行判别的检测方法。

5.2.2 手工制作印制电路板工艺

印制电路板（PCB 板）是电子制作的必备材料，既起到元器件的固定安装作用，又起到元器件相互之间的电路连接作用，也就是说，只要有元器件就一定需要 PCB 板，而 PCB 板不可能从市场上直接选购，一定要根据电子制作（电子产品）的不同需要单独生产制作。产品生产中的 PCB 板通常要委托专业生产厂家制作，但在科研、产品试制、业余制作、学生的毕业设计和课程设计大赛及创新制作等环节中只需一两块 PCB 板时，委托专业厂家制作，不仅时间长（一周左右或更长）、费用高（百元以上），而且不便随时修改。电子制作中如何用最短时间（几十分钟）、最少费用（只需几分钱/cm^2）、最简单的办法加工制作出精美的 PCB 板呢？下面介绍几种简便易行的方法。

PCB 板分单面板、双面板、多层板几种，在业余条件下只能实现单面板和双面板印制板的制作。制作通常要经过几个环节，如图 5-2 所示。

图 5-2 印制电路板手工制作过程

1. 设计

把电路原理图设计成印制电路布线图，可在计算机上通过多种 PCB 设计软件实现。简单电路可直接用手工布线完成。

2. 准备覆铜板

覆铜板是制作 PCB 板的材料，分单面覆铜板和双面覆铜板，铜箔板（厚度有 18 μm、35 μm、55 μm 和 70 μm 几种）通过专用胶热压到 PCB 基板上（基板厚度有 0.2 mm、0.5 mm、…、1 mm、

1.6 mm 等几种规格），如图 5-3 所示。

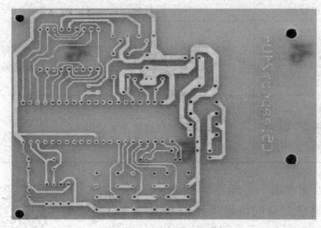

图 5-3 覆铜板实物图

制作中 PCB 板厚度根据制作需求选择，常用规格为 1.6 mm，铜箔厚度尽量选择薄的覆铜板，这样腐蚀速度快、侧蚀少，适合高精度 PCB 板的制作。覆铜板外形尺寸的大小与形状完全根据制作需求而定，可用剪板机、剪刀、锯等工具实现。

3. 转印图形

将设计好的 PCB 布线图（包括焊盘与导线）转印（或描绘）到覆铜板上。本环节要求线条清晰、无断线、无砂眼、无短接，且耐水洗、抗腐蚀。

1）手工描绘法

（1）将设计好的 PCB 图按 1:1 的比例画好，然后通过复写纸印到覆铜板上。

（2）用耐水洗、抗腐蚀的材料涂描焊盘和印制导线，可选用油漆、酒精、松香溶液、油性记号笔（必须是耐油性、耐水洗，文化用品商店有售）。

（3）检查无断线、无短接、无漏线、无砂眼后，晾干，待下一步腐蚀。

漆图法手工制作印制电路板

2）贴图法

（1）把不干胶纸或胶带裁成不同宽度贴在覆铜板上，覆盖焊盘与印制导线，裸露不需要的铜箔；或将整张不干胶纸（或胶带）覆盖整块覆铜板，然后剥去并裸露出焊盘和线条以外的部分。

（2）检查无误，并确认已粘牢，待下一步腐蚀。

3）热转印法

本方法适用于计算机设计的电路板，制作精度高（线宽 0.2 mm）、速度快（几分钟）、成本低（几分钱/cm^2）、操作方法简单，不受板面尺寸和复杂程度的限制，非常适合电子爱好者的业余制作和学生的课程设计、毕业设计、大赛、创新设计等活动。具体操作如下：

热转印法手工制作电路板

（1）用激光打印机将设计好的图形打印在热转印纸上。注意打印反图。

（2）对覆铜板表面进行处理，去除表面油污。可将覆铜板放入腐蚀液中浸泡 2~3 s，取出后水洗擦干；或用去污粉擦洗。禁止使用砂纸打磨。

（3）将打印出来的电路图附到处理过的覆铜板表面，并用胶带固定，防止转印时错位。

（4）将覆铜板放入转印机中，经过加温、加压，3 min 后移出。若无转印设备，也可采用家用电熨斗尝试。

（5）待转印好的覆铜板自然冷却后，揭掉转印纸，PCB 图形即印到了覆铜板表面上了。

（6）用油性记号笔修补断线、砂眼，检查无缺陷后，待下一步腐蚀。

4. 腐蚀

本环节留下覆铜板上的焊盘与印制导线，去除多余部分的铜箔。具体步骤如下：

（1）腐蚀液可自配，能将铜腐蚀掉的化学药品很多，这里推荐两种方便、安全的药液（任选一种，化工商店有售）。

① 三氯化铁（$FeCl_3$）水溶液，三氯化铁和水可按 1:2 配制。

② 过硫化钠（$Na_2S_2O_8$）水溶液，过硫化钠和水可按 1:3 配制。

（2）腐蚀液温度应在 40～50 ℃之间，腐蚀时间一般为 5～10 min。

（3）配好的溶液放入塑料盒中（可用塑料饭盒），将腐蚀的 PCB 板线路朝上放入盒内（药液量能淹没 PCB 板即可）。

（4）用长毛软刷（如排笔）或废旧的毛笔往返均匀轻刷，及时清除化学反应物，这样可以加快腐蚀速度（不能用硬毛刷，以免将导线或者焊盘刷掉）。

（5）待不需要的铜箔完全清除后，及时取出，清洗并擦干。

提示：腐蚀液呈酸性，对皮肤有一定的伤害，建议用镊子操作，并对人体采取防护措施（如戴橡胶手套）。

5. 钻孔

将 PCB 板钻孔，插装焊接元器件。孔径要根据元器件引脚的直径来确定，通常孔径为元器件引脚直径+0.3 mm 为宜。

（1）钻孔可用台钻或手持电钻，如图 5-4 所示。

 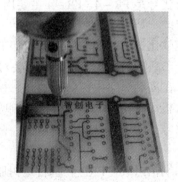

图 5-4 钻孔示意图

（2）钻孔时，钻头进给速度不要太快，以免焊盘出现毛刺。

6. 表面处理

PCB 的"表面"指的是 PCB 上为电子元器件或其他系统到 PCB 的电路之间提供电气连接的连接点，如焊盘或接触式连接的连接点。裸铜本身的可焊性很好，但是暴露在空气中很容易氧化，而且容易受到污染。这也是 PCB 必须要进行表面处理的原因。

表 5-5 给出了常见表面处理方法及特性。

表 5-5 常见表面处理方法及特性

物理性能	热风整平	浸银	浸锡	有机焊料防护	化镍浸金
保存寿命/月	18	12	6	6	24
可经历回流次数	4	5	5	≥4	4
成本	中等	中等	中等	低	高
工艺复杂程度	高	中等	中等	低	高
工艺温度/℃	240	50	70	40	80
厚度范围/μm	1～25	0.05～0.20	0.8～1.2	0.2～0.5	0.05～0.2 Au 3～5 Ni
助焊剂兼容性	好	好	好	一般	好
环保	不环保（含铅）	环保	环保	环保	环保

（1）表面处理成本比较：化镍浸金＞浸银＞浸锡＞热风整平＞有机焊料防护。

（2）实际可焊性比较：热风整平＞有机焊料防护＞化镍浸金＞浸银＞浸锡。

5.2.3 印制电路板的生产工艺

1. PCB 制作的准备

1）基板

印制电路板的生产工艺流程

PCB 板的原始物料是覆铜基板，简称基板。基板是两面有铜的树脂板。现在最常用的板材代号是 FR-4。FR-4 主要用于计算机、通信设备等电子产品。对板材的要求：一是耐燃性；二是 T_g 点；三是介电常数。电路板必须耐燃，在一定温度下不能燃烧，只能软化。这时的温度点就叫作玻璃态转化温度（T_g 点），这个值关系到 PCB 板的尺寸安定性。在高阶应用中，客户有时会对板材的 T_g 点进行规定。介电常数是一个描述物质电特性的量，在高频线路中，信号的介质损失（PL）与基板材料有关，具体而言与介质的介电常数的平方根成正比。介质损失大，则吸收高频信号、转变为热的作用就越大，导致不能有效地传送信号。除 FR-4 树脂基板外，酚醛纸质基板在如电视、收音机等设备中用得也很多。

基板由基材和铜箔组成，FR-4 基材是树脂加玻纤布，玻纤布就是玻璃纤维的织物，将玻纤布在液态的树脂中浸沾，再压合硬化得到基材。在高分子化学中，将树脂分为 a-stage、b-stage、c-stage 三种状态，处于 a-stage 的树脂分子间没有紧密的化学键，呈流动态；处于 b-stage 的树脂分子与分子之间化学键不多，在高温高压下还会软化，进而变成 c-stage 树脂；c-stage 是树脂化学结构最为稳定的状态，呈固态，分子间的化学键增多，物理化学性质非常稳定。通常使用的电路板基材就是由处于 b-stage 的树脂构成的。而基板是将处于 b-stage 的基材与铜箔热压在一起，这时的树脂就处于稳定的 c-stage 了。

PCB 基板材质的选择如下。

（1）镀金板。镀金板制程成本是所有板材中最高的，但它是目前现有的所有板材中最稳定,也最适合使用于无铅制程的板材,尤其在一些高单价或者需要高可靠度的电子产品中都建议使用此板材作为基材。

(2)OSP板。OSP制程成本最低,操作简便,但此制程因须装配厂修改设备及制程条件且重工性较差而普及度不佳,使用此类板材,在经过高温加热之后,预覆于PAD上的保护膜势必受到破坏,而导致焊锡性降低,尤其当基板经过二次回焊后情况更加严重,因此若制程上还需要再经过一次DIP制程,此时DIP端将会面临焊接上的挑战。

(3)化银板。虽然"银"本身具有很强的迁移性,从而导致漏电的情形发生,但是现今的"浸镀银"并非以往单纯的金属银,而是与有机物共镀的"有机银",因此已经能够符合未来无铅制程上的需求,其可焊性的寿命也比OSP板久。

(4)化金板。此类基板最大的问题点便是"黑垫"(Black Pad)问题,因此在无铅制程上有许多大厂是不同意使用的,但国内厂商大多使用此制程。

(5)化锡板。此类基板易污染、刮伤,加上制程(FLUX)会有氧化变色情况发生,且成本相对较高,国内厂商大多都不使用此制程。

(6)喷锡板。喷锡板成本低、焊锡性好、可靠度佳、兼容性最强,但这种焊接特性良好的喷锡板因含有铅,所以无铅制程不能使用。

2)铜箔

铜箔是在基板上形成导线的导体,铜箔的制造过程有两种方法,即压延与电解。

(1)压延就是将高纯度铜材像擀饺子皮那样压制成厚度仅为1密耳(≈0.025 4 mm)的铜箔。

(2)电解铜箔的制作方法是利用电解原理,使用一个巨大的滚动金属轮作为阴极,$CuSO_4$作为电解液,使纯铜在滚动的金属轮上不断析出,形成铜箔。铜箔的规格是厚度,PCB厂常用的铜箔厚度在0.3~3.0密耳之间。

3)PP

PP是多层板制作中不可缺少的原料,它的作用就是层间的黏合剂。简单地说,处于b-stage的基材薄片就叫作PP。PP的规格是厚度与含胶(树脂)量。

4)干膜

感光干膜简称干膜,主要成分是一种对特定光谱敏感而发生光化学反应的树脂类物质。实用的干膜有3层,感光层被夹在上下两层起保护作用的塑料薄膜中。按感光物质的化学特性分类,干膜有两种,即光聚合型与光分解型。光聚合型干膜在特定光谱的光照射下会硬化,从水溶性物质变成水不溶性物质,而光分解性恰好相反。

5)防焊漆

防焊漆实际上是一种阻焊剂,是对液态焊锡不具有亲和力的一种液态感光材料,它和感光干膜一样,在特定光谱的光照射下会发生变化而硬化。使用时,防焊漆还要和硬化剂搅拌在一起使用。防焊漆也叫油墨。通常见到的PCB板的颜色实际上就是防焊漆的颜色。

6)底片

这里涉及的底片类似于摄影底片,都是利用感光材料记录图像的材料。客户将设计好的线路图传到PCB工厂,由CAM中心的工作站将线路图输出,但不是通过常见的打印机,而是光绘机,它的输出介质就是底片,也叫菲林(Film)。胶片曝光的地方呈黑色、不透光;反之是透明的。底片在PCB工厂中的作用是举足轻重的,所有利用影像转移原理要做到基板上的东西都要先变成底片。

2. PCB制作流程

1）PCB的层别

PCB板是分层的，夹在内部的是内层，露在外面可以焊接各种配件的叫作外层。无论内层还是外层都是由导线、孔和PAD组成。导线就是起导通作用的铜线；孔分为导通孔（Plating hole）与不导通孔（None plating hole），分别简称为PT和NP。

日常生活所使用的计算机，它的板卡既有双面板又有多层板，如大多数主板是四、六层板（现在以四层居多，主要是为了降低成本）。双面板的做法比较好想象，基板自然拥有两面，而多层板则是将多片双面板"黏"接在一起。以四层板为例，先用一块基板，制造一、二层，再用一块基板制造三、四层，然后再将这两块合成一块四层板。如何黏结呢？黏合剂是前面提到的原始物料——PP，压合机在高温高压环境下，PP先软化后硬化，从b-stage状态变成c-stage状态，使两块双面板合二为一。也可以先制造位于内部的二、三层，在压合前，二、三层板外面覆盖PP，再覆盖铜箔，然后压合，也同样得到四层板。这种不同做法叫作叠板结构的选择。这种多层板的制造方法就叫作加层法。从外表上可以分辨一块板子是双面板还是多层板，但不可以分辨出一片多层板到底有多少层。P孔包括插IC引脚的零件孔（Component hole）与连接不同层间的过孔（Via hole）。PT孔的孔壁上有铜作为导通介质；NP孔包括固定板卡的机械孔等，孔壁无铜。另外，电路板的两面习惯叫Comp面和Sold面，这是因为电路板的一面总是会作为各种电子组件的安装面。PCB的制造过程由玻璃环氧树脂（Glass Epoxy）或类似材质制成的"基板"开始的。

2）内层板生产步骤

由于内层被"夹"在板子中间，所以多层板必须先做内层线路。

底片上的线路变成电路板铜介质的过程，是通过影像转移即利用感光材料把图形从一种介质转移到另一种介质上来实现的。以内层线路制作为例：在基板上先要压上一层感光干膜，干膜上再覆盖上底片，接着曝光，然后揭开底片查看干膜，会发现被光照的地方与未被光照的地方迥然不同。

对光聚合型干膜，受光照的地方颜色变深，意味着已经硬化（光聚合反应的结果），再经过显影（使用碳酸钠溶液洗去未硬化干膜），原来底片上透明的地方，干膜就得以保留，而原来底片上是黑黑的地方，干膜由于未被硬化，就被显影掉了。再使用蚀铜液（腐蚀铜的化学药品）对基板进行蚀刻，没有干膜保护的铜就全军覆没，而干膜下的铜面则被保留。

如果底片上使用无色透明来代表电路板的有铜区，使用黑色来代表无铜区，经过曝光、显影、蚀刻，底片上的影像就转移到基板上来了。总的结果就是，CAM工作站中的线路图，经绘图仪输出转移到底片上，再经过上述过程转移到基板上。影像转移的方法在PCB工厂中应用广泛，不仅在制作线路时，而且在制作防焊、网版等需要精确控制图形的场合都有其用武之地。内层生产流程如图5-5所示。

图5-5 内层生产流程

（1）下料（裁板）。下料就是针对某个料号的板子为其准备生产资料。包括裁板、裁PP

及铜箔木垫板等物料。裁板就是将大张的标准规格基板裁切成料号制作资料中指定的基板尺寸。裁板使用裁板机（其本来是木工机械，现在也被应用到电子产业中来了），其（board cut）目的是依制前设计所规划的要求，将基板材料裁切成工作所需尺寸。

（2）前处理线。这是以后各个站别都要经过的处理步骤，总体来讲其作用是清洁板子表面，避免因为手指油脂或灰尘给以后的压膜带来不良影响。内层前处理线有一个重要的作用，就是将原本相对光滑的铜面微蚀成相对粗糙以利于与干膜的结合。前处理使用的清洁液与微蚀液是硫酸加双氧水（$H_2SO_4+H_2O_2$）制成的。

（3）无尘室（包括压膜、曝光）。

① 压膜。干膜是3层结构，压膜机压膜时会自动将与板面结合的一侧塑料薄膜撕下来，如图5-6所示。

图5-6 压膜前、后变化

先介绍一下无尘室，在电路图形转移过程中，对工作室的洁净程度要求非常高，至少要在万级无尘室中进行压膜曝光工作。为确保图形转移的高质量，还要保证室内工作条件，控制室内温度在21 ℃±1 ℃内、相对湿度为55%～60%，这是为了保证板子和底片的尺寸稳定。因为板子和底片的组成材料都是有机高分子材料，对温、湿度十分敏感。只有整个生产过程中都在相同的温、湿度条件下，才能保证板子和底片不会发生胀缩现象，所以现在的PCB工厂中生产区都装有中央空调控制温、湿度。要生产的基板上必须贴上一层干膜，这由压膜机完成。

压膜机是一台很灵敏的机器，只需要调整压膜辊轮的压力，它就会自动根据基板的大小与厚度自己裁切干膜。干膜是三层结构，压膜机压膜时会自动将与板面结合的一侧塑料薄膜撕下来。压好膜的板子要进行对片曝光，对片就是将底片覆在板子上，之所以叫作对片，是因为一块板子有两面，其间由孔连接，孔周围有PAD。对片的目的就是保证Comp面和Sold面的同一个孔的PAD保持圆心基本重合。基板和底片的胀缩也会影响对准度。

② 曝光。压膜后的基板应尽快曝光，因为感光干膜有一定保质期。曝光使用曝光机，曝光机内部会发射高强度UV光（紫外光），照射覆盖着底片与干膜的基板，通过影像转移，曝光后底片上的影像就会反转转移到干膜上。曝光机曝光前要抽成真空，这是为了避免气泡引起折射。同时灰尘颗粒也会引起折射，折射的光就是偏离了直线传播的光，这必然会导致转移到干膜上的线路图失真。更为严重的是，灰尘颗粒会粘在板面上阻挡光照从而造成断路或短路。万级无尘室是标准配置，如果生产高精密度的电路板，更高级别的无尘室也是必需的，虽然造价高昂（如IC工厂的无尘室）。因为感光干膜对黄光不敏感，所以黄色光照射不会曝光。

（4）蚀刻线。曝光完成后的板子经过静置，就进入蚀刻线步骤。蚀刻线分为3个部分，即显影段、蚀刻段和剥膜段。长长的生产线有数十个槽体，槽内有上、下两排管道喷头给从传送带上经过的基板"冲淋浴"。在各个槽内的"淋浴液"不同，分别完成各自的任务。下面我们看看到底蚀刻线是怎么工作的。

首先，在显影段中使用碳酸钠溶液作为浴液进行显影。碳酸钠溶液将没有受到紫外光照射而发生变化的干膜溶解并冲洗掉。其次，显影后的板子在进入蚀刻段前要经过纯水冲洗以防止将显影液带进蚀刻槽，这也是后面所有多功能的生产线各个功能部分之间连接的方式。蚀刻段是这条生产线的核心。蚀刻槽的浴液是 $CuCl_2+HCl+H_2O_2$。业余爱好者常用的蚀刻液 $FeCl_3$ 由于环保和效率的原因早已废弃。由于药品在生产过程中有消耗，必须随时添加，保持一定浓度。这个艰巨的工作由一套全自动药液浓度控制装置完成（AQUA）。蚀刻液将没有被干膜覆盖而裸露的铜腐蚀掉。板子过了蚀刻段，就算影像转移的大局已定。底片上的透明区现在对应有铜。一般的 PCB 工厂的蚀刻线制作极限是 4/4，即线宽/线间距分别是 4 密耳，超过这个限制则报废率大增，成本太高。现在笔记本电脑主板上就有大量的 4/4 线路。出了蚀刻槽，覆盖在板子上的干膜已经无用了，所以最后用热 NaOH 溶液喷淋板子剥膜。将硬化的干膜溶掉。显微镜下的蚀刻线路边缘绝非平直，其纵向切面也不是矩形，而是梯形。边缘不平直是由于干膜和板面的结合不会绝对严密，而蚀刻液蚀铜是全方位的，不仅在纵深上蚀铜，而且也腐蚀线路的侧面，这样造成切面不是矩形而是有一定的梯度。同时使线路的宽度较底片上的宽度细。

（5）AOI 检验（自动光学检测）。目的是通过光学反射原理将图像回馈至设备处理，与设定的逻辑判断原则或资料图形相比较，找出缺点位置。

注意，由于 AOI 所用的测试方式为逻辑比较，一定会存在一些误判的缺点，故需通过人工加以确认，由于材料厚度日趋薄化，线路密集，细化时需注意人在处理时不要出问题。出了内层蚀刻线的板子必须经过严格的检验以将问题消灭在早期。PCB 的生产过程也是一个价值不断增长的过程，越到后面报废一块板子的代价越大，所以多层板的内层线路制作品质必须尽量完美。但人是不可能做到的，这里使用一种叫作 AOI（Automatic Optical Inspection，自动光学检验）的机器来进行裸板外观品质测试。AOI 是集光学、计算机图形识别、自动控制多学科于一身的高技术产品。它的内部存有上百种板面缺陷的图样特征。工作时操作人员先将待检板固定在机台上，AOI 会用激光定位器精确定位 CCD 镜头来扫描全板面。

将得到的图样抽象出来与缺欠图样进行比对，以此来判断 PCB 的线路制作是否有问题。像常见的线路缺口、短断路、蚀刻不全等问题都可以凭借 AOI 找出来。AOI 可以指出问题类型以及在板子上的位置，这主要由它的分析软件完成的。

AOI 设备在整个微电子产业中都大有用武之地，在 IC 生产中也同样需要类似设备（因为 IC 就是微缩的线路板）。由于采用 AOI 后可有效地提高成品率，防止产品报废，对于多层板生产还是十分合算的，所以现在 AOI 设备也是 PCB 工厂的必备装置。

3. 内层线路板压合

压合是将单张的内层基板以 PP 作中介再加上铜箔结合成多层板。这套工作是由压合机完成的。

压合机是一个密闭的金属桶，里面有由下而上由多个托盘组成的夹层，板子就放在这些夹层里。这些托盘都是热板，里面装着滚烫的油，油温受计算机控制。最下方的托盘下有一个液压机械臂向上举重似的给上面的所有板子以压力，压力的大小也是可控的。现代的压合机内部会被抽成真空，以防止熔融的 PP 中出现气泡而影响层间结合力，同时有助于熔融树脂的均匀分布。

内层线路板压合的具体生产流程为：棕化→铆合→叠板→压合→后处理。

1）棕化（黑化）

目的如下：

（1）粗化铜面，增加与树脂接触的表面积。

（2）增加铜面对流动树脂的湿润性。

（3）使铜面钝化，避免发生不良反应。

将基板与 PP 紧密结合在一起，与内层前处理相同，有必要将两者的表面刷磨粗糙以增加接触面积，而 PP 为树脂，化学性质稳定，因此只能考虑内层基板。使用与内层前处理段用过的办法，即用强氧化剂将内层板面上的铜氧化使其表面粗糙，由于氧化铜的颜色是黑色的，所以这道工序又叫作黑化。这就是多层板的内层从表面看是黑色的缘故。黑化后的铜，微观上是一根根尖尖的晶针，它可以刺入 PP 中加强基板和 PP 间的结合力。

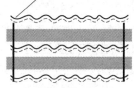

图 5-7 铆合

2）铆合（预叠）

目的：（四层板不需铆钉）利用铆钉将多张内层板钉在一起，以避免后续加工时产生层间滑移，如图 5-7 所示。

主要原物料：铆钉；玻璃纤维布。

（1）玻璃纤维布：玻璃纤维布用在线路板中主要是作为绝缘层，因为它有很好的电绝缘性、耐高温性以及尺寸安定等特性。其生产方法为：首先将玻璃在高温下熔融，然后让其经一筛形装置流出成丝，再将单丝按一定规格捻成束，最后就可以织成布。

（2）玻璃布的种类有很多，但在线路板业，常用的玻璃布却只有少数几种由树脂和玻璃纤维布制成，玻璃布可分为 1060、1080、2116、156、7628 等几种。

（3）树脂依胶流状况可分为以下几种：

① A 阶（完全未固化），该物料熔化时的状态。

② B 阶（半固化），生产中使用的全为 B 阶状态的 PP。

③ C 阶（完全固化），基板中的胶片为已完全硬化的全聚合状态的胶片。

3）叠板

目的：将预叠合好的板叠成待压多层板形式。

铜皮是做内层线路的基础，铜具有良好的导电性、延展性等。电路板行业中所用铜皮一般都为电镀铜皮。其制造方法为：先将一些回收的废铜对象如废铜线、铜皮、铜块等熔于一大槽中，经过滤后熔液流入一电镀槽中，然后以一惰性电极为阳极，以一金属滚轮为阴极电镀而成。

4）压合

目的：通过热压方式将叠合板压成多层板。

主要原物料：牛皮纸、钢板，如图 5-8 所示。

叠好的板子会被自动运输车运送上压合机，压合机会按照设定好的参数压合，然后板子会被自动送下来，整个过程基本都是自动化过程。

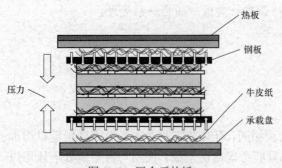

图 5-8 压合后的板

5）后处理

目的：经割剖、打靶、捞边、磨边等工序对压合的多层板进行初步外形处理，以便满足后面工序生产品质控制要求及提供后面工序加工的工具孔。

主要原物料：钻头、铣刀。

4．内层线路板钻孔

PCB 不能没有孔，孔由钻孔机钻出来。钻孔机是一种精密数控机床。钻床上有多组钻头，例如日本日立精工的钻机有 6 个钻头。钻头在计算机的控制下可以在平面内精确定位，精度（真位度）在±3 密耳内。钻孔机工作依靠钻孔程序，钻孔程序"告诉"钻孔机的钻头使用直径多大的尺寸，应该在板子的哪个坐标位置上钻。操作手只要将板子固定在钻孔机内的平台上，调入正确的钻孔程序，按动"开始"键即可。钻孔需要的时间由孔数与孔径决定，孔数越多，孔径越小，耗时就越长。孔径越小，则钻针越细，所以进刀速与退刀速不能过快，否则容易断针，即钻头断在板子里。

内层线路板钻孔流程：上定位→钻孔→下定位。

1）上定位

目的是对非单片钻的板，预先按板叠的要求钉在一起，便于钻孔，依板厚和工艺要求每个板叠可两片钻、3 片钻或多片钻。主要原物料为定位销。

注意事项：上定位时需开防呆检查，避免因前制程混料造成钻孔报废。

2）钻孔

目的是在板面上钻出层与层之间线路连接的导通孔。主要原物料为钻头、盖板、垫板。

钻头：由碳化钨、钴及有机黏着剂组合而成。

盖板：主要为铝片，在制程中起钻头定位、散热、减少毛头及防压力脚压伤的作用。

垫板：主要为复合板，在制程中起保护钻机台面、防止出口性毛头、降低钻针温度及清洁钻针沟槽胶渣的作用。

3）下定位

目的是将钻好孔的板上的定位针下掉，将板子分开后出货。

5．内层线路板镀铜

整条镀铜生产线分为两段，即化学沉铜（PTH）和电镀。

1）化学沉铜（PTH）

在生产中，利用化学反应在整个表面沉积一层薄的铜，经过这一步，原本无铜的孔壁内也有了铜，所以也叫 PTH（Plating Through Hole）流程。沉铜后的板如图 5-9 所示。化学铜的沉积质量直接影响后面电镀铜质量以及内层之间导体连接的可持续性。

化学沉铜的流程：湿润槽→整孔槽→水洗槽→微蚀槽→水洗槽→预浸槽→活化槽→水洗槽→速化槽→化学铜→水洗槽→烘干槽。

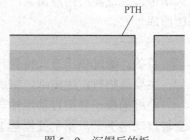

图 5-9 沉铜后的板

2）电镀

电镀段将设定好电流强度的直流强电流接到板子上，浸在装满电镀液的槽内。经过一段时间孔壁上就有了足够厚的铜。电镀的原理很简单，即溶液中的铜离子向阴极电泳沉积。

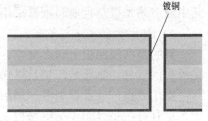

图5-10 镀铜后的板

由于所有有铜区都会被镀上一层铜，所以这是一种全板电镀法，如图5-10所示。常见的电镀线是长长的一串槽体，待镀板被固定在挂架上，挂架被自动运行的轨道车带动，在装满不同槽液的槽里移动，挂架浸泡在槽中很像人们洗冲浪浴，槽液被压缩气体搅拌得上下翻滚，以此来保证所有小孔内都接触到化学药品。孔壁上的铜是将不同内层连接在一起的桥梁，所以镀铜的好坏直接影响线路板的连续性。

6. 外层线路板成形

外层线路板成形流程如图5-11所示，目的是经过钻孔及通孔电镀后，将内外层连通。本制程制作外层线路，是为了达到电性的完整。

图5-11 外层线路板成形流程框图

（1）前处理。目的是去除铜面上的污染物，增加铜面粗糙度，以利于后续的压膜制程。重要原物料为刷轮。

（2）压膜。目的是通过热压法使干膜紧密附着在铜面上，重要原物料为干膜（Dry Film），可分为溶剂显像型、半水溶液显像型、碱水溶液显像型。水溶性干膜主要是由于其组成中含有机酸根，会与强碱发生反应，使之成为有机酸的盐类，可被水溶掉。

（3）曝光。制程目的是通过影像转印技术在干膜上曝出客户所需线路重要的原物料，底片外层与内层相反，为正片，底片的黑色为线路，白色为底板（白底黑线），白色的部分可让紫外光透射过去，这时干膜发生了聚合反应，不能被显影液洗掉。

（4）显影。制程目的是把尚未发生聚合反应的区域用显影液将之冲洗掉，已感光部分则因发生聚合反应后洗不掉而留在铜面上，成为蚀刻或电镀的阻剂膜，重要原物料为弱碱（Na_2CO_3）。

7. 多层板后续流程

1）防焊

（1）制程目的。留出板上待焊的通孔及其PAD，将所有线路及铜面都覆盖住，防止波焊时造成短路，并节省焊锡用量。

（2）护板。防止湿气及各种电解质的侵害使线路氧化而危害电气性质，并防止外来的机械伤害以维持板面良好的绝缘。

（3）绝缘。由于板子越来越薄，线宽距越来越细，故导体间的绝缘问题日渐凸显，也使防焊漆绝缘性能日益重要。

（4）防焊漆俗称"绿漆"（Solder Mask 或 Solder Resist），为便于肉眼检查，故在主漆中多加入对眼睛有帮助的绿色颜料。其实防焊漆除绿色的外还有黄色、白色、黑色等颜色。防焊漆的种类有传统环氧树脂、IR烘烤型、UV硬化型、液态感光型等型油墨以及干膜防焊型，其中液态感光型是目前制程常采用的。

2）印文字

目的是在线路板上印上文字，有白、黄、黑等颜色标记，为元件安装和今后维修印制电路板提供信息。原理是印制及烘烤，主要原物料为文字油墨。

操作流程：批量管制卡→网版→安装→检查→开油→第一面→烤板→第二面→后烤。

把有待印字符的印制电路板旋转在固定位置上，放下网框，然后双手拿住刮刀，以一定的倾角用均匀的力在刮印网面上从前往后刮，使印料受到刮刀压力透过印网孔均匀地印到板上，刮印结束后掀开网框，并刮回封网印料，取出网印完毕的板，检查网印质量合格后插在框架中，待后固化，如图5-12所示。

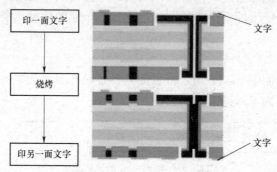

图5-12 印文字示意图

3）加工

成形之后的印制电路板还需要经过加工来满足客户要求，加工过程包括化金、护铜、加工金手指、化银。

（1）化金。

目的：① 使印制电路板具有平坦的焊接面。

② 使印制电路板具有优越的导电性、抗氧化性。

原理：置换反应。主要原物料为金盐。

（2）护铜。

目的：① 使印制电路板具有抗氧化性。

② 使印制电路板具有低廉的成本。

原理：利用金属有机化合物与金属离子间的化学键作用力。主要原物料为Cu-106A。

（3）加工金手指。

目的：使印制电路板具有优越的导电性、抗氧化性、耐磨性。

原理：氧化还原反应。主要原物料为金盐。

（4）化银。

目的：① 使印制电路板具有抗氧化性。

② 使印制电路板具有平整的焊接面。

原理：化学置换反应。主要原物料为银的螯合物。

4）成形

最早期以手工焊零件，板子的尺寸只要在客户组装的产品可容纳得下的范围即可，对尺寸的容差要求较不严苛，甚至板内孔至成形边尺寸也不在意，因此很多用裁剪的方式单片出货。再往后演变,则对尺寸要求较严苛,打样时将板子套在事先按客户要求尺寸做好的模板上,再以手动铣床,沿模板外形旋切而得。若是大批量,则须委外制作模具再用冲床冲型。这些都是早期单面或简单双面板通常使用的成形方式。

成形的目的是为了让板子符合客户所要求的规格尺寸,必须将外围没有用的边框去除。若此板子是面板出货(连片),往往须再进行一道程序,也就是所谓的剪切线,让客户在装配前或装配后,可轻易地将面板折断成一块一块的。又若电路板有金手指的规定,为使之容易插入连接器的槽沟,须有切斜边的步骤。

成形的原理是数字机床机械切割根据客户要求的外形,将待冲的板子放在冲压模具上,利用瞬间机械冲击力,将板子按照模具的形状,冲切成形。目前很多 CAD/CAM 软件并不支持直接产生 CNC 工艺路线程序的功能,所以大部分仍须按图形上的尺寸直接写程序。注意事项如下。

① 铣刀直径大小的选择:须研究清楚尺寸图的规格,包括卡槽的宽度、圆弧直径的要求(尤其在转角),另外须考虑板厚及堆叠的厚度。一般标准是使用 1/8 英寸(1 英寸=2.54 厘米)直径的 Routing Bits。

② 程序路径是以铣刀中心点为准,因此须将铣刀半径考虑进去。

③ 考虑多片排版出货时,客户折断容易,在程序设计时,有不同的处理方式。

④ 若有板边部分须电镀的规格,则在埋通孔前就先行做出卡槽。

⑤ Routing Bit 在作业时,会有偏斜产生,因此这个补偿值也应算入。

成形前后对比如图 5-13 所示。

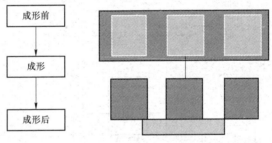

图 5-13 成形前后对比

金手指斜边:将电路板有金手指部分,以去倒角方式得到符合蓝图尺寸的双斜边。其机械原理是指用上、下两高速旋转的端头以一定的角度对输送带所输送的材料做斜面切屑,以刮除无用部分,使金手指前端形成双斜边的一种加工方式。目的是让带有金手指的电路板进行倒角加工,便于下一制程组装作业。

5.3 任务实施

5.3.1 印制电路板手工设计

1. 设计思路

(1) 八路抢答器的根本任务是准确判断出第一抢答者的信号,并将其锁存。实现这一功能可选择使用触发器或锁存器等。在得到第一信号之后应立即将电路的输入封锁，也就是使其他组的抢答信号无效。同时还必须注意，第一抢答信号应该在主持人发出抢答命令之后才有效。

（2）当电路形成第一抢答信号之后，用编码、译码及数码显示电路显示出抢答者的组别，也可以用发光二极管直接指示出组别。

（3）在主持人没有按下"开始抢答"按钮前，参赛者的抢答开关无效；当主持人按下"开始抢答"按钮后，开始进行 30 s 倒计时，此时，若有组别抢答，显示该组别并使抢答指示灯亮，表示"已有人抢答"；当计时时间到，仍无组别抢答时，则计时指示灯灭，表示"时间已到"，主持人清零后开始新一轮抢答。

2. 各模块设计方案及原理说明

1）抢答电路

此部分电路主要完成的功能是实现八路选手抢答并进行锁存，同时有相应发光二极管点亮和数码显示。

只要有一组选手先按下抢答器，就会将编码器锁死，不再对其他组进行编码。通过 74LS48 译码器使抢答组别数字显示 0~7。如有再次抢答，需由主持人将 S 开关 J_9 重新置"清除"，然后再进行下一轮抢答。其原理图如图 5-14 所示。

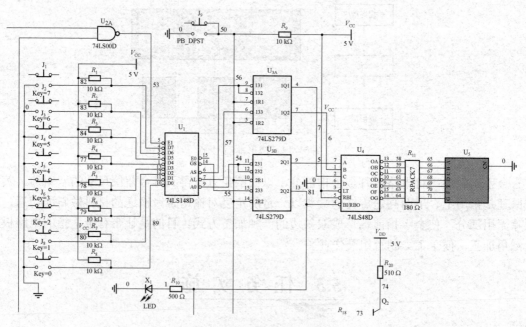

图 5-14 抢答模块原理图

2）译码显示电路

图 5-15 所示为译码显示电路。CD4511 是一个用于驱动共阴极 LED（数码管）显示器的 BCD 码—七段码译码器，特点为具有 BCD 转换、消隐和锁存控制功能。

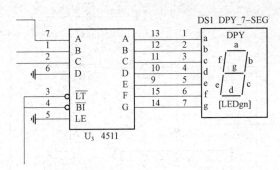

图 5-15 译码显示电路

3）倒计时及报警电路

原理图如图 5-16 所示。

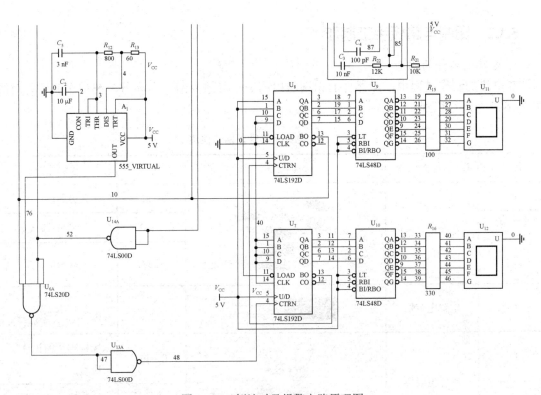

图 5-16 倒计时及报警电路原理图

按键弹起后，计数器开始减法计数工作，并将时间显示在共阴极七段数码显示管上，当有人抢答时，停止计数并显示此时的倒计时时间；如果没有人抢答，且倒计时时间到时，输出低电平到时序控制电路，控制报警电路报警，同时以后选手抢答无效。

如图 5-17 所示，由 555 定时器和三极管构成的报警电路。控制输入信号为经过编码的抢答选手的信号，当有人在有效时间内抢答时，定时时间到且无人抢答，该输入信号为高电平，报警电路发出报警信号；反之，输入信号为低电平时，报警器不工作。

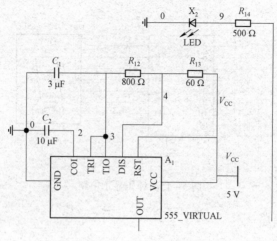

图 5-17 555 定时器连接

5.3.2 印制电路板手工制作

1. 电路元器件的识别

在电路的制作过程中,元器件的识别与检测是不可缺少的一个环节,在制作前可先对照表 5-6 逐一进行识别。

表 5-6 电路元器件识别与检测

代号	名称	实物图	规格	检测结果
R_1	色环电阻器		10 kΩ	实测值:
R_2、R_3			1 kΩ	实测值:
R_4			510 Ω	实测值:
C_1	电解电容器			
C_2	磁片电容器		0.1 μF	标称容量的识读: 质量:
C_3			0.01 μF	标称容量的识读: 质量:
C_4	电解电容器		10 μF	正负极性: 质量:
VD_1、VD_2	发光二极管		1N4007	正、反电阻: 质量:

续表

代号	名称	实物图	规格	检测结果
SB	按钮		轻触开关	质量:
SP	扬声器		8 Ω/0.5 W	直流电阻: 质量:
IC	集成电路		74LS148 74LS279 74LS48 74LS192 74LS08 74LS04	引脚排序: 引脚识别:
	集成电路插座		8 脚 双列直插	
V_{CC}	直流电源		6 V	

2. 电路元器件的检测

(1) 色环电阻器、磁片电容器、电解电容器、二极管、按钮开关、扬声器的检测可参考前面相关章节内容。

色环电阻器:主要识读其标称阻值,并用万用表检测其实际阻值。

电解电容器:识别判断其正负极性,并用万用表检测其质量的好坏。

磁片电容器:识别其容量,并用万用表检测其质量。

二极管:识别判断其正负极性,并用万用表测其正反向电阻和质量。

按钮开关:识别动合与动断端,并检测其质量。

(2) NE555 集成电路引脚的识别。NE555 集成电路表面缺口朝左,逆时针方向依次为 1~8 脚,如图 5-19 所示。

图 5-18 NE555 集成电路引脚排列

3. 印制电路板制作步骤

（1）按图 5-19 所示电路原理图，在单孔电路图中绘制电路元器件排列的布局图。

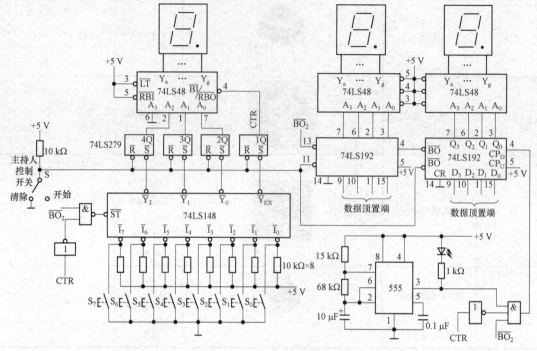

图 5-19　八路抢答器原理图

（2）按工艺要求对元器件的引脚进行成形加工。
（3）按布局图在试验电路板上依次进行元器件的排列、插装。
（4）按焊接工艺要求对元器件进行焊接，直到所有元器件连接并焊完为止。
（5）装接电源输入线或输入端子。

图 5-20 所示为电路元器件装接零部件。其中，电阻器、二极管采用卧式安装，电阻器的色环方向一致，电解电容器、磁片电容器采用立式安装。按钮开关紧贴印制电路板安装，NE555 集成电路采用集成电路插座安装。

图 5-20　八路抢答器电路元器件装接零部件

安装与焊接按电子工艺要求进行，但在插装与焊接过程中，应注意电解电容器、二极管及扬声器的正负极性，同时要会正确识别 NE555 集成电路的 8 个引脚的排列。

5.3.3 印制电路板插装焊接

焊接前，先将烙铁头上锡，对难焊的焊点、焊件也进行上锡，以便提高焊接的质量和速度。焊点必须做到无假焊虚焊、焊锡适当、牢固可靠，确保有良好的导电性能；表面无裂纹、无针孔夹渣、圆润光滑，形成以引脚为中心、大小均匀的锥形。焊接时间要尽可能短，一般为 3 s 左右，避免烧坏器件。焊接是电子制作的基本功，直接关系到电路制作的成功与失败。但是只要掌握正确有效的方法，平时多做多练，定能掌握良好的焊接技术。

注意：焊接时各个芯片的引脚功能不能混淆，必须了解各个芯片的使用方法、内部结构以及使用时的注意事项，该接电源的一定要接电源，该接地的一定要接地，且不能有悬空。同时在电路板上要预先确定电源的正负端，便于区分及焊接。正确焊接各芯片，对于各引脚连接必须查阅各种资料并记录，以确保在焊接过程和调试过程中芯片不被烧坏，同时确保整个电路的正确性。在焊接完后每块芯片都用万用表检测，看是否有短接等，而且焊接时要尽量使布线规范清晰明了，这样才有利于在调试过程中检查电路。

5.3.4 装接后的检查测试

电路板的测试也应遵循一般电子电路"先静态、后动态"的原则。"静态"即是在通电前对电路板中电源对地电阻及链路连接情况的测量；"动态"即是给电路板通电后，对其相关指标的测试工作。

1. 测试前检查

（1）直观检查。根据电路结构图认真检查数字电路板中各器件的安装位号、钽电容极性、芯片方向和封装型号，检查二极管、三极管、电解电容等引脚有无接错，检查电路接线是否正确，有无错线、少线和多线，检查元器件有无漏装、错装等。

（2）电源和线路的连接情况检查。用万用表的欧姆挡测量电路板的电源端对地（包括总输入电源端和各器件的电源引脚）、信号线、芯片引脚之间是否存在短路，测量元器件的引脚与信号线之间有无接触不良，有短路和接触不良的器件要进行修整。

（3）调试仪表设置的检查。检查各仪表的设置是否正确，如信号发生器的工作频率、工作模式和输出幅值是否设置正确；电源的工作电压和保护电流是否设置正确；根据被测电路板输出的功能设置频谱仪和示波器的相应参数，在测试过程中，可依据关键指标和频谱显示的情况判定电路板是否正常工作。

2. 通电测试

（1）输入电源。给印制电路板通电，观察电源电压值和电流值的变化情况，若有电压值瞬间下拉并且电流值与正常要求值比较偏大，说明被测印制电路板可能有故障，此时应立即关闭电源开关，以免损坏印制电路板。另外，还应注意有无放电、打火、冒烟、异常气味等现象，手摸电源变压器有无超温，若有这些现象应立即停电检查。正常通电后再测量各路电源电压，从而保证元器件正常工作。

（2）信号测试。加入信号测试是在装配后对电路参数及工作状态进行测量。利用信号发生器送入需要的信号，或者将事先编写好的程序写入可编程逻辑芯片中，来检测被测印制电路板功能指标是否满足设计要求，包括测量被测印制电路板的信号幅值、波形的形状、相位关系、放大倍数、输出动态范围等指标。对不符合测试指标的印制电路板再进行故障排查和修复。

5.4 知识拓展

5.4.1 印制电路板的质量检验

印制电路板（简称印制板）是各类电子设备中用得最多也是最基本的组装单元。设备的各项功能和性能指标主要是通过印制板来实现的，可以说印制板是电子设备的心脏，其质量优劣、可靠性高低直接影响到设备的质量与可靠性。随着电子设备的智能化、小型化，印制板的尺寸越来越小，结构越来越复杂。实践证明，即使电原理图设计正确，如果印制板的设计、制作不当，质量检验把关不严，也会给后续的组装、调试等工作带来许多不利影响。

印制电路板的质量检验

因此，加强对印制板从设计到制作全过程的质量控制及最后的检验工作显得尤为重要。

1. 质量控制

印制板的质量控制工作主要针对印制板的设计、加工和检验过程进行有效管理以及监视和测量工作。

1）设计阶段的质量控制

设计阶段的质量控制工作主要包括以下内容。

（1）项目负责人要对印制板的设计文档进行审核并履行相关审批程序，确保设计文档合法有效。依据该文档制作的印制板能满足设备的功能及性能要求；否则设计再优秀也是废纸一堆。

（2）项目负责人和工艺师要对印制板制作的工艺要求进行把关，确保印制板的可制造性。工艺要求如果简单可以直接在设计图纸上列出，如果内容较多则单独成文。工艺要求不管是简单还是复杂，都应该准确、清晰、有条理地表明加工工艺要求。经审核的工艺要求应既能满足当时的生产工艺水平、经济实惠、性价比高，又能方便后续装配、调试、检验等工序的开展。

（3）标准化师对印制板的测试点、结构形式、外形尺寸、印制线布局、焊盘、过孔、字符等设计进行规范性审查以确保印制板的可测试性和规范性，尽可能满足有关国家标准、国家军用标准以及行业标准的要求。

2）加工阶段的质量控制

（1）质量部门会同采购部门对印制板的生产厂家的资质、生产能力等进行实地考察并认证，确保生产厂家有能力完成生产任务。

（2）设计师要对厂家生产用的图纸进行再审核。由于印制板的设计往往都不是一次成功的，需要多次改版。厂家手里会有多个版本的加工图纸，因此有必要对最终的加工图纸进行再确认，确保加工的印制板是符合最终版本要求的。

（3）对印制板生产中的关键工序应重点关注。其质量好坏对印制板的性能和可靠性的影响非常大，应加强质量管控。监督并审查生产厂家制订的关键过程工艺规程，如蚀刻、孔金属化等工序，确保印制线和焊盘无毛刺、缺口、搭桥缺陷、过孔无结瘤和空洞。多层印制板的"层压"也应重点进行质量管控，确保印制板的厚度黏结强度和定位精度。高频板和微带板通常需要镀金，应制订专门的镀金工艺作业指导书，确保镀层的厚度与纯度。

3）检验阶段的质量控制

检验阶段的质量控制工作就是严格按照检验依据，通过目测或采用专门的工装和仪器，对印制板进行监视和测量，并保存记录。如有特殊要求，则应制订专门的验收检验细则。

2. 质量检验

印制板分为刚性印制板和柔性印制板两类，刚性印制板又分为单面板、双面板和多层板等3种。印制板通常分为一级、二级、三级等3个质量等级，三级要求最高。印制板的质量等级不同，其复杂程度以及测试和检验方面的要求也不同。目前，各类电子设备中使用比较广泛的是刚性双面板和多层板，某些特殊场合会使用柔性板，因此，书中重点讨论二级、三级刚性双面板和多层板的质量检验问题。印制板制作完成后，其质量能否满足设计要求，必须先经过检验把关，质量检验是产品质量以及后续工序顺利开展的重要保证。

1）检验依据

印制板的检验依据主要有：国家标准 GB/T 4677.1-22；国家军用标准 GJB 179A、GJB 362B、GJB 2082A、GJB 4896；行业标准 SJ/T 10309、ANSI/J-STD-003；各装备承制单位制定的《印制板检验操作指导书》以及印制板设计图纸上的技术要求。如果该印制板被确定为关键件或重要件，除按常规检验外，还应重点检验那些关键（重要）特性参数指标，且100%检验。

2）检验内容

无论哪种印制板，其质量检验的方法和内容都是相似的，根据检验方法，印制板的检验内容通常包含以下几个部分。

（1）目测检验。目测检验简单易行，需借助直尺、游标卡尺、放大镜等，主要内容包括以下几点。

① 板厚、板面平整度和翘曲度。

② 外形尺寸和安装尺寸，特别是与电连接器和导轨的配合安装尺寸。

③ 导电图形是否完整、清晰，有无桥接短路和断路、毛刺、缺口等。

④ 表面质量，如印制线和焊盘上有无凹坑、划伤、针孔、表面是否露织物、显布纹。

⑤ 焊盘孔及其他孔的位置，有无漏打或打偏，孔径尺寸是否符合要求，过孔有无结瘤和空洞。

⑥ 焊盘镀层质量，是否牢固、平整、光亮，有无凸起缺陷。

⑦ 涂层质量，阻焊剂是否均匀牢固、位置准确；助焊剂是否均匀，颜色是否满足要求。

⑧ 字符标记质量，是否牢固、清晰、干净，有无划伤、渗透和断线。

（2）一般电气性能检验。主要包括印制板的连通性能和绝缘性能检验。

① 连通性能。一般使用万用表对导电图形的连通性能进行检验，重点是双面板的金属化孔和多层板的连通性能，这项内容制板厂家会在出厂前采用专门工装或仪器进行检验。

② 绝缘性能。主要测试同层或不同层之间的绝缘电阻，确认印制板的绝缘性能。

（3）一般工艺性能检验。主要包括可焊性和镀层附着力检验。

① 可焊性。检验焊料对导电图形的润湿性能。

②镀层附着力。采用胶带试验法检验镀层附着力，用质量比较好的透明胶带粘到要测试的镀层上，用力均匀按压后迅速掀起胶带，观测镀层有无脱落。另外，印制板的铜箔抗剥离强度、金属化孔抗拉强度等指标可根据实际需要选择检验。

（4）金属化孔检验。金属化孔的质量对双面板和多层板来说至关重要，电路模块乃至整个设备的许多故障都是与金属化孔的质量问题有关。因此，对金属化孔的检验应给予高度重视。检验的内容主要包括以下几个方面。

① 外观。孔壁金属层应完整、光滑、无空洞、无结瘤。
② 电性能。包括金属化孔镀层与焊盘的短路与开路，孔与导线间的电阻值指标。
③ 孔的电阻变化率。环境试验后不得超过 5%～10%。
④ 机械强度（拉脱强度）。即金属化孔壁与焊盘之间的结合强度。
⑤ 金相剖析试验。检查孔的镀层质量、厚度与均匀性以及镀层与铜箔之间的结合强度。

金属化孔的检验通常采用目测和设备检验相结合的方法。目测就是将印制板对着灯光看，凡是内壁完整光滑的孔，都能均匀反射灯光，呈现一个光亮的环，而有结瘤和空洞等缺陷的孔都明显不够亮。大批量生产时，应采用在线检测仪进行检验，如飞针检测仪。

多层印制板由于其结构比较复杂，在后续的单元模块装配调试过程中一旦发现问题，很难快速定位故障，因此对其质量和可靠性的检验必须十分严格。检验的内容除了上述常规检验外，还应包括：导体电阻；金属化孔电阻；内层短路与开路；同层级各层线路之间的绝缘电阻；镀层结合强度；黏结强度；耐热冲击；耐机械振动冲击以及耐压、电流强度等多项指标，各项指标均要使用专用仪器及专门手段进行检验。多层印制板的检验通常是委托方结合制板厂家的出厂检验一并进行。检验结束后，检验师填写《外购（协）件检验报告单》，将检验合格的印制板入库，不合格的印制板按各装备承制单位制定的《不合格品控制程序》执行。

3. 检验中的常见质量缺陷及影响分析

印制板在检验过程中，会发现很多缺陷，如何判别？其造成的影响如何？下面就常见的质量缺陷及其影响进行分析。

（1）毛刺。板边缘有缺损和毛刺以及印制线边缘粗糙有毛刺，电装后会造成电路短路。

（2）印制线松动甚至脱离。印制线与基板间附着不牢，尤其是导线拐弯和连接处，电装后会造成电路工作不正常，极大地影响设备的可靠性。

（3）印制线有缺口或变窄。边缘粗糙有缺口或者边缘不平行变窄，使得印制线横截面减小，不能满足设计的电流要求，设备工作时易导致印制线熔断。

（4）安装孔破损。孔形边缘开裂或只有圆孔的一部分，电装时会造成虚接。

（5）安装孔歪斜。电装时会增加安装过程中焊腿与其间的应力，长时间工作或受机械应力的作用导致在安装过程中损坏。

（6）安装孔偏离。孔不在焊盘中央，容易导致虚焊或位置偏移。

（7）金属化孔不符合要求。孔壁有空洞或结瘤，容易导致虚焊，如果结瘤过大，会导致无法焊接。

（8）多余导体。印制板清洗不干净，导致有残余金属残留，会使导体间距变小甚至造成短路。

（9）无焊盘或焊盘缺损或焊盘小于印制板规定的最小尺寸，会导致漏焊或虚焊。

（10）印制板缺损，如裂缝、缺口或凸起，会降低板的强度，导致设备耐机械振动和冲击的能力差。

（11）金属材料被去除。未充分消化图纸要求，去除了印制板表面的金属导电层，导致印制板的接地面积减少，影响设备的电磁兼容性和散热能力。

（12）印制板触片和焊盘缺陷。有针孔或露铜或不润浸，导致印制板的可焊性差，容易产生虚焊；有结瘤，焊接时，容易导致器件位置偏移；附着力差，起翘甚至与基体分离，导致设备的可靠性和耐机械环境的能力差。

（13）印制板变形或扭曲。如变形或扭曲超过 1%，容易造成器件的疲劳破坏。

（14）安装孔间隙太小。孔间距小于标准规定的最小值，易损坏孔间的绝缘材料，导致两孔贯穿或击穿，最终导致器件损坏，电路的耐高压性能差。

（15）安装孔不符合要求。孔过大会影响印制板的紧固，过小会破坏孔内壁，影响电路的接地性能。

（16）印制板表面划痕和压痕。如划痕或压痕过大、过深，容易导致印制线断裂，造成开路。

（17）印制线有修补。修补不仅影响外观，而且修补的导体不容易和原始导线融合，在经过温度冲击后易造成开路。

（18）测试点不规范。存在位置偏差或不符合有关标准规定要求，测试环（柱、针）不符合规定要求，测试时可能会造成短路。

（19）尺寸不符合图纸要求。包括外形尺寸、安装孔的中心距等，影响最终的安装。

（20）焊盘污染。印制板清洗不干净、包装不规范，造成焊盘上有多余非金属物质、阻焊膜或其他污物，最终影响印制板的可焊性。

（21）标记缺陷。如字符和图形缺损、变形、位置偏离、模糊不清等，可能导致器件装配错误，增加调试的难度。

5.4.2 表面组装印制电路板的制造

表面组装技术（SMT）自 20 世纪 60 年代问世以来，经过 40 年的发展，已进入成熟阶段，不仅成为当代电子产品组装技术的主流，而且继续向纵深方向发展。目前，SMT 设备都已经达到相当高的精度，然而，在一些使用高精度设备的企业，其产品并没有达到预想的质量效果，其中困扰产品质量的原因之一就是表面组装印制电路板的设计问题。一些企业只强调设计速度，在设计阶段不能全面考虑到制造工艺要求，结果由于可制造性很差，不得不回头纠正产品中存在的问题，导致整个产品的实际开发周期变长，成本也随之增加。

1. 常见的不良设计

企业生产过程中，特别是在样品的试制阶段，常见的不良设计如下。

（1）没有工艺边、定位孔，不能满足 SMT 设备装夹的要求。

（2）外形异形、尺寸过大或过小，不能满足 SMT 设备装夹的要求。

（3）缺少基准标志或标志不标准，造成标志不能正常识别，机器频繁报警不能正常工作。

（4）焊盘结构尺寸不正确。如片式元件的焊盘间距过大或过小，焊盘不对称，以至造成片式元件焊接后出现歪斜、立碑等多种焊接缺陷。

（5）焊盘上有过孔，焊接时焊料熔化后通过过孔漏到底层，引起焊点焊料过少。

（6）阻焊层和丝印字符不规范，如阻焊层和丝印字符落在焊盘上造成虚焊。

（7）焊盘与导线连接不正确，如 IC 焊盘之间的互连导线放在中央等。

（8）拼板设计不合理，如 V 形槽加工不合理，再流焊接后容易变形。

上述只是常见的一些不良设计，这些不良设计在产品中出现一个或同时出现多个时，将不同程度地影响生产效率和产品质量等。

2. 不良设计原因分析

（1）设计人员对 SMT 设备不了解。设计人员不能正确掌握 SMT 设备对设计的具体要求，不能把设计的印制电路板与其后续的加工设备联系起来，做不到两者兼顾。

（2）设计人员对 SMT 工艺不了解。设计人员不能正确理解元器件在再流焊接时的"动态"过程是产生不良设计的主要原因之一。在再流焊过程中，焊料熔化时，元器件是漂浮在熔融焊料之上的，如果印制电路板焊盘设计正确，即使贴装时有少量的歪斜也可以在熔融焊料表面张力的作用下得到纠正。相反，如果印制板焊盘设计不正确，即使贴装位置十分准确，再流焊后反而会出现元件位置偏移、吊桥等焊接缺陷。

（3）缺乏本企业的可制造性设计规范。部分企业，特别是小型企业，设计部门比较分散，并且缺乏统一的设计规范。良好的企业可制造性设计规范应该是根据 SMT 工艺的要求，以及本企业（或外协企业）SMT 设备的现状制定出来的，以规范不同设计人员的设计。

3. 可制造性设计的具体要求

1）SMT 设备对设计的要求

下面对工艺设备以 JUKI 贴装机 KE2060 为例进行说明，如图 5-21 所示。其他型号机器略有差异。

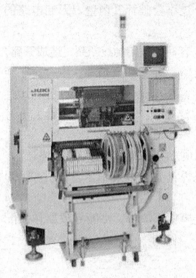

图 5-21 JUKI 贴装机 KE2060 实物

（1）外形设计。进行印制电路板设计时，首先要考虑其外形。印制电路板的外形尺寸过大时，印制线条长，阻抗增加，抗噪声能力下降，成本也增加；过小，则散热不好，且邻近线条易受干扰。同时印制电路板外形尺寸的准确性与规格直接影响到生产加工时的可制造性与经济性。

① 幅面设计。印制电路板的外形应尽量简单，一般为矩形，长宽比为 3:2 或 4:3，其尺寸应尽量挂靠标准系列的尺寸，以便简化加工工艺，降低加工成本。

② 最大、最小外形尺寸设计。最大、最小外形尺寸是由贴装机贴装范围决定的，最大尺寸 = 贴装机最大贴装尺寸（330 mm×250 mm），最小尺寸 = 贴装机最小贴装尺寸（50 mm×30 mm）。

在设计印制电路板时，一定要考虑贴装机的最大、最小贴装尺寸。当印制电路板尺寸小于最小贴装尺寸时，必须采用拼板方式。

③ 厚度设计。一般贴装机允许的板厚为 0.4～5 mm，只装配集成电路、小功率晶体管、电阻、电容等小功率元器件时，在没有较强负荷振动的条件下，使用厚度为 1.6 mm、板尺寸在 500 mm×500 mm 内。有较强负荷振动条件下，可根据振动条件采取缩小板的尺寸或加固和增加支撑点的办法，仍使用 1.6 mm 的板。板面较大或无法支撑时，应选择 2～3 mm 厚的板。

④ 工艺边设计。在 SMT 生产过程中，印制电路板应留出适当的边缘便于设备夹持。这个夹持边的范围应为 5 mm，且在此范围内不允许布放元器件和焊盘。

⑤ 定位孔设计。定位孔尺寸和定位孔位置如图5-22所示。孔壁应光滑，不应有涂覆层，周围2 mm处应无铜箔，且不得贴装元件。

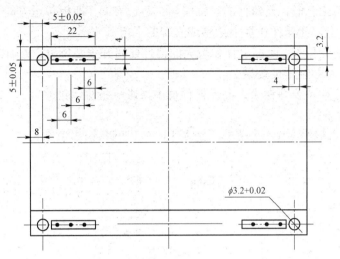

图5-22 工艺边和定位孔示意图

⑥ 拼板设计。拼板的尺寸不可太大，也不可太小，应以制造、装配和测试过程中便于加工、不产生较大变形为宜。可根据印制电路板厚度确定（1 mm厚的印制电路板最大拼板尺寸为200 mm×150 mm）。拼板的工艺夹持边一般为10 mm。定位孔加在工艺边上，中心应距离各边5 mm。双面贴装如果不进行波峰焊时，可采用双数拼板正反各半。拼板中各块印制电路板之间的互连有双面对刻V形槽和断签式两种方式，要求既有一定的机械强度，又便于贴装后的分离。

（2）基准标志设计。基准标志是提供印制机和贴装机等设备光学定位的标志，可提高印制和元件贴装的定位精度。基准标志可分为整体基准标志和局部基准标志。基准标志是用于整个光学定位的一组图像，如图5-23所示。其基准标志的形状与尺寸应根据不同型号贴装机的具体要求进行设计，常见的设计如下。

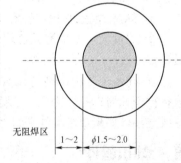

图5-23 基准标志示意图

① 形状。包括实心圆、空心圆、实心方形、空心方形、实心上三角、空心上三角、实心下三角、空心下三角、实心菱形、空心菱形等，优选实心圆。

② 尺寸。$\phi 1 \sim 3$ mm，典型值$\phi 1.5 \sim 2$ mm。基准标志表面裸铜、镀锡、镀金均可，但要求镀层均匀，不能太厚。基准标志点周围要有1~2 mm的无阻焊区。

③ 位置。整体基准标志应设在印制电路板的对角线上，一般在印制电路板的两个对角或者4个角上各安排一个基准标志。局部基准标志应设在对应IC的对角位置上。

2）SMT工艺对设计的要求

（1）元器件布局设计。

① 元器件要均匀分布，特别要把大功率的器件分散开，避免电路工作时印制电路板上局部过热产生应力，影响焊点的可靠性；在设计许可的条件下，元器件的布局尽可能做到同类

元器件按相同的方向排列，相同功能的模块集中在一起布置；相同封装的元器件等距离放置，以便贴装、焊接和检测。

② 采用回流焊工艺时，元器件的长轴应与工艺边方向（即板传送方向）垂直，这样可以防止在焊接过程中出现元器件在板上漂移或立碑的现象。

③ 双面贴装的元器件，两面上体积较大的器件要错开安装位置；否则在焊接过程中会因为局部热容量增大而影响焊接效果。

④ 小、低元器件不要埋在大、高元器件群中，影响检测、维修。

（2）布线规则。

① 板面布线应疏密得当，当疏密差别太大时应以网状铜箔填充。

② SMT 焊盘引出的走线，尽量垂直引出，避免斜向拉线，如图 5-24（a）所示。

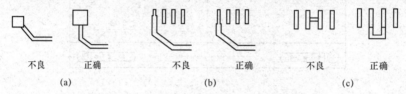

图 5-24　焊盘与印制导线连接示意图

③ 当从引脚宽度比走线细的 SMT 焊盘引线时，走线不能从焊盘上覆盖，应从焊盘末端引线，如图 5-25（b）所示。

④ 当密间距的 SMT 焊盘引线需要互连时，应在焊盘外部进行连接，不允许在焊盘中间直接连接，如图 5-25（c）所示。

（3）焊盘设计一般原则。

① SMT 焊盘设计应遵循相关标准，如 IPC-SM-782 标准。

② 焊盘大小要根据元器件的尺寸确定，焊盘的宽度不小于元器件引脚的宽度，焊接效果最好。

③ 在两个互相连接的 SMD 元器件之间，要避免采用单个的大焊盘，因为大焊盘上的焊料将把两元器件拉向中间。正确的做法是把两元器件的焊盘分开，在两个焊盘中间用较细的导线连接。如果要求导线通过较大的电流，可并联几根导线，并在导线上覆盖阻焊层。

知识梳理

（1）印制电路板是各类电子设备中用得最多也是最基本的组装单元。它可以根据生产要求的不同，实现设备的各项功能和性能指标，本项目以八路抢答器为例，引出了印制电路板的设计和制作方法。印制电路板的设计是根据电路原理图进行的，所以必须研究电路中各元器件的排列，确定它们在印制电路板上的最佳位置。可先草拟几种方案，经比较后确定最佳方案，并按正确比例画出设计图样。本书所述的设计原则既适用于手工画图设计，也适用于计算机设计。电路板的手工制作流程可分为元器件的选择、设计、准备覆铜板、转印图形、腐蚀、钻孔、表面处理等几个环节。

（2）印制电路板的生产工艺、印制电路板的质量检验、表面组装印制电路板的制造等方面的知识，详细描述了印制电路板从生产到成形的过程。通过本项目的学习，使读者进一步掌握制作印制电路板的方法和原则，并且掌握印制电路板制作的工艺流程，这也为电子产品整机工艺的学习奠定了基础。

（3）在任务实施中，讲述了手工制作印制电路板的思路、布局和装配方法，其中包括电路元器件的识别与检测、印制电路板的制作步骤、印制电路板插装焊接以及装好后的检查测试，便于今后在实际应用中完成简易印制电路板的制作。

思考与练习

（1）说明印制电路中元件之间的接线安排方式。

（2）印制电路板的主要工艺是什么？

（3）在设计中，布局是一个重要的环节，说出印制电路板布局方式，并对其进行分析说明，列举布局的检查项目。

（4）请写出在印制电路板设计中需注意的地方。

（5）请用最简洁的语言描述焊接电子元器件时的焊接顺序。

（6）印制电路板的制作流程是什么？

项目 6 表面贴装元件电子产品的手工装接

6.1 任务驱动

任务：贴片八路数字抢答器的手工贴装

手工焊接是手工制作电子产品、维修电子电气设备时必备的一项技术。SMT 是新一代电子组装技术，是电子产品装联工艺中最成熟、影响最广、效率最明显的一项成就，也是目前电子行业装联工艺的主流，它将传统的元器件压缩为体积只有原来的几十分之一，推动了电子产品的飞速发展。尽管在 SMT 的工艺中出现了波峰焊、回流焊等自动化焊接技术，但手工焊接技术仍是电子产品制作和维修中主要的操作方式，掌握娴熟的贴片元器件手工焊接技巧也是新时代工匠精神的展现。

6.1.1 任务目标

1. 知识目标

（1）掌握表面安装技术的基本知识。
（2）熟悉表面贴装元器件的识别方法。
（3）掌握手工焊接及拆焊贴装元器件的方法及技巧。

2. 技能目标

（1）能够熟练运用焊接工具进行贴装件的焊接与拆焊。
（2）能够正确识别和检测贴装元器件相关参数。
（3）能够合理设计贴装元器件的手工焊接流程。

6.1.2 任务要求

给你一套贴片八路数字抢答器套件,如图 6-1 和表 6-1 所示。根据原理图及清单套装材料的数量,对套装元器件进行识别、检测与筛选,然后进行手工贴片焊接与调试,要求焊点大小适中,无漏焊、假焊、虚焊、连焊,焊点光滑、圆润、干净,无毛刺;引脚加工尺寸及成形符合工艺要求;印制板插件位置正确,元器件极性正确,元器件、导线安装及字标方向均应符合工艺要求;接插件、紧固件安装可靠牢固,印制板安装对位;无烫伤和划伤处,整机清洁无污物。

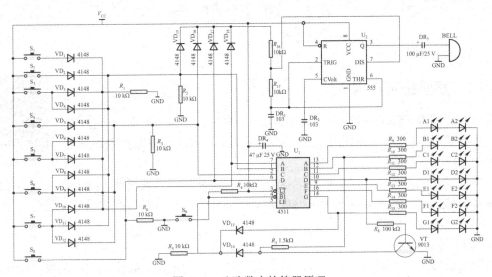

图 6-1 八路数字抢答器原理

表 6-1 八路数字抢答器元件清单

序号	名称	规格	位号	数量
1		100 kΩ	R_8	1
2	贴片电阻	10 kΩ	$R_1 \sim R_6$、R_{16}、R_{17}	8
3		300 Ω	$R_9 \sim R_{15}$	7
4		1.5 kΩ	R_7	1
5	贴片二极管	1N4148	$VD_1 \sim VD_{18}$	18
6	电解电容	100 μF	DR_3	1
7		47 μF	DR_4	1
8	贴片电容	103	DR_1、DR_2	2
9	贴片集成电路	CD4511	U_1	1
10		NE555	U_2	1
11	三极管	9013	VT_1	1
12	蜂鸣器	无源	BELL	1

续表

序号	名称	规格	位号	数量
13	发光二极管	0805	ABCDEFG1-2	14
14	按键	6×6×6	$S_1 \sim S_9$	9
15	电池盒	4节5号		1
16	电路板	双面板		1

6.2 知识储备

6.2.1 表面贴装技术

表面贴装技术（Surface Mount Technology，SMT），又称为表面安装技术，是新一代电子组装技术，它是将表面贴装元器件贴、焊到印制电路板表面规定位置上的电路装联技术。

表面贴装技术

具体地说，就是首先在印制电路焊盘上涂覆焊锡膏，再将表面贴装元器件准确地放到涂有焊锡膏的焊盘上，通过加热印制电路板直至焊锡膏熔化，冷却后便实现了元器件与印制电路板之间的电气及机械互连。

1. SMT 的组成

表面贴装技术由表面贴装元器件、表面贴装电路板的设计、表面贴装工艺材料（如焊锡膏和贴片胶）、表面贴装设备、表面贴装焊接技术（如波峰焊、回流焊）、表面贴装测试技术、清洗与返修技术等多个方面组成，如表 6-2 所示。

表 6-2 表面贴装技术的组成

表面贴装技术	贴装材料	涂敷材料：黏结剂、焊料、焊膏等
		工艺材料：焊剂、清洗剂等
	贴装工艺设计	贴装方式设计、贴装工艺流程设计、工艺和工序优化设计等
	贴装技术	涂敷技术：点涂、针转印、印制
		贴装技术：顺序式、在线式、同时式
		焊接技术：流动焊接、再流焊等
		清洗技术：溶剂清洗、水洗等
		检测技术：接触式检测、非接触式检测等
		返修技术：热空气对流、传导加热方式等
	贴装设备	涂敷设备：点胶机、印制机等
		贴装设备：顺序式贴装机、同时式贴装机、在线式贴装系统
		焊接设备：双波峰焊接设备、喷射式波峰焊接设备、再流焊设备
		清洗设备：溶剂清洗机、水清洗机
		返修设备：热空气对流返修工具和设备、传导加热返修工具和设备

由表6-2可以发现，SMT的组成可以归纳为以下三要素。

第一组成要素是设备，即SMT的硬件。

第二组成要素是装联工艺，即SMT的软件。

第三组成要素是电子元器件，它既是SMT的基础，也是SMT发展的动力。

2. SMT的优点

（1）组装密度高。SMT片式元器件比传统穿孔元器件所占面积和质量都大为减小，一般来说，采用SMT可使电子产品体积缩小60%，质量减轻75%。通孔安装技术的元器件，按2.54 mm网格安装元件，而SMT组装元件网格从1.27 mm发展到目前的0.63 mm网格，个别达0.5 mm网格的安装元件，密度更高。例如，一个64端子的DIP集成块，它的组装尺寸为25 mm×75 mm，而同样端子采用引线间距为0.63 mm的方形扁平封装集成块（QFP），它的组装尺寸仅为12 mm×12 mm。

（2）可靠性高。由于片式元器件小而轻，抗振动能力强，自动化生产程度高，故贴装可靠性高。再流焊不良焊点率小于1%，比通孔插件元件波峰焊接技术低一个数量级，目前几乎有90%的电子产品采用SMT工艺。

（3）高频特性好。由于片式元器件贴装牢固，器件通常为无引线或短引线，降低了寄生电容的影响，提高了电路的高频特性。采用片式元器件设计的电路最高工作频率达3 GHz。而采用通孔元器件仅为500 MHz。采用SMT也可缩短传输延迟时间，可用于时钟频率为16 MHz以上的电路。若使用多芯模块MCM技术，计算机工作站的端时钟频率可达100 MHz，由寄生电抗引起的附加功耗可大大降低。

（4）降低成本。贴片印制板的使用面积减小，为采用通孔面积的1/12，若采用CSP安装，则面积还可大幅度下降；频率特性提高，减少了电路调试费用；片式元器件体积小、质量轻，减少了包装、运输和储存费用；片式元器件发展快，成本迅速下降，一个片式电阻已同通孔电阻价格相当。

（5）便于自动化生产。目前通孔安装印制电路板要实现完全自动化，还需扩大40%原印制电路板面积，这样才能使自动插件的插装头将元件插入，若没有足够的空间间隙，会将碰坏零件。而自动贴片机采用真空吸嘴吸放元件，由于真空吸嘴为小元件外形，可提高安装密度。事实上，小元件及细间距器件均采用自动贴片机进行生产，也实现了全线自动化。

近几年SMT又进入一个新的发展高潮。为了进一步适应电子设备向短、小、轻、薄方向发展，出现了0210（0.6 mm×0.3 mm）的Chip元件以及BGA、CSP、Flip、Chip、复合化片式元件等新型封装元器件。由于BGA等元器件技术的发展以及非ODS清洗和无铅焊料的出现，引起了SMT设备、焊接材料、贴装和焊接工艺的变化，推动电子组装技术向更高阶段发展。

3. SMT存在的缺陷

（1）测试困难，对设备要求严格。

（2）部分元器件上的标称数值模糊不清，给维修工作带来困难。

（3）有些常用零件发展缓慢，没有表面贴片式封装。

（4）维修调换器件困难，需要专用工具或设备。

（5）焊接环境要求高。

（6）初始投资大，生产设备结构复杂，涉及技术面宽，费用昂贵。

6.2.2 表面贴装元器件

表面贴装元件

表面贴装元器件有以下两个显著特点。

（1）在 SMT 元器件的电极上，有些完全没有引线，有些只有非常短小的引线，相邻电极之间的距离比传统的双列直插式的引线距离（2.54 mm）小很多，目前最小的达 0.3 mm。

（2）SMT 元器件直接贴装在印制电路板的表面，将电极焊接在与元器件同一面的焊盘上。这样，印制电路板上的通孔只起到电路连通导线的作用，孔的直径仅由制板时金属化孔的工艺水平决定，通孔的周围没有焊盘，使印制电路板的布线密度大大提高。

表面安装元器件同传统元器件一样，也可从功能上分为无源器件 SMC（Surface Mounted Components）和有源器件 SMD（Surface Mounted Devices）。

1. 表面组装电阻器的认识

1）SMC 固定电阻器

表面组装电阻器按封装外形，可分为矩形片式电阻器和圆柱形片式电阻器。

图 6-2 矩形片式电阻器外形

（1）矩形片式电阻器。矩形片式电阻器外观是一个矩形，如图 6-2 所示。

矩形片式电阻器的结构一般是多层结构，如图 6-3 所示，其生产工艺可分为厚膜型和薄膜型。厚膜型矩形片式电阻器生产工艺是在一个高纯度氧化铝基底平面上网印二氧化钌电阻浆来制作电阻膜；其阻值可根据改变电阻浆料成分或配比得到。厚膜型矩形片式电阻器精度高、电阻温度系数小，稳定性好，但阻值范围比较窄，适用于高精度和高频领域。薄膜型矩形片式电阻器是在基体上溅镀一层镍铬合金而成，其电阻性能稳定，阻值精度高，高温下性能稳定，在电路中得到广泛应用。

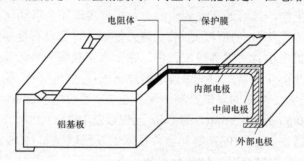

图 6-3 片式电阻器结构

3216、2012、1608 系列片状 SMC 的标称数值用标在元件上的 3 位数字表示（E24 系列），前两位是有效数，第三位是倍率乘数，其电阻精度为 5%。例如，电阻器上印有 123，表示 12 kΩ；表面印有 5R1，表示阻值为 5.1 Ω；表面印有 R56，表示阻值为 0.56 Ω；跨接电阻采用 000 表示。当片式电阻值精度为 1% 时，则采用 4 个数字表示，前面 3 个数字为有效数字，第四位表示增加的零的个数；阻值小于 10 Ω 的，仍在第二位补加 "R"，阻值为 100 Ω，则在第四位补 "0"。例如，4.7 Ω 记为 4R70；100 Ω 记为 1000；1MΩ 记为 1004；10 Ω 记为 10R0。对于 1005、0603 系列片式电阻器，元件表面不印制标称数值（参数印在编带的带盘上）。

（2）圆柱形片式电阻器（简称 MELF）。圆柱形片式电阻器的外形如图 6-4 所示。

圆柱形表面组装电阻器主要有碳膜 ERD 型、高性能金属膜 ERO 型及跨接用的 0Ω 电阻 3 种。圆柱形片式电阻器的结构形状和制造方法基本上与带引脚电阻器基本相同，即在高铝陶瓷基柱表面溅射镍铬合金膜或者碳膜，在膜上刻槽调整电阻值，两端压上金属焊端并涂覆耐热漆形成保护层，最后印上色环标志。

圆柱形片式电阻器与矩形片式电阻器相比，无方向性和正反面性，包装使用方便，装配密度高，固定到印制电路板上有较高的抗弯能力，常用于高档音响电器产品中。

圆柱形片式电阻器的结构如图 6-5 所示，由电阻膜、色环、陶瓷基体、螺纹槽、端电极等组成。

 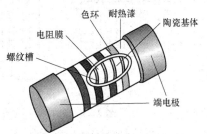

图 6-4 圆柱形片式电阻器外形　　　图 6-5 圆柱形片式电阻器的结构

圆柱形片式电阻器用 3 位、4 位或 5 位色环表示其标称阻值的大小，每位色环所代表的意义与通孔插装色环电阻完全一样，如图 6-6 和表 6-3 所示。

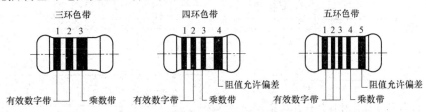

图 6-6 圆柱形电阻器的色环标志

表 6-3 色环电阻颜色对照表

颜色	金	银	黑	棕	红	橙	黄	绿	蓝	紫	灰	白	无
有效数字			0	1	2	3	4	5	6	7	8	9	
乘数	10^{-1}	10^{-2}	10^0	10^1	10^2	10^3	10^4	10^5	10^6	10^7	10^8	10^9	
允许偏差/%	±10	±5	±1	±2				±0.5	±0.25	±0.1		±50	±20

例如，五色环电阻器色环从左至右第一位色环是棕色，其有效值为 1；第二位色环为绿色，其有效值为 5；第三位色环是黑色，其有效值为 0；第四位色环为棕色，其乘数为 10；第五位色环为棕色，其允许偏差为 ±1%。则该电阻的阻值为 1.5 kΩ，允许偏差为 ±1%。

2）SMC 电阻排（电阻网络）

电阻排也称为电阻网络或集成电阻。电阻网络可分为厚膜电阻网络和薄膜片式电阻网络两大类。电阻网络根据结构的不同，可分为 SOP 型、芯片功率型、芯片载体型和芯片阵列型

4种。它是将多个参数和性能都一致的电阻,按预定的配置要求连接后置于一个组装体内的电阻网络。图6-7所示为8P4R(8引脚4电阻)3216系列表面组装电阻网络的外形。

电阻网络根据其用途的不同,电路形式也有所不同。芯片阵列型电阻网络常见的电路形式有3种,其结构如图6-8所示。SOP型电阻网络的常见电路形式有4种,其结构如图6-9所示。

图6-7　8P4R 3216电阻网络的外形

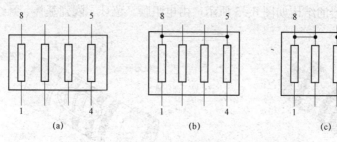

图6-8　芯片阵列型电阻网络的常见电路形式
(a) 4元件（独立电路）；(b) 4元件（其中两元件并联）；(c) 4元件（每两元件并联）

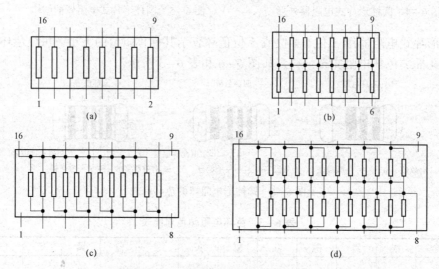

图6-9　SOP型电阻网络的常见电路形式
(a) 8元件、独立电路、1/16W/元件；(b) 15元件、并联电路、1/24W/元件；
(c) 12元件、分压电路、1/24W/元件；(d) 24元件、终端电路、1/32W/元件

3）SMC电位器

表面组装电位器又称为片式电位器（Chip Potentiometer）,是一种可连续调节阻值的可变电阻器。其形状有片状、圆柱状、扁平矩形等各种类型。它在电路中起到调节分电路电压和分电路电阻的作用。

片式电位器有敞开式、防尘式、微调式、全密封式4种不同的外形结构。

(1) 敞开式结构。其外形和结构如图6-10所示。敞开式结构的电位器有直接驱动簧片结构和绝缘轴驱动簧片结构两种。从它的外形来看,这种电位器没有外壳保护,灰尘和潮气很容易进入其中,这样会对器件的性能有一定影响,但价格较低。需要注意的是,对于敞开

式的平状电位器而言,仅适用焊锡膏再流焊工艺,不适用贴片波峰焊工艺。

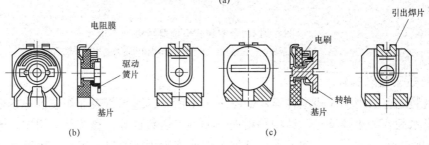

图6-10 敞开式电位器外形和结构

(a)外形;(b)直接驱动簧片结构;(c)绝缘轴驱动簧片结构

(2)防尘式结构。其外形和结构如图6-11所示。这种外形结构在有外壳或护罩的保护下,灰尘和潮气不易进入其中,故性能优良,常用于投资类电子整机和高档消费类电子产品中。

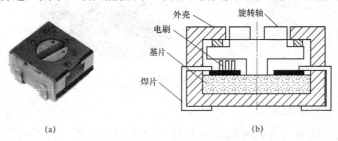

图6-11 防尘式电位器外形和结构

(a)外形;(b)结构

(3)微调式结构。其外形和结构如图6-12所示。这类电位器可对其阻值进行精细调节,故性能优良,但价格较高,常用于投资类电子整机电子产品中。

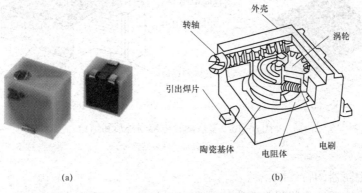

图6-12 微调式电位器外形和结构

(a)外形;(b)结构

（4）全密封式结构。全密封式电位器的特点是性能可靠、调节方便，寿命长。其结构有圆柱结构和扁平结构两种，而圆柱形电位器的结构又分为顶调和侧调两种，如图6-13所示。

图6-13 全密封式电位器结构
(a) 圆柱形顶调电位器结构；(b) 圆柱形侧调电位器结构

2. 表面组装电容器的认识

表面组装电容器简称片式电容器，如图6-14所示。适用于表面组装的电容器已发展到多品种、多系列。如果按外形、结构和用途分类，可达数百种。在实际应用中，表面安装电容器中有80%是多层片状瓷介电容器，其次是表面安装铝电解电容器和钽电解电容器。

图6-14 表面组装电容器实物

1）SMC多层陶瓷电容器

表面组装陶瓷电容器大多数用陶瓷材料作为电容器的介质。多层陶瓷电容器简称MLC，通常为无引脚矩形结构，内部电极一般采用交替层叠的形式，根据电容量的需要，少则二三层，多则数十层，其外形如图6-15（a）所示，结构如图6-15（b）所示。

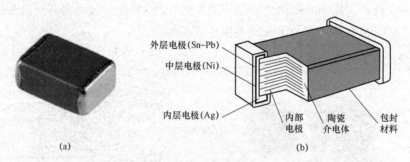

图6-15 多层陶瓷电容器外形和结构
(a) 外形；(b) 结构

多层陶瓷电容器的特点如下：
（1）由于电容器的介质材料为陶瓷，所以耐热性能良好，不容易老化。
（2）瓷介电容器能耐酸碱及盐类的腐蚀，抗腐蚀性好。

(3) 低频陶瓷材料的介电常数大，因而低频瓷介电容器单位体积的容量大。

(4) 陶瓷的绝缘性能好，可制成高压电容器。

(5) 高频陶瓷材料的损耗角正切值与频率的关系很小，因而在高频电路可选用高频瓷介电容器。

(6) 陶瓷的价格便宜，原材料丰富，适宜大批量生产。

(7) 瓷介电容器的电容量较小，机械强度较低。

2）SMC 电解电容器

常见的 SMC 电解电容器有铝电解电容器和钽电解电容器两种。

(1) SMC 铝电解电容器。SMC 铝电解电容器的容量和额定工作电压的范围较大，把这类电容器做成贴片形式比较困难，故一般都是异形。由于 SMC 铝电解电容器价格低廉，因此经常被应用于各种消费类电子产品中。根据其外形和封装材料的不同，铝电解电容器可分为矩形（树脂封装）和圆柱形（金属封装）两类，如图 6-16 所示，通常以圆柱形为主。

图 6-16 SMC 铝电解电容器实物
(a) 圆柱形；(b) 矩形

SMC 铝电解电容器的电容值及耐压值在其外壳上均有标注，外壳上的深色标记代表负极，如图 6-17 所示。

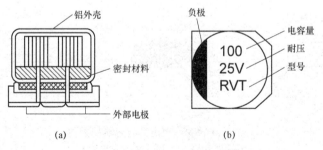

图 6-17 SMC 铝电解电容器结构和标注
(a) 结构；(b) 标注

SMC 铝电解电容器的特点：它是由铝圆筒做负极，内部装有液体电解质，再插入一片弯曲的铝带做正极制成。其特点是容量大，但是漏电大、稳定性差、有正负极性。适于电源滤波或低频电路中，使用时正、负极不能接反。

(2) SMC 钽电解电容器。SMC 钽电解电容器以金属钽作为电容介质，可靠性很高，单位体积容量大，在容量超过 0.33 μF 时，大都采用钽电解电容器。固体钽电解电容器的性能优

图6-18 贴装于PCB板上的钽电解电容器

异,是所有电容器中体积小而又能达到较大电容量的产品。因此,容易制成适于表面贴装的小型和片式元件,如图6-18所示。

目前生产的钽电解电容器主要有烧结型固体、箔形卷绕固体、烧结型液体等3种,其中烧结型固体约占目前生产总量的95%以上,其中以非金属密封型的树脂封装为主。图6-19所示是烧结型固体电解质片状钽电容器的内部结构。

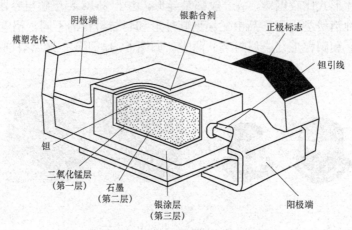

图6-19 烧结型固体电解质片状钽电容器结构

SMC钽电解电容器的外形都是片状矩形结构,按照其封装形式的不同,可分为裸片型、模塑型和端帽型,如图6-20所示。

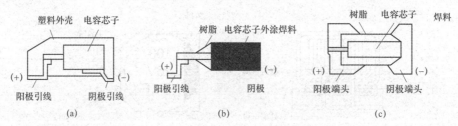

图6-20 SMC钽电解电容器的类型
(a) 模塑型;(b) 裸片型;(c) 端帽型

3) SMC片状云母电容器

片状云母电容器的形状多为矩形,云母电容器采用天然云母作为电容极间的介质,其耐压性能好。云母电容由于受介质材料的影响,容量不能做得太大,一般在10～10 000 pF之间,而且造价相对其他电容器高。与多层片状瓷介电容器相比,体积略大,但耐热性好、损耗小,易制成小电容量、稳定性高、Q值高、精度高的产品,适宜在高频电路中使用。其外形和内部结构如图6-21所示。

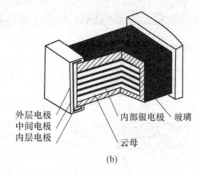

图 6-21　SMC 片状云母电容器外形和结构
(a) 外形；(b) 结构

3．表面组装电感器的认识

片式电感器也称表面贴装电感器，它与其他片式元器件（SMC 及 SMD）一样，是适用于表面贴装技术（SMT）的新一代无引线或短引线微型电子元件。其引出端的焊接面在同一平面上。

从制造工艺来分，片式电感器主要有 4 种类型，即绕线型、叠层型、编织型和薄膜片式电感器。常用的是绕线型和叠层型两种类型。其中，绕线型是传统绕线电感器小型化的产物，叠层型则采用多层印制技术和叠层生产工艺制作，体积比绕线型片式电感器要小，是电感元件领域重点开发的产品。由于微型电感器要达到足够的电感量和品质因数 Q 比较困难，同时由于磁性元件中电路与磁路交织在一起，制作工艺比较复杂，故作为三大基础无源元件之一的电感器片式化，明显滞后于电容器和电阻器。

1）绕线型 SMC 电感器

绕线型 SMC 电感器是将传统的卧式绕线电感器稍加改进后的产物。这种电感器在制造时将导线圈缠绕在磁芯上，若为低电感则用陶瓷作磁芯，若为大电感则用铁氧体作磁芯，绕组可以垂直也可水平，绕线后再加上端电极即可。

绕线型 SMC 电感器根据所用磁芯的不同，可分为"工"字形结构（开磁路、闭磁路）、槽形结构、棒形结构、腔体结构。

其中，"工"字形结构的 SMC 电感器通常采用微小"工"字形磁芯，经绕线、焊接、电极成形、塑封等工序制成，如图 6-22 所示。这种类型片式电感器的特点是生产工艺简单、电性能优良，适合大电流通过，具有可靠性高等优点。

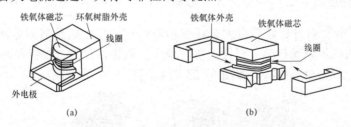

图 6-22　绕线型 SMC 电感器的结构一
(a) "工"字形结构（开磁路）；(b) "工"字形结构（闭磁路）

而对于槽形和腔体结构的 SMC 电感器则采用 H 形陶瓷芯，经过绕线、焊接、涂覆、环氧树脂封装等工序制成，如图 6-23 所示。由于电极已预制在陶瓷芯体上，其制造工艺更简单，并且能进一步微小型化。这类电感器的特点是电感值较小，自谐频率高，更适合高频使用。

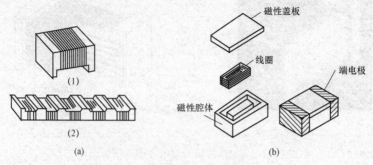

图6-23 绕线型SMC电感器的结构二
（a）槽形结构；（b）腔体结构

2）叠层型SMC电感器

叠层型SMC电感器由铁氧体浆料和导电浆料相间形成多层的叠层结构，然后经烧结而成。其特点是具有闭路磁芯结构，没有漏磁，耐热性好，可靠性高，与绕线型相比，尺寸小得多，适用于高密度表面组装，但电感量也小，Q值较低。

叠层型SMC电感器可广泛应用于高清晰数字电视、高频头、计算机板卡等领域。其外形和内部结构如图6-24所示。

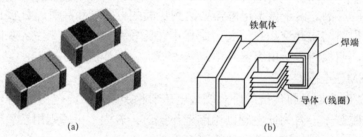

图6-24 层叠型电感器外形和结构
（a）外形；（b）结构

4. 表面组装二极管的认识

二极管是一种单向导电性组件。单向导电性是指当电流从它的正向流过时其电阻极小，当电流从它的负极流过时其电阻很大，因而二极管是一种有极性的器件。

SMD二极管常见的封装外形有无引线柱形玻璃封装和片状塑料封装两种。其中，无引线柱形玻璃封装二极管通常有稳压二极管、开关二极管和通用二极管，片状塑料封装二极管一般为矩形片状，如图6-25所示。

表面贴装器件

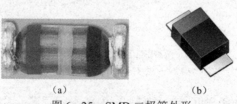

图6-25 SMD二极管外形
（a）圆柱形二极管；（b）塑料封装二极管

5. 表面组装三极管的认识

晶体三极管是半导体基本元器件之一，具有电流放大作用，是电子电路的核心器件。三极管是在一块半导体基板上制作两个相距很近的 PN 结，两个 PN 结把整块半导体分成三部分，中间部分是基区，两侧部分是发射区和集电区，排列方式有 PNP 和 NPN 两种。

小外形塑封晶体管（SOT）又称为微型片式晶体管，它作为最先问世的表面组装有源器件之一，通常是一种三端或四端器件，主要用于混合式集成电路中，被组装在陶瓷基板上。可分为 SOT-23、SOT-89、SOT-143、SOT-252 几种尺寸结构，产品有小功率管、大功率管、场效应管和高频管几个系列，如图 6-26 所示。

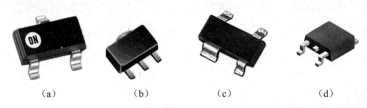

图 6-26 SOT 晶体管
(a) SOT-23；(b) SOT-89；(c) SOT-143；(d) SOT-252

（1）SOT-23 是通用的表面组装晶体管，SOT-23 有 3 条翼形引脚。

（2）SOT-89 的 b、c、e 这 3 个电极是从管子的同侧引出，管子底部的金属散热片和集电极连在一起，同时晶体管芯片黏结在较大的铜片上，有利于散热。此晶体管适用于较高功率的场合。

（3）SOT-143 有 4 条翼形短引脚，对称分布在长边的两侧，引脚中宽度偏大一点的是集电极，这类封装常见于双栅场效应管及高频晶体管中。

（4）SOT-252 封装的功耗可达 2~50 W，两条连在一起的引脚或与散热片连接的引脚是集电极。

如今，SMD 分立器件封装类型和产品数已经达到 3 000 种之多，每个厂商生产的产品中，其电极引出方式略有不同，大家在选用时必须先查阅相关资料。

6. 表面组装集成电路的认识

1）电极形式

表面组装器件 SMD 的 I/O 电极形式有无引脚和有引脚两种形式。常用无引脚形式的表面组装器件有 LCCC、PQFN 等，有引脚形式的器件中引脚形状有翼形、钩形（J 形）和 I 形 3 种，如图 6-27 所示。翼形引脚一般用于 SOT、SOP、QFP 封装，钩形（J 形）引脚一般用于 SOJ、PLCC 封装，I 形引脚一般用于 BGA、CSP、Flip、Chip 封装。

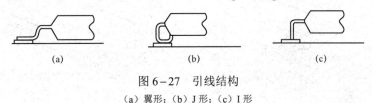

图 6-27 引线结构
(a) 翼形；(b) J 形；(c) I 形

2）封装材料

SMD 集成电路的封装材料通常有金属封装、陶瓷封装、金属—陶瓷封装和塑料封装。其中，金属封装中金属材料可以冲压，具有封装精度高、尺寸严格、便于大量生产、价格低廉等特点；陶瓷封装中的陶瓷材料电气性能优良，适用于高密度封装；金属—陶瓷封装则兼有金属封装和陶瓷封装的优点；塑料封装中塑料的可塑性强，成本低廉，工艺简单，适合大批量生产。

3) 芯片的基板类型

基板的主要作用是搭载和固定裸芯片，同时还具有绝缘、导热、隔离和保护作用，人们通常把它称为芯片内外电路连接的"桥梁"。芯片的基板类型按材料分类有有机和无机之分，从结构上分类有单层、双层、多层和复合等型。

4) 封装比

评价集成电路封装技术的好坏，一个非常重要的指标是封装比。其定义为：

$$封装比 = \frac{芯片面积}{封装面积}$$

此值越接近 1 越好。

5) SMD 集成电路的封装形式

（1）小外形集成电路（SO）。引线比较少的小规模集成电路大多采用这种小型 SO 封装。SO 封装可以分为以下几种。

片装集成电路

① SOP 封装。芯片宽度小于 0.15 英寸，电极引脚数一般在 8~40 个之间。

② SOL 封装。芯片宽度在 0.25 英寸以上，电极引脚数一般在 44 个以上。

③ SOW 封装。芯片宽度在 0.6 英寸以上，电极引脚数一般在 44 个以上。

部分 SOP 封装采用了小型化或者薄型化封装的分别叫作 SSOP 封装和 TSOP 封装。

对于大多数 SO 封装而言，其引脚都采用翼形电极，但也有一些存储器采用 J 形电极（称为 SOJ），如图 6-28 所示。

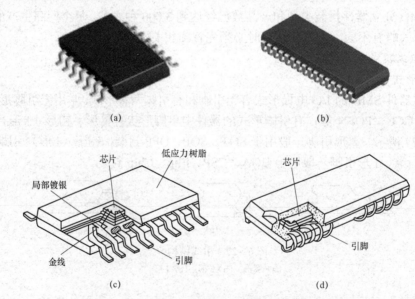

图 6-28　SOP 的翼形引脚和 J 形引脚封装的外形和结构

(a) SOP 封装；(b) SOJ 封装；(c) SOP 的翼形引脚；(d) SOP 的 J 形引脚

（2）无引脚陶瓷芯片载体（LCCC）。LCCC 是陶瓷芯片载体封装的 SMD 集成电路中没有引脚的一种封装，如图 6-29 所示；芯片被封装在陶瓷载体上，无引线的电极焊端排列在封装底面上的四边，外形有正方形和矩形两种。

LCCC 的特点是无引线，引出端是陶瓷外壳，四侧有镀金凹槽，凹槽的中心距有 1.0 mm 和 1.27 mm 两种。它能提供较短的信号通路，电感和电容的损耗都比较低，通常用于高频电路中。陶瓷芯片载体封装的芯片是全密封的，具有很好的环境保护作用，一般用于军品中。

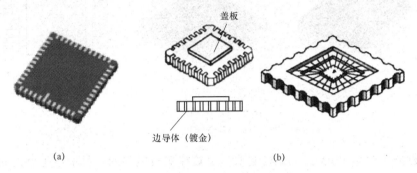

图 6-29 LCCC 封装的集成电路
(a) LCCC 外形；(b) LCCC 结构

（3）塑封有引脚芯片载体（PLCC）。PLCC 是集成电路的有引脚塑封芯片载体封装，引脚采用钩形引脚，固称为钩形（J 形）电极，电极引脚数目通常为 16～84 个，其外观与封装结构如图 6-30 所示。PLCC 封装的集成电路大多用于可编程存储器中。20 世纪 80 年代前后，塑封器件以其优异的性价比在 SMT 市场上占有绝对优势，得到广泛应用。

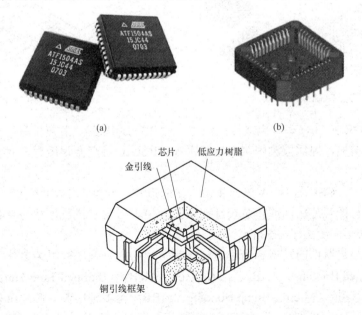

图 6-30 PLCC 的封装结构
(a) 实物；(b) 插座；(c) 封装结构

(4) 方形扁平封装（QFP）。QFP 为四侧引脚扁平封装，引脚从 4 个侧面引出，呈翼（L）形，如图 6-31 所示。封装材料有陶瓷、金属和塑料 3 种，其中塑料封装占绝大部分。QFP 封装的集成电路引脚较多，多用于高频电路、中频电路、音频电路、微处理器、电源电路等，目前已被广泛使用。

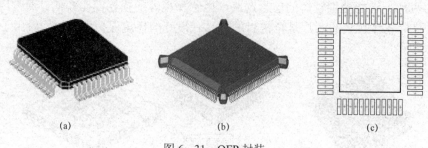

图 6-31 QFP 封装
(a) QFP 外形；(b) 带脚垫 QFP；(c) QFP 引线排列

(5) 球栅阵列封装（BGA）。BAG 封装是大规模集成电路的一种极富生命力的封装方法。BAG 封装是将原来器件 PLCC/QFP 封装的 J 形或翼形电极引脚，改变成球形引脚；把从器件本体四周"单线性"顺序引出的电极，变成本体底面之下"全平面"式的格栅阵排列。这样，既可以疏散引脚间距，又能够增加引脚数目。焊球阵列在器件底面可以呈完全分布或部分分布。图 6-32 和图 6-33 所示分别为 BGA 器件外形和内部结构。

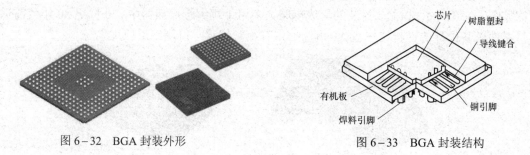

图 6-32 BGA 封装外形　　　　图 6-33 BGA 封装结构

BGA 具有体积小、I/O 多、电气性能优越（适合高频电路）、散热性好等优点。缺点是印制电路板的成本增加，焊后检测困难、返修困难。PBGA 对潮湿很敏感，封装件和衬底容易开裂。

(6) CSP 封装。CSP 是 BGA 进一步微型化的产物，问世于 20 世纪 90 年代中期，它的含义是封装尺寸与裸芯片相同或封装尺寸比裸芯片稍大（通常封装尺寸与裸芯片之比定义为 1.2:1）。CSP 外端子间距大于 0.5 mm，并能适应再流焊组装。

近年来芯片组装器件的发展相当迅速，已有常规的由引脚连接组装器件形成的带自动键合（Tape Automated Bonding，TAB）、凸点载带自动键合（Bumped Tape Automated Bonding，BTAB）和微凸点连接（Micro-Bump Bonding，MBB）等多种门类。芯片组装器件具有批量生产、通用性好、工作频率高、运算速度快等特点，在整机组装设计中若配以 CAD 方式，还可大大缩短开发周期，目前已广泛应用在大型液晶显示屏、液晶电视机、小型摄录一体机、计算机等产品中。图 6-34 中 CSP 封装的内存条为 CSP 技术封装的内存条。可以看出，采用 CSP 技术后，内存颗粒所占用的印制板面积大大减小。

6.2.3 表面贴装工艺材料

锡膏的英文名称为 Solder Paste,是一种均匀的焊料合金粉末和稳定的助焊剂按一定比例均匀混合而成的膏状体。

在常温下,锡膏可将电子元器件粘在既定位置,当被加热到一定温度时,随着溶剂和部分添加剂的挥发、合金粉的熔化,使被焊元器件和焊盘连在一起,冷却形成永久连接的焊点。

1. 锡膏的组成

锡膏由锡粉和助焊剂组成。

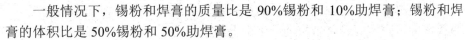

图 6-34 CSP 封装的内存条

锡粉通常是由氮气雾化或用转碟法制造,后经丝网筛选而成。

助焊剂是由黏结剂(树脂)、溶剂、活性剂、触变剂及其他添加剂组成,它对锡膏从印制到焊接整个过程起着至关重要的作用。

一般情况下,锡粉和焊膏的质量比是 90%锡粉和 10%助焊膏;锡粉和焊膏的体积比是 50%锡粉和 50%助焊膏。

表面贴装工艺材料

2. 锡膏的重要特性

(1)流动性。

(2)脱板性。

(3)连续印制。

(4)稳定性。

锡膏是一种流体,具有流动性。材料的流动性可分为理想的、塑性的、伪塑性的、膨胀的和触变的,锡膏属触变流体。剪切应力对剪切率的比值定义为锡膏的黏度,其单位为 Pa·s,锡膏合金百分含量、粉末颗粒大小、温度、焊剂量和触变剂的润滑性是影响锡膏黏度的主要因素。在实际应用中,一般根据锡膏印制技术的类型和印到印制电路板上的厚度确定最佳的黏度。

3. 锡膏的分类

1)按回焊温度划分

(1)高温锡膏。

(2)常温锡膏。

(3)低温锡膏。

2)按金属成分划分

(1)含银锡膏($Sn_{62}/Pb_{36}/Ag_2$)。

(2)非含银锡膏(Sn_{63}/Pb_{37})。

(3)含铋锡膏($Bi_{14}/Sn_{43}/Pb_{43}$)。

(4)无铅锡膏($Sn_{96.5}/Ag_{3.0}/Cu_{0.5}$)。

3)按助焊剂成分划分

(1)免洗型(NC)。

(2)水溶型(WS 或 OA)。

（3）松香型（RMA、RA）。

4）按清洗方式划分

（1）有机溶剂清洗型。

（2）水清洗型。

（3）半水清洗型。

（4）免清洗型。

常用的为免清洗型锡膏，在要求比较高的产品中可以使用需清洗的锡膏。

6.2.4 表面贴装元器件的手工装接工艺

目前电子元器件的焊接主要采用锡焊技术。锡焊技术采用以锡为主的锡铅合金材料作焊料，在一定温度下焊锡熔化，金属焊件与锡原子之间相互吸引、扩散、结合，形成浸润的结合层。手工焊接贴片元器件是电子专业人才必备的基本技能之一，正确的焊接方式、良好的焊接工艺、娴熟的技术是焊接技能的重要体现。

1. 安全检查

先用万用表检查恒温电烙铁的电源线有无短路和开路，测量电烙铁是否有漏电现象，检查电源线的装接是否牢固、固定螺钉是否松动、手柄上的电源线是否被螺钉顶紧、电源线的套管有无破损。

2. 焊前准备

恒温焊台一般放置在工作台右前方，电烙铁用后一定要稳妥放于烙铁架上，并注意导线等物品不要碰烙铁头，并保持被焊件的清洁。

3. 焊接操作的基本步骤

（1）准备施焊。左手拿焊丝，右手握电烙铁，进入备焊状态。要求烙铁头保持干净，无焊渣等氧化物，并在表面镀有一层焊锡。

（2）加热焊件。将烙铁头靠在两焊件的连接处，加热整个焊件全体，时间为1～2 s。对于在印制电路板上的焊接件来说，要注意使电烙铁同时接触焊盘的元器件引线。

（3）送入焊丝。焊接的焊接面被加热到一定温度时，焊锡丝从电烙铁对面接触焊件。

（4）移开焊丝。当焊锡丝熔化一定量后，立即向左上45°方向移开焊锡丝。

（5）移开电烙铁。焊锡浸润焊盘的被焊部位以后，向右上45°方向移开电烙铁，结束焊接。

从第（3）步开始到第（5）步结束，时间为1～3 s。

4. 手工焊接贴片件的技巧

首先清理焊盘，然后把少量的焊膏放到焊盘上，对位贴片元件，用恒温电烙铁加热焊锡固定贴片件，固定好后，在元器件引脚上用电烙铁使焊锡完全浸润、扩散，以形成完好的焊点。

另一种方法是先在一个焊盘上镀锡，镀锡后电烙铁不要离开焊盘，快速用镊子夹着元器件放在焊盘上，焊好一个引脚后，再焊另一个引脚。焊接集成电路时，先把器件放在预定位置上，用少量焊锡焊住器件的两个对脚，使器件准确固定，然后将其他引脚涂上助焊剂依次焊接。如果技术水平过硬，可以用H形电烙铁进行"托焊"，即沿着器件引脚把烙铁头快速往后托，该方法焊接速度快，可提高效率，如图6-35所示。

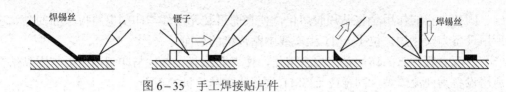

图 6-35 手工焊接贴片件

5. 焊点的质量分析

(1) 焊点的质量要求。电气接触良好,机械强度可靠,外形美观。

(2) 焊点的检查步骤。目视检查,手触检查,通电检查。

6. 其他焊接要领

(1) 焊剂的用量要合适。用量过少则影响焊接质量;用料过多时,焊剂残渣将会腐蚀零件,并使线路的绝缘性能变差。

(2) 焊接的温度和时间要掌握好。温度过低,焊锡流动性差,很容易凝固,形成虚焊;温度过高,将使焊锡流淌,焊点不易存锡,焊剂分解速度加快,使金属表面加速氧化,并导致印制电路板上的焊盘脱落。

(3) 焊接时手要扶稳。在焊锡凝固过程中不能晃动被焊元器件;否则将造成虚焊。

(4) 焊点的重焊。当焊点一次焊接不成功或上锡量不够时,便要重新焊接。重新焊接时,必须待上次的焊锡一同熔化并融为一体时才能把电烙铁移开。

(5) 焊接后的处理。当焊接结束后,应将焊点周围的焊剂清洗干净,并检查电路有无漏焊、错焊、虚焊等现象。

7. 合格焊点的标准

(1) 焊点呈内弧形(圆锥形)。

(2) 焊点整体要圆满、光滑、无针孔、无松香渍。

(3) 如果有引线、引脚(直插件),它们的露出引脚长度要在 1～1.2 mm 之间。

(4) 零件脚外形可见锡的流散性好。

(5) 焊锡将整个上锡位置及零件脚包围,如图 6-36 所示。

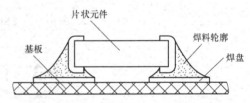

图 6-36 手工焊接贴片件的合格焊点

6.2.5 表面贴装工艺流程

SMT 工艺有两种最基本的工艺流程:一种是锡膏再流焊工艺;另一种是贴片波峰焊工艺。

SMT 基本工艺要素包括丝印(或点胶)→贴装→(固化)→回流焊接→清洗→检测→返修。每个工艺的具体介绍如下。

(1) 丝印。它的作用是将焊膏或贴片胶漏印到印制电路板的焊盘上,为元器件的焊接做准备,所用设备为丝印机,位于 SMT 生产线的最前端。

(2) 点胶。即将胶水滴到印制电路板的指定位置上,它的主要作用是将元器件固定到印制电路板上,所用设备为点胶机,位于 SMT 生产线的最前端或者检测设备后面。

(3) 贴装。它的作用是将表面组装元器件准确安装到印制电路板的指定位置,所用设备为贴片机,位于 SMT 生产线中丝印机的后面。

（4）固化。它的作用是将贴片胶熔化，使表面组装元器件与印制电路板牢固的黏结在一起。所用设备为固化炉，位于 SMT 生产线中贴片机的后面。

（5）回流焊接。它的作用是将焊膏熔化，使表面组装元器件与印制电路板牢固黏结在一起。所用设备为回流焊炉，同样位于 SMT 生产线中贴片机的后面。

（6）清洗。它的作用是将组装好的印制电路板上对人体有害的焊接残留物（如助焊剂等）除去。所用设备为清洗机，位置不固定，既可以在线也可以不在线。

（7）检测。它的作用是对组装好的印制电路板进行焊接质量和装配质量的检测。所用设备有放大镜、显微镜、在线测试仪（ICT）、飞针测试仪、X 射线检测系统、功能测试仪等。位置可以根据需要配置在生产线合适的地方。

（8）返修。它的作用是对检测出现故障的印制电路板进行返工，所用工具为电烙铁、返修工作站等，可在生产线中任意位置进行。

SMT 生产线基本组成示例如图 6-37 所示。

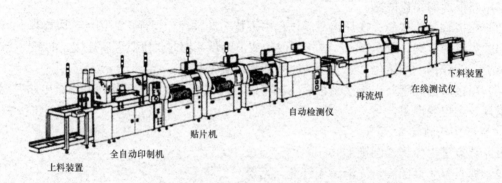

图 6-37　SMT 生产线基本组成示例

6.3　任务实施

6.3.1　元器件的检测与准备

1. 贴片电阻的检测

贴片电阻上一般都印有阻值的标识字符（图 6-38），如 103（阻值为 10 kΩ）、102（阻值为 1 kΩ），先用万用表电阻挡测试，然后对比所标的数值即可知道是否正常。

2. 普通贴片二极管的检测

普通贴片二极管与普通二极管的内部结构基本相同，均由一个 PN 结组成（图 6-39）。因此，贴片二极管的检测与普通二极管的检测方法基本相同。对贴片二极管的检测通常采用指针式万用表的 $R \times 100\,\Omega$ 挡或 $R \times 1\,k\Omega$ 挡进行测量。

图 6-38　贴片电阻

将指针式万用表置于 $R×100\,\Omega$ 或 $R×1\,k\Omega$ 挡,先用万用表红、黑两表笔任意测量贴片二极管两引脚间的电阻值,然后对调表笔再测一次。在两次测量结果中以阻值较小的一次为准,黑表笔所接的一端为贴片二极管的正极,红表笔所接的另一端为贴片二极管的负极;所测阻值为贴片二极管正向电阻(一般为几百欧姆至几千欧姆),另一组阻值为贴片二极管反向电阻(一般为几十千欧姆至几百千欧姆)。

例如,肖特基二极管和 TVS 封装表面有一道杠的表示负极。

3. 发光贴片二极管识别

尺寸大的 LED 在极片引脚附近做有一些标记,如切角、涂色或引脚大小不一样,一般有标志的、引脚小的、短的一边是阴极(即负极),尺寸小的 0805、0603 封装的在底部有 T 形或倒三角形符号,T 形一横的一边是正极;三角形符号的"边"靠近的极性是正极,"角"靠近的是负极,如图 6-40 所示。

图 6-39 普通贴片二极管

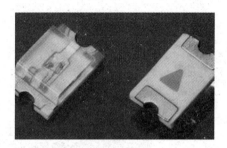
图 6-40 发光贴片二极管

6.3.2 电路板的手工装接

1. 焊接前烙铁头的清洗

(1)轻轻地清洁烙铁头,去掉焊锡,清洗时绝对不能让烙铁头接触硬物(如钢板等)。

(2)清洁掉烙铁头上的锡和碳化的渣滓(黑色渣滓)后再进行作业(用水浸湿时注意时间不要太长,防止温度过度下降)。

(3)因为烙铁头清洗时温度会下降,所以要稍过一小段时间后再进行作业。

(4)烙铁头使用海绵清洁时,必须在作业前先将海绵湿润。用手指尖轻压,微微渗出水的状态较好,作业时要注意随时确认海绵的湿度(保持适当的湿度)。

(5)作业完成时,要注意做好相关 5S 等清洁工作。

2. SMC 元件的焊接步骤

(1)准备。使用温度可调的电烙铁,调整适当的温度(推荐设定温度为 290~420 ℃),锡丝线径是 0.3~0.8 mm。准备方法如图 6-41 所示。

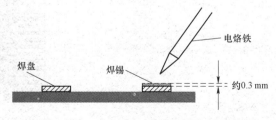
图 6-41 SMC 元件焊接准备

（2）放置组件。用镊子夹住Chip组件放在两个焊盘的中间，如图6-42所示。

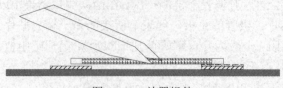

图6-42　放置组件

（3）临时固定。用电烙铁对锡膏加热，固定Chip组件一端，如图6-43所示。

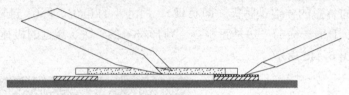

图6-43　临时固定元件

（4）焊接组件的另一端。将组件的另一侧焊盘和Chip组件焊接固定，如图6-44所示。

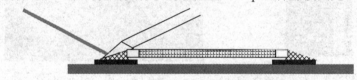

图6-44　焊接元件一端

（5）焊接（调整倒角）。送入焊锡，焊接临时固定端，调整倒角，如图6-45所示。

图6-45　焊接临时固定端

（6）目视检查。检查焊接质量，看有无拉尖、毛刺、少锡、桥接等不良现象。

3. 平面封装集成块元器件的焊接方法

（1）将助焊剂涂布在焊盘上，如图6-46所示。

（2）将平面封装集成块放在焊盘上，注意四面脚都不要偏位，如图6-47所示。

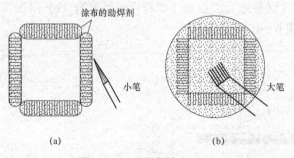

图6-46　助焊剂涂布

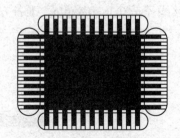

图6-47　放置平面封装集成块

（3）用烙铁头先蘸取少量焊锡，先将 a、b 两个点临时固定，如图 6-48 所示。
（4）用电烙铁供给锡，按箭头方向依次焊接，如图 6-49 所示。

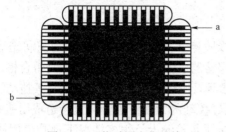
图 6-48 临时固定集成块

图 6-49 集成块焊接

集成块端子的焊接有两种方法，分别为点焊接和连续焊接。
① 点焊接。点焊接如图 6-50 所示，用焊铁一点一点地对集成块端子进行焊接。

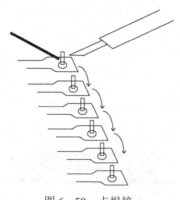
图 6-50 点焊接

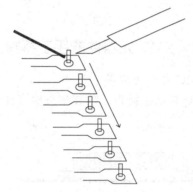
图 6-51 连续焊接

② 连续焊接。电烙铁不离开焊盘，保持接触状态，一边加锡一边按箭头方向移动电烙铁。如果基板向箭头方向稍微倾斜，作业就会更方便，如图 6-51 所示。
（5）集成块目视检查。检查焊接质量，有无拉尖、毛刺、少锡、桥接、虚焊、短路等不良现象。

6.3.3 装接后的检查测试

焊接完成的八路数字抢答器如图 6-52 所示。

1. 目视检测法

目测检测贴片手工焊接质量必须采用相关的放大设备，就是将手工焊接之后的电路板进行清洗，清洗干净之后放在高放大倍数的显微镜下，通过放大镜来直接观测芯片引脚的手工焊接状况，但是无法直接观测出虚焊的情况。

2. 性能测试法

性能测试法是检查手工焊接之后芯片的性能指

图 6-52 焊接完成的八路数字抢答器

标参数,通过加电测试法检测芯片在电路板中的功能用途,功能正常的可以初步认定为合格产品,无法实现功能的则直接判断为不合格产品。这种检测方法无法发现深层次的虚焊,只能通过各种环境试验同步考核虚焊情况。

3. 直接检查引脚法

直接检查引脚法需要借助相关的工具,如细橡胶棒(橡胶棒的两头必须是圆润光滑的,不能是锋利的)。用细橡胶棒的头部轻轻拨动手工焊接的引脚,检测其手工焊接是否合格。一般情况下,焊接质量越好的引脚,越难将其拨动,而虚焊及脱焊等情况,可以直接将其拨动,很容易发现这些不合格的焊接。这种检测方法必须掌握好拨动的力度;否则会直接造成引脚损伤。

以上这些焊接检测方法都是用在大型贴片焊接质量检测上,很多情况下都是使用两种方法结合来检测焊接质量。

6.4 知识拓展

6.4.1 SMT元器件的手工拆焊

1. SMC元件的拆焊

(1) 贴装状态检查。贴装状态检查如图6-53所示。

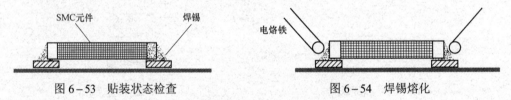

图6-53 贴装状态检查　　　　图6-54 焊锡熔化

(2) 焊锡熔化。用两个电烙铁轻轻接触SMC元件两端焊锡处,加热使焊锡熔化,如图6-54所示。

取SMC元件还可以使用专用电烙铁,如图6-55所示。

(3) 取下。确认焊锡完全熔化后,用两个电烙铁轻轻将组件向上提起,如图6-56所示。

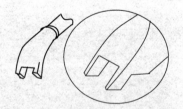
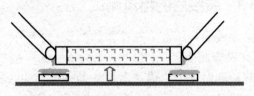

图6-55 取SMC元件的专用烙铁头　　　　图6-56 取下SMC元件

2. 四方扁平集成块的拆焊

(1) 用镊子夹住引脚,用热风加热(注意管脚容易弯曲),如图6-57所示。

(2) 焊锡熔化后,用图6-58所示的真空笔取下集成块。

(3) 面积较大的集成块,可以按图6-59所示的方法取下。

使用比集成块稍大一点的热风嘴加热集成块,然后取下。

图 6-57 热风枪加热集成块

图 6-58 真空笔示意图

(a)

(b)

图 6-59 大面积集成块拆焊示意图
(a) 大面积集成块；(b) 热风枪取下

6.4.2 BGA 集成电路的修复性植球

BGA 集成电路的修复性植球

BGA 的植球工序如下。

（1）把需要植球的 BGA 芯片固定到万能植球台底上，调节两个无弹簧滑块固定住芯片，如图 6-60 所示。

（2）根据芯片型号选择合适规格的钢片，将钢片固定到顶盖上并锁紧 4 个 M3 螺钉，盖上顶盖，调节底座以适应芯片高度。

（3）观察钢片圆孔与芯片焊点对齐情况，如错位需取下顶盖调节固定滑块位置，直至确保钢片圆孔与芯片焊点完好对齐，如图 6-61 所示。

图 6-60 BGA 芯片固定

图 6-61 钢片圆孔与芯片焊点对齐

（4）锁紧两个无弹簧的固定滑块，取下 BGA 芯片并涂上薄薄一层焊膏，将芯片再次卡入底座并盖上顶盖，如图 6-62 所示。

（5）倒入适量锡球，双手捏紧植球台并轻轻晃动，使锡球完全填充芯片的所有焊点，并注意在同一个焊点上不要有多余的锡球，清理出多余锡球。

（6）将植球台放置于平坦桌面上，取下顶盖，小心拿下 BGA 芯片，观察芯片，如有个别锡球位置略偏，可用镊子纠正，如图 6-63 所示。

图 6-62 BGA 芯片涂焊膏

图 6-63 BGA 芯片植球检查

（7）锡球的固定方法可使用返修台或铁板烧，加热 BGA 芯片上的锡球，使锡球焊接到 BGA 芯片上，至此植球完毕。

知识梳理

（1）表面贴装技术（Surface Mount Technology，SMT）是将表面贴装元器件贴、焊到印制电路板表面规定位置上的电路装联技术。基本操作过程：首先在印制电路焊盘上涂覆焊锡膏，再将表面贴装元器件准确地放到涂有焊锡膏的焊盘上，通过加热印制电路板直至焊锡膏熔化，冷却后便实现了元器件与印制电路板之间的电气及机械互连。

（2）与传统通孔插装工艺相比，表面贴装具有组装密度高、可靠性高、高频特性好、降低成本、便于自动化生产等特点。

（3）表面安装元器件同传统元器件一样，也可从功能上分为无源元件 SMC（Surface Mounted Components，如片式电阻、电容、电感等）和有源器件 SMD（Surface Mounted Devices，如晶体管等）。

（4）在手工贴片焊接中，可以借助焊膏等材料，在一定温度下使金属焊件与锡原子之间相互吸引、扩散、结合，形成浸润的结合层。手工焊接贴片元器件是电子专业人士必备的基本技能之一，正确的焊接方式、良好的焊接工艺、娴熟的技术是焊接技能的重要体现。

思考与练习

（1）在表面贴装技术（SMT）应用中，_____已成为最重要的工艺材料，近年来获得飞速发展。

（2）烙铁头使用海绵清洁时，必须在作业前先将海绵_____。

（3）在实际应用中，表面安装电容器有 80%是_____瓷介电容器，其次是表面安装_____电容和_____电容。

（4）片式电位器有_____、_____、_____、_____ 4 种不同的外形结构。

（5）普通贴片二极管，表面有一道杠的表示_____极。

（6）SMT 的优、缺点比较。

（7）结合实践操作，总结手工焊接贴片件的技巧。

表面贴装元器件的贴片再流焊

7.1 任务驱动

任务：贴片 FM 收音机表面贴装再流焊

再流焊也叫回流焊,是伴随微型化电子产品的出现而发展起来的焊接技术,主要应用于各类表面贴装元器件的焊接。这种焊接技术的焊料是焊锡膏。预先在电路板的焊盘上涂上适量和适当形式的焊锡膏,再把 SMT 元器件贴放到相应的位置;焊锡膏具有一定黏性,使元器件固定;然后让贴装好元器件的电路板进入再流焊设备。传送系统带动电路板通过设备里各个设定的温度区域,焊锡膏经过干燥、预热、熔化、润湿、冷却,将元器件焊接到印制电路板上。

通过再流焊工作过程的工作任务,引出电子元器件的识别与检测工艺,进而学习再流焊方法和检测方法。通过调频收音机元器件的识别与检测任务的实施完成,使学生能够准确地识别各种电子元器件,掌握用万用表检测各种元器件的方法。

7.1.1 任务目标

1. 知识目标

(1) 掌握表面贴装技术特点。
(2) 掌握锡膏印制机、贴片机、再流焊机等表面贴装技术常用设备的工作过程。
(3) 掌握再流焊工艺特点。
(4) 再流焊常见质量缺陷及解决方法。

2. 技能目标

（1）能够正确使用锡膏印制机进行锡膏印制。
（2）能够正确使用贴片机进行操作。
（3）能够用再流焊机进行表面贴装器件的贴焊。
（4）能够针对具体的贴装缺陷进行合理分析，找出原因，提出问题。

7.1.2 任务要求

（1）根据印制电路板及元件装配图，对照电路原理图和材料清单，对已经检测好的元件进行成形加工处理。

（2）对照印制电路板及元件装配图，按照正确装配顺序进行锡膏印制、元件贴装和再流焊。

（3）装配焊接后进行焊接质量检查，并进行机壳等配件装机通电测试。

贴片 FM 收音机电路原理如图 7-1 所示，其印制电路板安装如图 7-2 所示，材料清单见表 7-1。

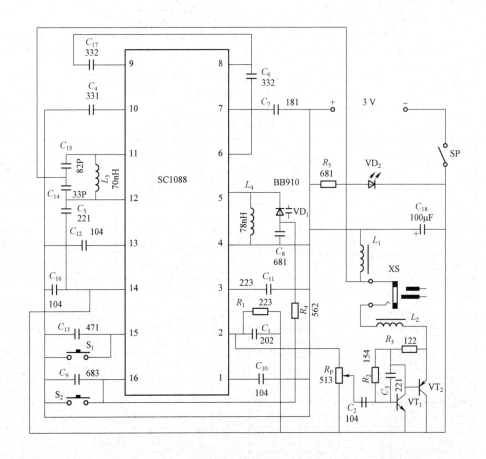

图 7-1 贴片 FM 收音机电路原理

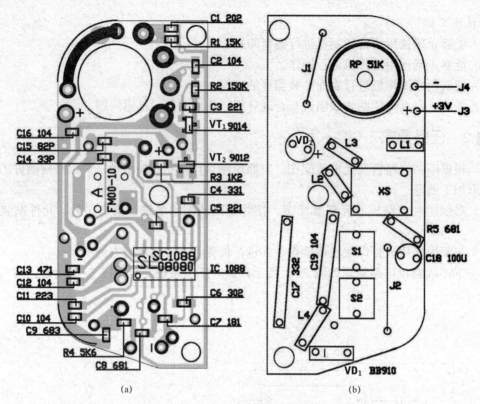

图 7-2 贴片 FM 收音机印制电路板安装
(a) SMT 贴片；(b) THT 安装

表 7-1 FM 收音机材料清单

类别	代号	规格	型号/封装	数量	备注	类别	代号	规格	型号/封装	数量	备注
电阻	R_1	153	2012(2125) RJ1/8W	1		电感	L_1			1	
	R_2	154		1			L_2			1	
	R_3	122		1			L_3	70 nH		1	8 匝
	R_4	562		1			L_4	78 nH		1	5 匝
	R_5	681		1		晶体管	VD_1		BB910	1	
电容	C_1	202	2012(2125)				VD_2		LED	1	
	C_2	104		1			VT_1	9014	SOT-23	1	
	C_3	221		1			VT_2	9012	SOT-23	1	
	C_4	331		1		塑料件	前盖			1	
	C_5	221		1			后盖			1	
	C_6	332		1			电位器钮（内、外）			各1	
	C_7	181		1			开关钮（有缺口）			1	SCAN 键

续表

类别	代号	规格	型号/封装	数量	备注	类别	代号	规格	型号/封装	数量	备注
电容	C_8	681		1		塑料件		开关钮（无缺口）		1	RESET 键
	C_9	683		1				卡子		1	
	C_{10}	104		1		金属件		电池片（3件）			正、负连接片各1
	C_{11}	223		1				自攻螺钉		3	
	C_{12}	104		1				电位器螺钉		1	
	C_{13}	471		1		其他		印制电路板		1	
	C_{14}	33P		1				耳机 32 Ω×2		1	
	C_{15}	82P		1				R_P（带开关电位器 51 kΩ）		1	
	C_{16}	104		1				S_1、S_2（轻触开关）		各1	
	C_{17}	332	CC	1				XS（耳机插座）		1	
	C_{18}	100 μF	CD	1							
	C_{19}	104	CT	1	223–104						
IC	A		SC1088	1							

7.2 知识储备

7.2.1 表面贴装元器件的贴焊工艺

1. 表面贴装的技术特点

表面贴装技术是指把片状结构的元器件或适合于表面贴装的小型化元器件，按照电路的要求放置在印制电路板的表面，用再流焊或波峰焊等焊接工艺装配起来，构成具有一定功能的电子部件的组装技术。SMT 和 THT 元器件安装焊接方式的区别如图 7–3 所示，在传统的 THT 印制电路板上，元器件安装在电路板的一面（元件面），引脚插到通孔里，在印制电路板的另一面（焊接面）进行焊接，元器件和焊点分别位于印制电路板的两面；而在 SMT 印制电路板上，焊点与元器件都处在印制电路板的同一面。因此，在 SMT 印制电路板上，通孔只用来连接印制电路板两面的导线，孔的数量要少得多，孔的直径也小很多。这样，就能使印制电路板的装配密度极大提高。

表面安装器件的贴焊工艺

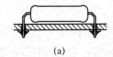 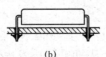 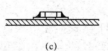 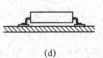

(a)　　　　　　　(b)　　　　　　　(c)　　　　　　　(d)

图 7–3　SMT 和 THT 元器件安装焊接方式的区别
(a) THT 元件；(b) THT 器件；(c) SMT 元件；(d) SMT 器件

表面贴装技术与传统的通孔插装技术相比有以下特点。

（1）结构紧凑、组装密度高、体积小、质量轻。

表面贴装元器件（SMC/SMD）比传统通孔插装元器件所占面积和质量都大为减少，而且在贴装时不受引线间距、通孔间距的限制，从而可大大提高电子产品的组装密度。如在采用双面贴装时，元器件组装密度可达到 5～30 个/cm²，是插装元器件组装密度的 5 倍以上，从而使印制电路板面积节约 60%以上，质量减轻 90%以上。

（2）高频特性好。

表面贴装元器件（SMC/SMD）无引线或引线短，从而可大大降低引线间的寄生电容和寄生电感，减少了电磁干扰和射频干扰；电磁耦合通道的缩短，改善了高频性能。

（3）抗振动冲击性能好。

表面贴装元器件比传统插装元器件质量大为减少，因而在受到振动冲击时，元器件对印制电路板上焊盘的动反力较插装元器件大为减少，而且焊盘焊接面积相对较大，故改善了抗振动和冲击性能。

（4）有利于提高可靠性。

在表面贴装元器件（SMC/SMD）比传统通孔插装元件质量大为减少的情况下，应力大大减小。焊点为面接触，焊点质量容易保证，且应力状态相对简单，多数焊点质量容易检查，减少了焊接点的不可靠因素。

（5）工序简单，焊接缺陷极少。

由于表面贴装技术的生产设备自动化程度较高，人为干预少，工艺相对简单。所以，工序简单，焊接缺陷少，容易保证电子产品的质量。

（6）适合自动化生产，生产效率高、劳动强度低。

由于表面贴装设备（如焊膏印制机、贴片机、回流焊机、自动光学检验设备等）自动化程度很高，工作稳定、可靠，生产效率很高。

（7）降低生产成本。

采用表面贴装工艺的产品双面贴装，起到减少印制电路板层数的作用；印制电路板上钻孔数量减少，节约加工费用；元件不需要成形，工序简单；节省了厂房、人力、材料、设备的投资；频率特性好，减少了电路调试费用；片式元器件体积小、质量轻，减少了包装、运输和储存费用。目前，表面贴装元器件的价格已经与插装元器件相当，甚至还要便宜，所以一般电子产品采用表面贴装技术后可降低生产成本 30%左右。

2. 表面贴装技术工艺流程

表面贴装技术（SMT）是电子制造业中技术密集、知识密集的高新技术。表面贴装技术作为新一代电子装联技术已经渗透到各个领域，其发展迅速、应用广泛，在许多领域中已经或完全取代传统的电子装联技术，它以自身的特点和优势，使电子装联技术产生了根本性、革命性的变革，在应用过程中，表面贴装技术在不断地发展和完善。

1）表面贴装技术

表面贴装技术涉及元器件封装、电路基板技术、涂敷技术、自动控制技术、软钎焊技术，以及物理、化工、新型材料等多种专业和学科。表面贴装技术内容丰富，跨学科，主要包含表面贴装元器件、表面贴装电路板的设计（EAD 设计）、表面贴装专用辅料（焊锡膏及贴片胶等）、表面贴装设备、表面贴装焊接技术（包括双波峰焊、再流焊、气相焊、激光焊等）、表面贴装测试技术、清洗技术、防静电技术，以及表面贴装生产管理等多方面内容。表面贴装技术由元器件和电路基板设计技术以及组装设计和组装工艺技术组成，见表7-2。

表7-2 表面贴装技术的组成

组装元器件	封装设计	结构尺寸、端子形式、耐焊性等
	制造技术	
	包装	编带式、棒式、托盘式、散装等
电路基板技术	单（多）层印制电路板，陶瓷基板、瓷釉金属基板	
组装设计	电设计、热设计、元器件布局和电路布线设计、焊盘图形设计	
组装工艺技术	组装方式和工艺流程	
	组装材料	
	组装技术	
	组装设备	

表面贴装工艺主要由组装材料、组装技术、组装设备三部分组成，见表7-3。

表7-3 表面贴装工艺组成

工艺	组成		内容
组装材料	涂敷材料		焊膏、焊料、贴装胶
	工艺材料		焊剂、清洗剂、热转换介质
组装技术	涂敷技术		点涂、针转印、印制（丝网、模板）
	贴装技术		顺序式、在线式、同时式
	焊接技术	波峰焊接	焊接方法——双波峰、喷射波峰
			贴装胶涂敷——点涂，针转印
			贴装胶固化——紫外、红外、电加热
		再流焊接	焊接方法——焊膏法、预置焊料法
			焊膏涂敷——点涂、印制
			加热方法——气相、红外、热风、激光等
	清洗技术		溶剂清洗、水清洗
	检测技术		非接触式检测、接触式检测
	返修技术		热空气对流、传导加热
组装设备	涂敷设备		点涂器、针式转印机、印制机
	贴片机		顺序式贴片机、同时式贴片机、在线式贴装系统
	焊接设备		双波峰焊机、喷射波峰焊机、各种再流焊接设备
	清洗设备		溶剂清洗剂、水清洗机
	测试设备		各种外观检查设备、在线测试仪、功能测试仪
	返修设备		热空气对流返修工具和设备、传导加热返修设备

2）表面贴装技术工艺分类

采用表面贴装技术完成装联的印制电路板组装件叫作表面贴装组件（Surface Mount Assembly，SMA）。一般将表面贴装工艺分为6种组装方式，如表7-4所示。SMT工艺有两类最基本的工艺流程：一类是锡膏—再流焊工艺；另一类是贴片胶—波峰焊工艺。在实际生产中，应根据所用元器件和生产装备的类型以及产品需求，选择单独进行或者重复、混合使用，以满足不同产品生产的需要。下面简单介绍基本的工艺流程。

表7-4 组装工艺的6种组装方式

序号	组装方式		组装示意图	电路基板及特征
1	表面安装	单面表面贴装		单面印制电路板
				双面印制电路板
2		双面表面贴装		双面印制电路板或多层印制电路板
3	单面板混装	先贴后插单面焊接		双面印制电路板，元件在两面
4	双面板混装	先贴后插单面焊接		双面印制电路板，元件在一面
5	双面混装	先贴后插单面焊接		双面印制电路板或多层印制电路板
6		先贴后插双面焊接		

3）SMT再流焊工艺流程

印制电路板装配焊接采用再流焊工艺，涂敷焊料的典型方法之一是用丝网或模板印制焊锡膏，其流程如下：

制作焊锡膏丝网或模板→漏印焊锡膏→贴装SMT元器件→再流焊→印制电路板（清洗）测试

（1）单面SMT印制电路板。

用再流焊：A面漏印锡膏、贴片、再流焊→印制电路板（清洗）测试

用波峰焊：A面点胶、贴片、固化→A面波峰焊→印制电路板（清洗）测试

（2）双面SMT印制电路板（B面先贴片：SMC、SOP等小型器件；不适合PLCC、BGA、QFP等大型器件）。

① A面用再流焊，B面用波峰焊：

B面点胶、贴片、固化→A面漏印锡膏、贴片、再流焊→B面波峰焊→印制电路板（清洗）测试

② 两面都用再流焊：

B面漏印锡膏、贴片、再流焊→A面漏印锡膏、贴片、再流焊→印制电路板（清洗）测试

（3）SMD+THD混合组装在印制电路板的单面。

A面漏印锡膏、贴片、再流焊→A面插件→B面波峰焊→印制电路板（清洗）测试

（4）SMD+THD 混合组装在印制电路板的两面。

① 适用于 SMD 多于 THD 的情况：

B 面点胶、贴片、固化→A 面漏印锡膏、贴片、再流焊→A 面插件→B 面波峰焊→印制电路板（清洗）测试

② 适用于 THD 较少的情况：

A 面漏印锡膏、贴片、再流焊→B 面漏印锡膏、贴片、再流焊→A 面插件、手工焊接→印制电路板（清洗）测试

（5）SMD+THD 混合组装在印制电路板的两面，全部用波峰焊。

B 面点胶、贴片、固化→A 面插件→B 面波峰焊→印制电路板（清洗）测试

事实上，不仅产品的复杂程度各不相同，各企业的设备条件也有很大差异，可以选择多种工艺流程。企业实际生产中，在 SMT 工艺流程的每一个阶段完成之后都要进行质量检验。完整的工艺总流程（包含质检环节）如图 7-4 所示。

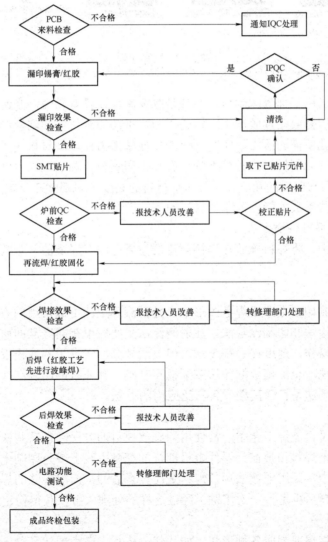

图 7-4 完整的 SMT 工艺总流程

7.2.2 锡膏印制机

焊膏印刷

随着元件封装的飞速发展，越来越多的 PBGA、CBGA、CCGA、QFN、0201、01005 阻容元件等得到广泛运用，表面贴装技术也随之快速发展，在其生产过程中，焊膏印制对于整个生产过程的影响和作用越来越受到工程师们的重视。要获得好的焊接质量，首先需要重视的就是焊膏的印制。

焊膏印制技术是采用已经制好的模板（也称为网板、漏板等），用一定的方法使模板和印制机直接接触，并使焊膏在模板上均匀滚动，由模板图形注入网孔。当模板离开印制电路板时，焊膏就以模板上图形的形状从网孔脱落到印制电路板相应的焊盘图形上，从而完成了焊膏在印制电路板上的印制，如图 7-5 所示。完成这个印制过程而采用的设备就是焊膏印制机。

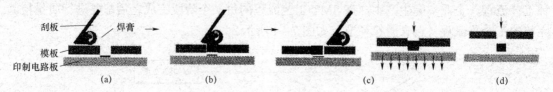

图 7-5 焊膏印制
（a）焊膏在刮板前滚动前进；（b）产生将焊膏注入漏孔的压力；（c）切变力使焊膏注入漏孔；（d）焊膏释放（脱模）

焊膏和贴片胶（以下称为印制材料）都是触变流体，具有黏性。当刮刀以一定速度和角度向前移动时，对焊膏或贴片胶产生一定的压力，推动印制材料在刮板前滚动，产生将印制材料注入网孔或漏孔所需的压力，印制材料的黏性摩擦力使印制材料在刮板与网板交接处产生切变力，切变力使印制材料的黏性下降，有利于印制材料顺利地注入网孔或漏孔。刮刀速度、刮刀压力、刮刀与网板的角度，以及印制材料的黏度之间都存在一定的制约关系，因此，只有正确地控制这些参数才能保证印制材料的印制质量。

1. 再流焊工艺焊料供给方法

在再流焊工艺中，将焊料施放在焊接部位的主要方法有焊膏法、预敷焊料法和预形成焊料法。

1）焊膏法

将焊锡膏涂敷到印制电路板焊盘图形上，是再流焊工艺中最常用的方法。焊膏涂敷方式有两种，即注射滴涂法和印制涂敷法。注射滴涂法主要应用在新产品的研制或小批量产品的生产中，可以手工操作，速度慢、精度低，但灵活性高，省去了制造模板的成本。印制涂敷法又分为直接印制法（也称模板漏印法或漏板印制法）和非接触印制法（也称丝网印制法）两种类型，直接印制法是目前高档设备广泛应用的方法。

2）预敷焊料法

预敷焊料法也是再流焊工艺中经常使用的施放焊料的方法。在某些应用场合，可以采用电镀法和熔融法，把焊料预敷在元器件电极部位的细微引线上或是印制电路板的焊盘上。在窄间距器件的组装中，采用电镀法预敷焊料是比较合适的，但电镀法的焊料镀层厚度不够稳定，需要在电镀焊料后再进行一次熔融。经过这样的处理，可以获得稳定的焊料层。

3）预形成焊料法

预形成焊料是将焊料制成各种形状，如片状、棒状、微小球状等预先成形的焊料，焊料中可含有助焊剂。这种形式的焊料主要用于半导体芯片中的键合部分、扁平封装器件的焊接工艺中。

2. 锡膏印制机及其结构

SMT 印制机大致分为 3 个挡，即手动、半自动和全自动印制机。

手动印制机采用机械定位，手动对正钢网和印制电路板焊盘的位置，手动移动刮板。但印制质量较差，且对操作人员要求较高。适合印制质量要求不高的小批量生产。半自动印制机采用机械定位，手动对正钢网和印制电路板焊盘的位置，刮板的速度和压力可以设定。其印制质量比手动印制机高，且对操作人员要求不高。适合小投资批量生产。全自动印制机采用机械定位和光学识别校正系统，自动对正钢网和印制电路板焊盘的位置，刮板的速度和压力可以设定。印制质量最好，操作容易，一次投入较高。半自动和全自动印制机可以根据具体情况配置各种功能，以便提高印制精度。例如，视觉识别功能、调整电路板传送速度功能、工作台或刮刀 45°角旋转动能（适用于窄间距元器件），以及二维、三维检测功能等，如图 7-6 所示。

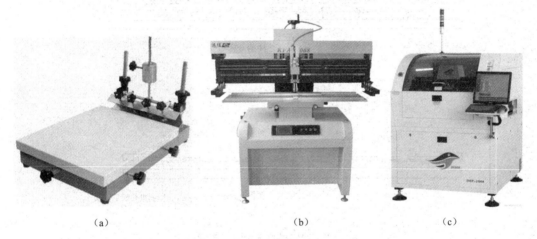

图 7-6 锡膏印制机实物
(a) 手动印制机；(b) 半自动印制机；(c) 全自动印制机

印制机的组成部分：夹持印制电路板基板的工作台，包括工作台面、真空夹持或板边夹持机构、工作台传输控制机构；印制头系统，包括刮刀、刮刀固定机构、印制头的传输控制系统等；丝网或模板及其固定机构；为保证印制精度而配置的其他选件，包括视觉对中系统、擦板系统以及二维、三维测量系统等。

3. 锡膏印制机的工作过程

1）漏印模板印制法的基本原理

如图 7-7（a）所示，将印制电路板放在工作支架上，由真空泵或机械方式固定，将已加有印制图形的漏印模板在金属框架上绷紧，模板与印制电路板表面接触，镂空图形网孔与印制电路板上的焊盘对准，把焊锡膏放在漏印模板上，刮刀（亦称刮板）从模板的一端向另一端推进，同时压刮焊膏通过模板上的镂空图形网孔印制（沉淀）到印制电路板的焊盘上。假如刮刀单向刮锡，沉积在焊盘上的焊锡膏可能会不够饱满；而刮刀双向刮锡时，锡膏图形就比较饱满。高档的 SMT 印制机一般有 A、B 两个刮刀：当刮刀从右向左移动时，刮刀 A 上升，刮刀 B 下降，B 压刮焊膏；当刮刀从左向右移动时，刮刀 B 上升，刮刀 A 下降，A 压刮焊膏。两次刮锡后，印制电路板与模板脱离（印制电路板下降或模板上升），如图 7-7（b）所示，完成锡膏印制过程。图 7-7（c）描述了简易 SMT 印制机的操作过程，漏印模板用薄铜板制作，将印制电路板准确定位以后，手持不锈钢刮板进行锡膏印制。

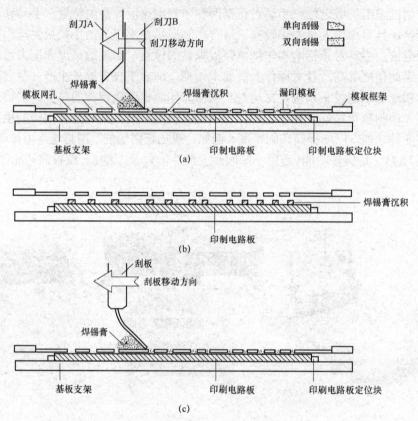

图 7-7　漏印模板印制法的基本原理

2）丝网印制涂敷法的基本原理

用乳剂涂敷到丝网上，只留出印制图形的开口网目，就制成了非接触式印制涂敷法所用的丝网。丝网印制涂敷法的基本原理如图 7-8 所示。将印制电路板固定在工作支架上，将印制图形的漏印丝网绷紧在框架上并与印制电路板对准，将焊锡膏放在漏印丝网上，刮刀从丝

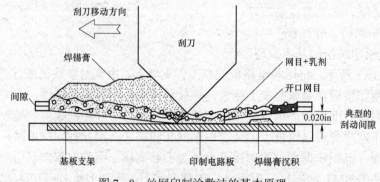

图 7-8　丝网印制涂敷法的基本原理

网上刮过去,压迫丝网与印制电路板表面接触,同时压刮焊膏通过丝网上的图形印制到印制电路板的焊盘上。

4. 印制质量分析与对策

由于锡膏印制不良导致的品质问题常有以下几种。

1) 导致锡膏不足

原因:印制机工作时没有及时补充锡膏;锡膏品质异常,其中混有硬块等异物;以前未用完的锡膏已经过期,被二次使用;印制电路板质量问题,焊盘上有不显眼的覆盖物,如被印到焊盘上的阻焊剂(绿油);印制电路板在印制机内的固定夹持松动;锡膏漏印网板薄厚不均匀;锡膏漏印网板或印制电路板上有污染物(如印制电路板包装物、网板擦拭纸、环境空气中飘浮的异物等);锡膏刮刀损坏、网板损坏;锡膏刮刀的压力、角度、速度及脱模速度等设备参数设置不合适;锡膏印制完成后,被人为因素不慎碰掉。

2) 导致锡膏粘连

原因:印制电路板的设计缺陷,焊盘间距过小;网板问题,镂孔位置不正;网板未擦拭洁净;网板问题使锡膏脱模不良;锡膏性能不良,黏度、坍塌不合格;印制电路板在印制机内的固定夹持松动;锡膏刮刀的压力、角度、速度及脱模速度等设备参数设置不合适;锡膏印制完成后,被人为因素挤压粘连。

3) 导致锡膏印制整体偏位

印制电路板上的定位基准点不清晰;印制电路板上的定位基准点与网板的基准点没有对正;印制电路板在印制机内的固定夹持松动,定位顶针不到位;印制机的光学定位系统故障;锡膏漏印网板开孔与印制电路板的设计文件不符合。

4) 导致印制锡膏拉尖

锡膏黏度等性能参数有问题;印制电路板与漏印网板分离时的脱模参数设定有问题;漏印网板镂孔的孔壁有毛刺。

7.2.3 贴片机

贴片机的结构与工作原理

在印制电路板上印好焊锡膏或贴片胶以后,用贴片机(也称贴装机)或人工的方式,将 SMC/SMD 准确地贴放到印制电路板表面相应位置上的过程,称为贴片(贴装)工序。目前在国内的电子产品制造企业里,主要采用自动贴片机进行自动贴片。

目前常见的贴片机以日本和欧美的品牌为主,主要有 Fuji、Siemens、Universal、Sumsung、Philips、Panasonic、Yamaha、Casio、Sony 等。根据贴装速度的快慢,可以分为高速机(通常贴装速度在 5 片/s 以上)与中速机,一般高速贴片机主要用于贴装各种 SMC 元件和较小的 SMD 器件(最大约 25 mm×30 mm);而多功能贴片机(又称为泛用贴片机)能够贴装大尺寸(最大为 60 mm×60 mm)的 SMD 器件和连接器(最大长度可达 150 mm)等异形元器件。

要保证贴片质量,应该考虑 3 个要素,即贴装元器件的正确性、贴装位置的准确性和贴装压力(贴片高度)的适度性。

1. 贴片机的工作方式和类型

按照贴装元器件的工作方式,贴片机有 4 种类型,即顺序式、同时式、流水作业式和顺序—同时式。它们在组装速度、精度和灵活性方面各有特色,要根据产品的品种、批量和生产规模进行选择。目前国内电子产品制造企业里，使用最多的是顺序式贴片机。流水作业式贴片机是指由多个贴装头组合而成的流水线式的机型，每个贴装头负责贴装一种或在印制电路板上某一部位的元器件，如图7-9（a）所示。这种机型适用于元器件数量较少的小型电路。顺序式贴片机如图7-9（b）所示，是由单个贴装头顺序地拾取各种片状元器件，固定在工作台上的印制电路板由计算机进行控制，在 X-Y 方向上的移动，使板上贴装元器件的位置恰位于贴装头的下面。同时式贴片机，也称多贴装头贴片机，是指它有多个贴装头，分别从供料系统中拾取不同的元器件，同时把它们贴放到电路基板的不同位置上，如图7-9（c）所示。顺序—同时式贴片机，则是顺序式和同时式两种机型功能的组合，如图7-9（d）所示。片状元器件的放置位置，可以通过印制电路板在 X-Y 方向上的移动或贴装头在 X-Y 方向上的移动来实现，也可以通过两者同时移动实施控制。

贴片机的工作方式和类型

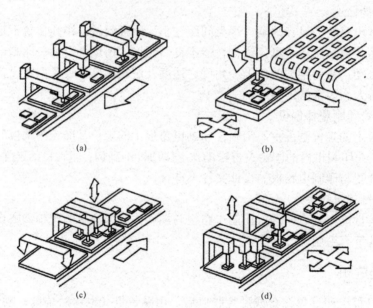

图7-9 SMT元器件贴片机的类型
（a）流水作业式；（b）顺序式；（c）同时式；（d）顺序—同时式

在选购贴片机时，必须考虑其贴片速度、贴片精度、重复精度、送料方式和送料容量等指标，使它既符合当前产品的要求，又能适应近期发展的需要。例如，要求贴装一般的片状阻容元件和小型平面集成电路，则可以选购一台多贴装头的贴片机，速度快但精度要求不高；如果还要贴装引脚密度更高的PLCC/QFP器件，就应该选购一台具有视觉识别系统的贴装精度更高的泛用贴片机和一台用来贴装片状阻容元件的普通贴片机，配合起来使用。供料系统可以根据使用的贴片元器件的种类来选定，尽量采用盘状纸带式包装，以便提高贴片机的工作效率。如果企业生产SMT电子产品刚刚起步，应该选择一种由主机加上很多选件组成的中、小型贴片机系统。主机的基本性能好，价格不太高，可以根据需要选购多种附件，组成适应不同产品需要的多功能贴片机。

2. 贴片机的主要结构

贴片机相当于机器人的机械手，能按照事先编制好的程序把元器件从包装中取出来，并贴放到印制电路板相应的位置上。贴片机的基本结构包括设备本体、片状元器件供给系统、印制电路板传送与定位装置、贴装头及其驱动定位装置、贴片工具（吸嘴）、计算机控制系统等。为适应高密度超大规模集成电路的贴装，比较先进的贴片机还具有光学检测与视觉对中系统，保证芯片能够高精度地准确定位。图7-10是贴片机实物。

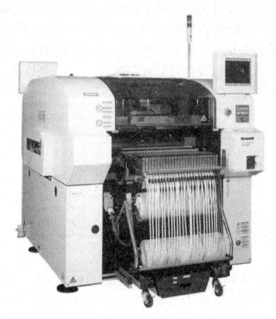

图7-10 贴片机

1）设备本体

贴片机的设备本体是用来安装和支撑贴片机的底座，一般采用质量大、振动小、有利于保证设备精度的铸铁件制造。

2）贴装头

贴装头也称吸放头，是贴片机上最复杂、最关键的部分，它相当于机械手，它的动作由拾取→贴放和移动→定位两种模式组成。第一，贴装头通过程序控制，完成三维的往复运动，实现从供料系统取料后移动到电路基板的指定位置上。第二，贴装头的端部有一个用真空泵控制的贴片工具（吸嘴）。不同形状、不同大小的元器件要采用不同的吸嘴拾放：一般元器件采用真空吸嘴，异形元件（如没有吸取平面的连接器等）用机械爪结构拾放。当换向阀门打开时，吸嘴的负压把SMT元器件从供料系统（散装料仓、管状料斗、盘状纸带或托盘包装）中吸上来；当换向阀门关闭时，吸嘴把元器件释放到电路基板上。贴装头通过上述两种模式的组合，完成拾取、贴放元器件的动作。贴装头还可以用来在印制电路板指定的位置上点胶，涂敷固定元器件的黏合剂。贴装头的 $X-Y$ 定位系统一般用直流伺服电机驱动，通过机械丝杠传输力矩，磁尺和光栅定位的精度高于丝杠定位，但后者容易维护修理。

3）供料系统

适合于表面贴装元器件的供料装置有编带、管状、托盘和散装等几种形式。供料系统的工作状态，根据元器件的包装形式和贴片机的类型确定。贴装前，将各种类型的供料装置分别安装到相应的供料器支架上。随着贴装进

表面贴装元器件的包装形式

程，装载着多种不同元器件的散装料仓水平旋转，把即将贴装的那种元器件转到料仓门的下方，便于贴装头拾取；纸带包装元器件的盘装编带随编带架（Feeder）垂直旋转，直立料管中的芯片靠自重逐片下移，托盘料斗在水平面上二维移动，为贴装头提供新的待取元件。

4）印制电路板定位系统

印制电路板定位系统可以简化为一个固定印制电路板的 $X-Y$ 二维平面移动的工作台。在计算机控制系统的操纵下，印制电路板随工作台沿传送轨道移动到工作区域内并被精确定位，使贴装头能把元器件准确地释放到一定的位置上。精确定位的核心是"对中"，有机械对中、激光对中、激光加视觉混合对中以及全视觉对中方式。

5）计算机控制系统

计算机控制系统是指挥贴片机进行准确、有序操作的核心，目前大多数贴片机的计算机控制系统采用 Windows 界面。可以通过高级语言软件或硬件开关，在线或离线编制计算机程序并自动进行优化，控制贴片机的自动工作步骤。每个贴片元器件的精确位置，都要编程输入计算机。具有视觉检测系统的贴片机，也是通过计算机实现对印制电路板上贴片位置的图形识别。

3. 贴片机的主要指标

衡量贴片机的 3 个重要指标是精度、贴片速度和适应性。

1）精度

精度是贴片机主要的技术指标之一。不同厂家制造的贴片机，使用不同的精度体系。精度与贴片机的"对中"方式有关，其中以全视觉对中的精度最高。一般来说，贴片的精度体系应该包含 3 个项目，即贴片精度、分辨率、重复精度，三者之间有一定的相关关系。

贴片精度是指元器件贴装后相对于印制电路板上标准位置的偏移量大小，被定义为元器件焊端偏离指定位置的综合误差的最大值。贴片精度由两种误差组成，即平移误差和旋转误差。平移误差主要因为 $X-Y$ 定位系统不够精确；旋转误差主要因为元器件对中机构不够精确和贴装工具存在旋转误差。定量地说，贴装 SMC 要求精度达到 ± 0.01 mm，贴装高密度、窄间距的 SMD 至少要求精度达到 0.06 mm。

2）贴片速度

有许多因素会影响贴片机的贴片速度，如印制电路板的设计质量、元器件供料器的数量和位置等。一般高速机的贴片速度高于 5 片/秒，目前最快的贴片速度已经达到 20 片/秒以上；高精度、多功能贴片机一般都是中速机，贴片速度为 2～3 片/秒。贴片机的速度主要用以下几个指标来衡量。

（1）贴装周期。指完成一个贴装过程所用的时间，它包括从拾取元器件、元器件定位、检测、贴放和返回到拾取元器件的位置这一过程所用的时间。

（2）贴装率。指在 1 h 内完成的贴片周期。测算时，先测出贴片机在 50 mm×250 mm 的印制电路板上贴装均匀分布的 150 只片状元器件的时间，然后计算出贴装一只元器件的平均时间，最后计算出 1 h 贴装的元器件数量，即贴装率。目前高速贴片机的贴装率可达每小时数万片。

（3）生产量。理论上每班的生产量可以根据贴装率来计算，但由于实际的生产量会受到许多因素的影响，与理论值有较大的差距。影响生产量的因素有生产时停机、更换供料器或重新调整印制电路板位置的时间等因素。

3）适应性

（1）能贴装的元器件种类。贴装元器件种类广泛的贴片机，比仅能贴装 SMC 或少量 SMD 类型的贴片机的适应性好。决定贴装元器件类型的主要因素是贴片精度、贴装工具、定位机构与元器件的相容性，以及贴片机能够容纳供料器的数目和种类。一般地，高速贴片机主要可以贴装各种 SMC 元件和较小的 SMD 器件（最大约 25 mm×30 mm）；多功能贴片机可以贴装 1.0 mm×0.5 mm～54 mm×54 mm 的 SMD 器件（目前可贴装的元器件尺寸已经达到最小 0.6 mm×0.3 mm、最大 60 mm×60 mm），还可以贴装连接器等异形元器件，连接器的最大长度可达 150 mm 以上。

（2）贴片机能够容纳供料器的数目和种类。贴片机上供料器的容纳量，通常用能装到贴片机上的 8 mm 编带中的供料器的最多数目来衡量。一般高速贴片机的供料器位置多于 120 个，多功能贴片机的供料器位置在 60～120 个之间。由于并不是所有元器件都能包装在 8 mm 编带中，所以贴片机的实际容量将随着元器件的类型而变化。

（3）贴装面积。由贴片机传送轨道以及贴装头的运动范围决定。一般可贴装的印制电路板尺寸，最小为 50 mm×50 mm，最大大于 250 mm×300 mm。

（4）贴片机的调整。当贴片机从组装一种类型的印制电路板转换到组装另一种类型的印制电路板时，需要进行贴片机的再编程、供料器的更换、印制电路板传送机构和定位工作台的调整、贴装头的调整和更换等工作。高档贴片机一般采用计算机编程方式进行调整，低档贴片机多采用人工方式进行调整。

4. 贴片工序对贴装元器件的要求

元器件的类型、型号、标称值和极性等特征标记，都应该符合产品装配图和明细表的要求。

被贴装元器件的焊端或引脚至少要有厚度的 1/2 浸入焊膏，一般元器件贴片时，焊膏挤出量应小于 0.2 mm；窄间距元器件的焊膏挤出量应小于 0.1 mm。元器件的焊端或引脚都应该尽量和焊盘图形居中、对齐。再流焊时，熔融的焊料使元器件具有自对中（或"自定位"）效应，允许元器件的贴装位置有一定的偏差。

5. 元器件贴装偏差与高度

（1）矩形元器件允许的贴装偏差范围。

如图 7-11 所示，贴装矩形元器件的理想状态是，焊端居中位于焊盘上。但在贴装时可能发生横向移位（规定元器件的长度方向为"纵向"）、纵向移位或旋转偏移（图 7-11），合格的标准是：（横向）焊端宽度的 3/4 以上在焊盘上，即 D_1 大于焊端宽度的 75%；（纵向）焊端与焊盘必须交叠，即 D_2 大于 0；（发生旋转偏移时）D_3 大于焊端宽度的 75%；元器件焊端必须接触焊锡膏图形，即 D_4 大于 0。任意一项不符合上述标准的，即为不合格。

（2）小封装晶体管（SOT）允许的贴装偏差范围。

允许有旋转偏差，但引脚必须全部在焊盘上。

（3）小封装集成电路（SOIC）允许的贴装偏差范围。

允许有平移或旋转偏差，但必须保证引脚宽度的 3/4 在焊盘上。

（4）四边扁平封装器件和超小型器件（QFP，包括 PLCC 器件）允许的贴装偏差范围。

要保证引脚宽度的 3/4 在焊盘上，允许有旋转偏差，但必须保证引脚长度的 3/4 在焊盘上。

（5）BGA 器件允许的贴装偏差范围。

焊球中心与焊盘中心的最大偏移量小于焊球半径。

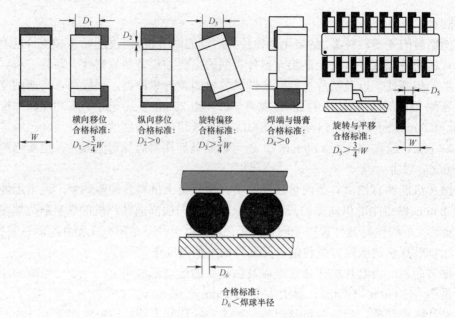

图 7-11 元器件贴装偏差

（6）元器件贴片压力（贴装高度）。

元器件贴片压力要合适，如果压力过小，元器件焊端或引脚浮放在焊锡膏表面，这样焊锡膏就不能粘住元器件，在印制电路板传送和焊接过程中，未粘住的元器件可能移动位置。如果元器件贴装压力过大，焊膏挤出量过大，容易造成焊锡膏外溢，使焊接时产生桥接，同时也会造成元器件的滑动偏移，严重时会损坏元器件。

6. SMT 工艺品质分析

SMT 的工艺品质，主要是以元器件贴装的正确性、准确性、完好性以及焊接完成之后元器件焊点的外观与焊接可靠性来衡量的。

SMT 的工艺品质与整个生产过程都有密切关联。例如，SMT 生产工艺流程的设置、生产设备的状况、生产操作人员的技能与责任心、元器件的质量、印制电路板的设计与制造质量、锡膏与黏合剂等工艺材料的质量、生产环境（温湿度、尘埃、静电防护）等，都会影响 SMT 工艺品质的水平。

分析 SMT 的工艺品质，要用系统的眼光，可以采用图 7-12 所示的因果分析法（鱼刺图），按照人员、机器、物料、方法、环境等各个因素去系统、全面地检查分析。

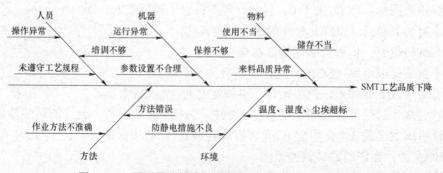

图 7-12 用因果分析法（鱼刺图）分析 SMT 工艺品质

人员：是否有操作异常，是否按照工艺规程作业，是否得到足够培训。

机器：机器设备（包括各种配件，如印制网板、上料架等）的运行是否有异常、各项参数设置是否合理、保养是否按照要求执行。

物料：来料（含元器件、印制电路板、锡膏、黏合剂等）是否有品质异常、储存与使用方法是否按规定执行。

方法：作业方法是否含糊、不够清晰甚至有错误。

环境：作业环境是否满足要求，温度、湿度、尘埃是否合乎规定，防潮湿、防静电是否按照要求执行。

7. SMT 贴片常见的品质问题

SMT 贴片常见的品质问题有漏件、翻件、侧件、偏位、损坏等。

（1）导致贴片漏件的主要因素。

元器件供料架送料不到位；元器件吸嘴的气路堵塞、吸嘴损坏、吸嘴高度不正确；设备的真空气路故障，发生堵塞；印制电路板进货不良，产生变形；印制电路板的焊盘上没有锡膏或锡膏过少；元器件质量问题，同一品种的厚度不一致；贴片机调用程序有错漏，或者编程时对元器件厚度参数的选择有误；人为因素不慎碰掉。

（2）导致 SMC 电阻器贴片时翻件、侧件的主要因素。

元器件供料架送料异常；贴装头的吸嘴高度不对；贴装头抓料的高度不对；元器件编带的装料孔尺寸过大，元器件因振动翻转；散料放入编带时的方向相反。

（3）导致元器件贴片偏位的主要因素。

贴片机编程时，元器件的 X–Y 轴坐标不正确；贴片吸嘴原因使吸料不稳。

（4）导致元器件贴片时损坏的主要因素。

定位顶针过高，使印制电路板的位置过高，元器件在贴装时被挤压；贴片机编程时，元器件的 Z 轴坐标不正确；贴装头的吸嘴弹簧被卡死。

7.2.4 再流焊接机

1. 再流焊工艺概述

再流焊是伴随微型化电子产品的出现而发展起来的锡焊技术，主要应用于各类表面贴装元器件的焊接。这种焊接技术的焊料是焊锡膏。先在印制电路板的焊盘上涂敷适量和适当形式的焊锡膏，再把 SMT 元器件贴放到相应的位置；焊锡膏具有一定黏性，使元器件固定；然后让贴装好元器件的印制电路板进入再流焊设备。传送系统带动印制电路板通过设备里各个设定的温度区域，焊锡膏经过干燥、预热、熔化、润湿、冷却，将元器件焊接到印制电路板上。再流焊的核心环节是利用外部热源加热，使焊料熔化而再次流动浸润，完成印制电路板的焊接过程。

再流焊操作方法简单、效率高、质量好、一致性好、节省焊料（仅在元器件的引脚下有很薄的一层焊料），是一种适合自动化生产的电子产品装配技术。再流焊工艺是 SMT 印制电路板组装技术的主流。再流焊工艺的一般流程如图 7–13 所示。

图 7–13 再流焊工艺的一般流程

2. 再流焊工艺的特点与要求

（1）与波峰焊技术相比，再流焊工艺具有以下技术特点。

元器件不直接浸渍在熔融的焊料中，所以元器件受到的热冲击小（由于加热方式不同，有些情况下施加给元器件的热应力也会比较大）；能在前导工序里控制焊料的施加量，减少了虚焊、桥接等焊接缺陷，所以焊接质量好，焊点的一致性好，可靠性高；假如前导工序在印制电路板上施放焊料的位置正确，而贴放元器件的位置有一定偏离，在再流焊过程中，当元器件的全部焊端、引脚及其相应的焊盘同时浸润时，由于熔融焊料表面张力的作用，产生自定位效应（也称"自对中效应"），能够自动校正偏差，把元器件拉回到近似准确的位置；再流焊的焊料是商品化的焊锡膏，能够保证正确的组分，一般不会混入杂质；可以采用局部加热的热源，因此能在同一基板上采用不同的焊接方法进行焊接；工艺简单，返修的工作量很小。

在再流焊工艺过程中，首先要将由铅锡焊料、助焊剂、黏合剂、抗氧化剂组成的糊状焊膏淤敷到印制电路板上，可以使用自动或半自动丝网印制机，如同油墨印刷一样将焊膏漏印到印制电路板上，也可以用手工涂敷。然后，把元器件贴装到印制电路板的焊盘上。将焊膏加热到再流温度，可以在再流焊炉中进行，少量印制电路板也可以用手工热风设备加热焊接。当然，加热的温度必须根据焊膏的熔化温度准确控制（有些无铅焊膏的熔点为 223 ℃，则必须加热到这个温度）。

（2）控制与调整。再流焊设备内焊接对象在加热过程中的时间—温度参数关系（常简称为焊接温度曲线），是决定再流焊效果与质量的关键。各类设备的演变与改善，其目的也是更加便于精确调整温度曲线。

再流焊的加热过程可以分成预热、焊接（再流）和冷却 3 个最基本的温度区域，主要有两种实现方法：一种是沿着传送系统的运行方向，让印制电路板顺序通过隧道式炉内的各个温度区域；另一种是把印制电路板停放在某一固定位置上，在控制系统的作用下，按照各个温度区域的梯度规律调节、控制温度的变化。温度曲线主要反映印制电路板组件的受热状态，再流焊的理想焊接温度曲线如图 7-14 所示。

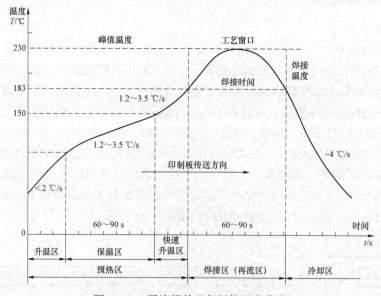

图 7-14 再流焊的理想焊接温度曲线

典型的温度变化过程通常由3个温区组成，分别为预热区、焊接（再流）区与冷却区。

预热区：焊接对象从室温逐步加热至 150 ℃左右的区域，缩小与再流焊的温差，焊膏中的溶剂被挥发。

焊接（再流）区：温度逐步上升，超过焊膏熔点温度 30%～40%，峰值温度达到 220～230 ℃的时间短于 10 s，焊膏完全熔化并湿润元器件焊端与焊盘。这个范围一般称为工艺窗口。

冷却区：焊接对象迅速降温，形成焊点，完成焊接。

由于元器件的品种、大小与数量不同以及印制电路板尺寸等诸多因素的影响，要想获得理想而一致的曲线并不容易，需要反复调整设备各温区的加热器，才能达到最佳温度曲线。

为调整最佳工艺参数而测定焊接温度曲线，是通过温度测试记录仪进行的，这种测试记录仪，一般由多个热电偶与记录仪组成。5～6 个热电偶分别固定在小元件、大器件、BGA 芯片内部、印制电路板边缘等位置，连接记录仪，一起随印制电路板进入炉膛，记录时间—温度参数。在炉子的出口处取出后，把参数送入计算机，用专用软件描绘曲线。

（3）再流焊的工艺要求。

① 要设置合理的温度曲线。再流焊是 SMT 生产中的关键工序，假如温度曲线设置不当，会引起焊接不完全、虚焊、元件翘立（"竖碑"现象）、锡珠飞溅等焊接缺陷，影响产品质量。

② SMT 印制电路板在设计时就要确定再流焊时在设备中的运行方向（称为"焊接方向"），并应当按照设计的方向进行焊接。一般地，应该保证主要元器件的长轴方向与印制电路板的运行方向垂直。

③ 在焊接过程中，要严格防止传送带振动。

④ 必须对第一块印制电路板的焊接效果进行判断，实行首件检查制。检查焊接是否完全、有无焊膏熔化不充分、有无虚焊或桥接的痕迹、焊点表面是否光亮、焊点形状是否向内凹陷、是否有锡珠飞溅和残留物等现象，还要检查印制电路板的表面颜色是否改变。在批量生产过程中，要定时检查焊接质量，及时对温度曲线进行修正。

3. 再流焊炉的主要结构和工作方式

再流焊炉主要由炉体、上下加热源、印制电路板传送装置、空气循环装置、冷却装置、排风装置、温度控制装置以及计算机控制系统组成。

再流焊的核心环节是将预敷的焊料熔融、再流、浸润。再流焊对焊料加热有不同的方法，就热量的传导来说，主要有辐射和对流两种方式；按照加热区域，可以分为对印制电路板整体加热和局部加热两大类；整体加热的方法主要有红外线加热法、气相加热法、热风加热法、热板加热法；局部加热的方法主要有激光加热法、红外线聚焦加热法、热气流加热法。

再流焊机的结构与原理

再流焊炉的结构主体是一个热源受控的隧道式炉膛，涂敷了膏状焊料并贴装了元器件的印制电路板随传动机构直线匀速进入炉膛，顺序通过预热、再流（焊接）和冷却这 3 个基本温度区域。在预热区内，电路板在 100～160 ℃的温度下均匀预热 2～3 min，焊膏中的低沸点溶剂和抗氧化剂挥发，化成烟气排出；同时，焊膏中的助焊剂浸润，焊膏软化塌落，覆盖了焊盘和元器件的焊端或引脚，使它们与氧气隔离；并且，印制电路板和元器件得到充分预热，以免它们进入焊接区因温度突然升高而损坏。在焊接区，温度迅速上升，比焊料合金的熔点高 20～50 ℃，膏状焊料在热空气中再次熔融，浸润焊接面，时间为 30～90 s。当焊接对象从炉膛内的冷却区通过，焊料冷却凝固以后，全部焊点同时完成焊接。

再流焊设备可用于单面、双面、多层印制电路板上 SMT 元器件的焊接，以及在其他材料的电路基板（如陶瓷基板、金属芯基板）上的再流焊，也可以用于电子器件、组件、芯片的再流焊，还可以对印制电路板进行热风整平、烘干，对电子产品进行烘烤、加热或固化黏合剂。再流焊设备既能够单机操作，也可以连入电子装配生产线配套使用。

再流焊设备还可以用来焊接印制电路板的两面：先在印制电路板的 A 面漏印焊膏，粘贴 SMT 元器件后入炉完成焊接；然后在 B 面漏印焊膏，粘贴元器件后再次入炉焊接。这时，印制电路板的 B 面朝上，在正常的温度控制下完成焊接；A 面朝下，受热温度较低，已经焊好的元器件不会从板上脱落下来。这种工作状态如图 7-15 所示。

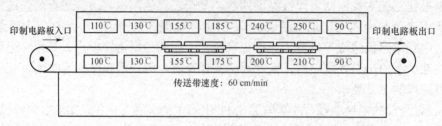

图 7-15　再流焊时印制电路板两面的温度不同

4. 再流焊设备的种类与加热方法

经过近 50 年的发展，再流焊设备的种类及加热方法经历了气相法、热板传导、红外辐射、全热风等几种。近年来新开发的激光束逐点式再流焊机，可实现极其精密的焊接，但成本很高。

1）气相再流焊

这是美国西屋公司于 1974 年首创的焊接方法，曾经在美国的 SMT 焊接中占有率很高。其工作原理是：加热传热介质氟氯烷系溶剂，使之沸腾产生饱和蒸气；在焊接设备内，介质的饱和蒸气遇到温度低的待焊电路组件，转变成为相同温度下的液体，释放出汽化潜热，使膏状焊料熔融浸润，印制电路板上的所有焊点同时完成焊接。这种焊接方法的介质液体需要较高的沸点（高于铅锡焊料的熔点），有良好的热稳定性，不自燃。美国 3M 公司配制的介质液体见表 7-5。

表 7-5　3M 公司配制的介质液体

介质	FC-70（沸点 215 ℃）	FC-71（沸点 253 ℃）
用途	Sn-Pb 焊料的再流焊	纯 Sn 焊料的再流焊
全称	(CsFll) 3N 全氟戊胺	

注：为了减少焊接时介质蒸气的耗散，还要采用二次保护蒸气 FC-113 等。

气相法的特点是整体加热，饱和蒸气能到达设备里的每个角落，热传导均匀，可形成与产品形状无关的焊接。气相再流焊能精确控制温度（取决于溶剂沸点），热转化效率高，焊接温度均匀，不会发生过热现象；并且，蒸气中含氧量低，焊接对象不会氧化，能获得高精度、高质量的焊点。气相再流焊的缺点是介质液体及设备的价格高，介质液体是典型的臭氧层损耗物质，在工作时会产生少量有毒的全氟异丁烯（PFIB）气体，因此在应用上受到极大限制。

图 7-16 是气相再流焊设备的工作原理示意图。溶剂在加热器作用下沸腾产生饱和蒸气，印制电路板从左往右进入炉膛，受热进行焊接。炉子上方与左右都有冷凝管，将蒸气限制在炉膛内。

2）热板传导再流焊

利用热板传导来加热的焊接方法称为热板再流焊。热板再流焊的工作原理如图 7-17 所示。

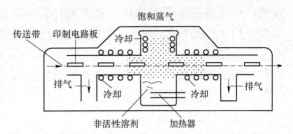

图 7-16 气相再流焊的工作原理示意图

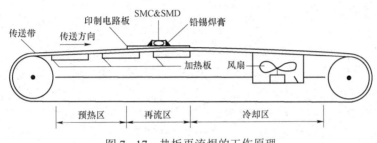

图 7-17 热板再流焊的工作原理

热板传导再流焊的发热器件为加热板，放置在薄薄的传送带下，传送带由导热性能良好的聚四氟乙烯材料制成。待焊印制电路板放在传送带上，热量先传送到印制电路板上，再传至铅锡焊膏与 SMC/SMD 元器件，焊膏熔化以后，再通过风冷降温，完成印制电路板焊接。这种再流焊的热板表面温度不能大于 300 ℃，早期用于导热性好的高纯度氧化铝基板、陶瓷基板等厚膜电路单面焊接，随后也用于焊接初级 SMT 产品的单面印制电路板。其优点是结构简单，操作方便；缺点是热效率低，温度不均匀，印制电路板若导热不良或稍厚就无法适应，对普通覆铜箔电路板的焊接效果不好，故很快被取代。

3）红外线辐射再流焊

这种加热方法的主要工作原理是：在设备内部，通电的陶瓷发热板（或石英发热管）辐射出远红外线，印制电路板通过数个温区，接收辐射并转化为热能，达到再流焊所需的温度，焊料浸润，然后冷却，完成焊接。红外线辐射加热法是最早、最广泛使用的 SMT 焊接方法之一。使用远红外线辐射作为热源的加热炉，称为红外线再流焊炉（IR），其工作原理示意如图 7-18 所示。这种设备成本低，适用于低组装密度产品的批量生产，调节温度范围较宽的炉子也能在点胶贴片后固化贴片胶。有远红外线与近红外线两种热源。一般地，前者多用于

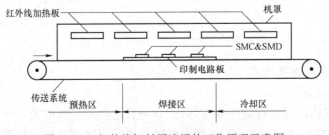

图 7-18 红外线辐射再流焊的工作原理示意图

预热，后者多用于再流加热。整个加热炉可以分成几段温区，分别控制温度。红外线辐射再流焊炉的优点是热效率高，温度变化梯度大，温度曲线容易控制，焊接双面印制电路板时，上、下温度差别大。缺点是印制电路板同一面上的元器件受热不够均匀，温度设定难以兼顾周全，阴影效应较明显：当元器件的颜色深浅、材质存在差异、封装不同时，各焊点所吸收的热量不同；体积大的元器件会对小元器件造成阴影，使之受热不足。

4）热风对流再流焊

单纯热风对流再流焊是利用加热器与风扇，使炉膛内的空气不断加热并强制循环流动，焊接对象在炉内受到炽热气体的加热而实现焊接，其工作原理如图 7-19 所示。这种再流焊设备的加热温度均匀但不够稳定；焊接对象容易氧化，印制电路板上、下的温差以及沿炉长方向的温度梯度不容易控制，一般不单独使用。

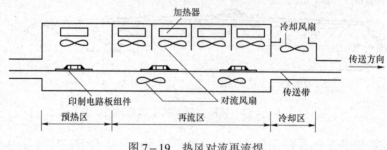

图 7-19 热风对流再流焊

5）激光再流焊

激光再流焊是利用激光束良好的方向性及功率密度高的特点，通过光学系统将 CO_2 或激光束聚集在很小的区域内，在很短的时间内使焊接对象形成一个局部加热区，图 7-20 是激光再流焊的工作原理示意图。激光再流焊的加热具有高度局部化的特点，不产生热应力，热冲击小，热敏元器件不易损坏。但是设备投资大，维护成本高。

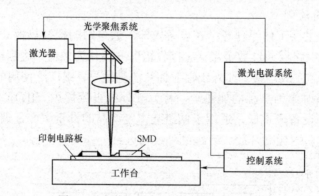

图 7-20 激光再流焊的工作原理示意图

5. 新一代再流焊设备及工艺

1）红外线热风再流焊机

20 世纪 90 年代后，元器件进一步小型化，SMT 的应用不断扩大。为使不同颜色、不同体积的元器件（如 QFP、PLCC 和 BGA 封装的集成电路）能同时完成焊接，必须改善再流焊设备的热传导效率,减少元器件之间的峰值温度差别,在印制电路板通过温度隧道的过程中维持稳定一致的温度曲线,于是设备制造商纷纷开发出新一代再流焊设备,如改进加热器的分布、空气的循环流向以及增加温区划分,使之能进一步精确控制炉内各部位的温度分布,便于温度曲线的理想调节。

在对流、辐射和传导这 3 种热传导机制中,只有前两者容易控制。红外线辐射加热的效率高,而强制对流可以使加热更均匀。先进的再流焊技术结合了热风对流与红外线辐射两者的优点,用波长稳定的红外线(波长约为 8 μm)发生器作为主要热源,利用对流的均衡加热特性以减少元器件与印制电路板之间的温度差别。

改进型的红外线热风再流焊是按一定热量比例和空间分布的,同时混合红外线辐射和热风循环对流加热的方式,也称之为热风对流红外线辐射再流焊。目前多数大批量 SMT 生产中的再流焊炉都是采用这种大容量循环强制对流加热的工作方式,在炉体内,热空气不停地流动,均匀加热,有极高的热传递效率,并不依靠红外线直接辐射加温。这种方法的特点是,各温区独立调节热量,减小热风对流,而且还可以在印制电路板下面采取制冷措施,从而保证加热温度均匀、稳定,使印制电路板表面和元器件之间的温差小,温度曲线容易控制。红外线热风再流焊设备的生产能力高,操作成本低。

现在,随着温度控制技术的进步,高档的强制对流热风再流焊设备的温度隧道更多地细分了不同的温度区域,如把预热区细分为升温区、保温区和快速升温区等。在国内设备条件好的企业里,已经能够见到 10 个以上温区的再流焊设备。当然,再流焊接炉的强制对流加热方式和加热器形式,也在不断改进,使传导对流热量给印制电路板的效率更高,加热更均匀。图 7-21 是红外线热风再流焊设备实物。

图 7-21 红外线热风再流焊设备

2)简易红外线再流焊机

简易红外线再流焊机内部只有一个温区的小加热炉,能够焊接的印制电路板最大面积为 400 mm×400 mm(小型设备的有效焊接面积会小一些)。炉内的加热器和风扇受计算机控制,温度随时间变化,印制电路板在炉内处于静止状态,连续经历预热、再流和冷却的温度过程,完成焊接。这种简易设备的价格比隧道炉膛式红外线热风再流焊设备的价格低很多,适用于生产批量不大的小型企业。

3)充氮气的再流焊炉

为适用无铅环保工艺,一些高性能的再流焊设备带有加充氮气和快速冷却的装置。惰性气体可以减少焊接过程中的氧化,采用氮气保护的焊接工艺已有很长的时间,常用于加工要求较高的产品。采用氮气保护,可以使用活性较低的焊膏,这有利于减少焊接残留物和免清洗;氮气可以加大焊料的表面张力,使企业选择超细间距器件的余地更大;在氮气环境中,印制电路板上的焊盘与线路的可焊性得到较好的保护,快速冷却可以增加焊点表面单位光亮。采用氮气保护的问题主要是氮气的成本、管理与回收。所以,焊膏制造厂家也在研究改进焊膏的化学成分,以便再流焊工艺中不必再使用氮气保护。

4）通孔再流焊工艺

通孔再流焊（也称插入式或带引针式再流焊）工艺在一些生产线上也得到应用，它可以省去波峰焊工序，尤其在焊接 SMT 与 THT 混装的印制电路板时会用到它。这样做的好处是可以利用现有的再流焊设备来焊接通孔式的接插件。通孔式接插件相比表面贴装式接插件，其焊点的机械强度更好。同时，在较大面积的印制电路板上，由于平整度问题，表面贴装式接插件的引脚不容易焊接得都很牢固。通孔再流焊在严格的工艺控制下，焊接质量能够得到保证，存在的不足是焊膏用量大，随之造成的助焊剂残留物也会增多。另外，有些通孔接插件的塑料结构难以承受再流焊的高温。

5）无铅再流焊工艺

在无铅焊接时代，使用无铅锡膏使再流焊的焊接温度提高、工艺窗口变窄，除了要求再流焊炉的技术性能进一步提高外，还必须通过自动温度曲线预测工具结合实时温度管理系统，进行连续的工艺过程监测，精确控制通过再流焊炉的温度传导。

6. 各种再流焊设备及工艺性能比较

1）各种再流焊工艺主要加热方法的优、缺点

各种再流焊工艺主要加热方法的优、缺点见表 7-6。

表 7-6 各种再流焊工艺主要加热方法的优、缺点

加热方式	原理	优　点	缺　点
气相	利用惰性溶剂的蒸气凝聚时释放的潜热加热	（1）加热均匀，热冲击小； （2）升温快，温度控制准确； （3）在无氧环境下焊接，氧化少	（1）设备和介质费用高； （2）不利于环保
热板	利用热板的热传导加热	（1）减少对元器件的热冲击； （2）设备结构简单，操作方便，价格低	（1）受基板热传导性能影响大； （2）不适用于大型基板、大型元器件； （3）温度分布不均匀
红外	吸收红外线辐射加热	（1）设备结构简单，价格低； （2）加热效率高，温度可调范围宽； （3）减少焊料飞溅、虚焊及桥接	元器件材料、颜色与体积不同，热吸收不同，温度控制不够均匀
热风	高温加热的气体在炉内循环加热	（1）加热均匀； （2）温度控制容易	（1）容易产生氧化高； （2）能耗大
激光	利用激光的热能加热	（1）聚光性好，适用于高精度焊接； （2）非接触加热； （3）用光纤传送能量	（1）激光在焊接面上反射率高； （2）设备昂贵
红外+热风	强制对流加热	（1）温度分布均匀； （2）热传递效率高	设备价格高

2）SMT 焊接设备与工艺性能比较

用波峰焊与再流焊设备焊接 SMT 印制电路板的有关工艺要求、焊接设备结构及各种加热焊接方法等内容，已经在前面进行介绍，这里结合 SMT 印制电路板的组装方式做进一步比较。表 7-7 比较了各种设备焊接 SMT 印制电路板的性能。最近十多年来，我国电子制造业进入生产设备高速更新阶段，显然，新型的红外线热风再流焊在计算机的控制下强制对流加热，可以对各温区的温度进行更精细的调节，获得更好的焊接质量，已经被广泛购置。

表 7-7 各种设备焊接 SMT 印制电路板的性能比较

焊接方法		初始投资	生产费用	生产效率	温度稳定性	工作适应性				
						温度曲线	双面装配	工装适应性	温度敏感元件	焊接误差
再流焊	气相	中—高	高	中—高	极好	注①	能	很好	会损坏	中等
	热板	低	低	中—高	好	极好	不能	差	影响小	很低
	红外	低	低	中	取决于吸收	尚可	能	好	要屏蔽	注②
	热风	高	高	高	好	缓慢	能	好	会损坏	很低
	激光	高	中	低	要精确控制	试验确定	能	很好	极好	低
波焊焊		高	中—高	高	好	难建立	注③	不好	会损坏	高

注：① 调整温度曲线，停顿时改变温度容易，不停顿时改变温度困难。
② 经适当夹持固定后，焊接误差率低。
③ 一面插装普通元件，SMC 在另一面。

7.2.5 再流焊质量缺陷分析

再流焊的品质受诸多因素的影响，最重要的因素是再流焊炉的温度曲线及锡膏的成分参数。现在常用的高性能再流焊炉，已能比较方便地精确控制、调整温度曲线。相比之下，在高密度与小型化的趋势中，焊膏的印制就成了再流焊质量的关键。

再流焊质量缺陷分析

有时，再流焊设备的传送带振动过大，也是影响焊接质量的因素之一。

在排除锡膏印制工艺与贴片工艺的品质异常之后，再流焊工艺本身导致的品质异常的主要因素有以下几个。

① 冷焊。通常是再流焊温度偏低或再流区的时间不足。
② 锡珠。预热区温度爬升速度过快（一般要求，温度上升的斜率小于 30 ℃/s）。
③ 连焊。电路板或元器件受潮，含水分过多时易引起锡爆产生连焊。
④ 裂纹。通常是降温区温度下降过快造成（一般有铅焊接的温度下降斜率要求小于 40 ℃/s）。

表 7-8 给出了 SMT 再流焊常见的质量缺陷及解决方法。

表 7-8 SMT 再流焊常见的质量缺陷及解决方法

序号	缺陷	图片	原因	解决方法
1	移位		（1）贴片位置不对； （2）焊膏量不够或贴片的压力不够； （3）焊膏中焊剂含量太高，在焊接过程中焊剂流动导致元件移位	（1）校正定位坐标； （2）加大焊膏量，增加贴片压力； （3）减少焊膏中焊剂的含量

续表

序号	缺陷	图片	原因	解决方法
2	冷焊		（1）加热温度不合适； （2）焊膏变质； （3）预热过度、时间过长或温度过高	（1）改造加热设施，调整再流焊温度曲线； （2）注意焊膏冷藏，弃掉焊膏表面变硬或干燥部分； （3）正确掌握预热时间、温度等
3	锡量不足		（1）焊膏不够； （2）焊盘和元器件焊接性能差； （3）再流焊时间短	（1）扩大漏印丝网和模板的孔径； （2）改用焊膏或重新浸渍元器件； （3）加长再流焊时间
4	锡量过多		（1）漏印丝网或模板孔径过大； （2）焊膏黏度小	（1）扩大漏印丝网和模板孔径； （2）增加焊膏黏度
5	"竖碑"现象		（1）贴片位置移位； （2）焊膏中的焊剂使元器件浮起； （3）印制焊膏的厚度不够； （4）加热速度过快且不均匀； （5）焊盘设计不合理； （6）采用 $Sn_{63}-Pb_{37}$ 焊膏； （7）元件可焊性差	（1）调整印制参数； （2）采用焊剂含量少的焊膏； （3）增加锡膏印制厚度； （4）调整再流焊温度曲线； （5）严格按规范进行焊盘设计； （6）改用含 Ag 或 Bi 的焊膏； （7）选用可焊性好的焊膏
6	焊料球		（1）加热速度过快； （2）焊膏受潮吸收了水分； （3）焊膏被氧化； （4）印制电路板焊盘污染； （5）元器件贴片压力过大； （6）焊膏过多	（1）调整再流焊温度曲线； （2）降低环境湿度； （3）采用新的焊膏，缩短预热时间； （4）换印制电路板或增加焊膏活性； （5）减小贴片压力； （6）减小模板孔径，降低刮刀压力
7	虚焊		（1）焊盘和元器件可焊性差； （2）印制参数不正确； （3）再流焊温度和升温速度不当	（1）加强对印制电路板和元件的检验； （2）减小焊膏黏度，检查刮刀压力及速度； （3）调整再流焊温度曲线

续表

序号	缺陷	图片	原因	解决方法
8	桥接		（1）焊膏塌落； （2）焊膏太多； （3）在焊盘上多次印制； （4）加热速度过快	（1）增加焊膏金属含量或黏度，换焊膏； （2）减小丝网或模板孔径，降低刮刀压力； （3）改用其他印制方法； （4）调整再流焊温度曲线
9	不润湿		焊盘、引脚可焊性差；助焊剂活性不够；焊接表面有油脂类污染物质；焊盘、引脚发生了氧化	严格控制元器件、印制电路板的来料质量，确保可焊性良好；改进工艺条件
10	开路		器件引脚共面性差、或个别焊盘或引脚氧化严重	对细间距的QFP操作要特别小心，避免造成引脚变形，同时严格控制引脚的共面性；严格控制物料的可焊性

7.3 任务实施

7.3.1 印制电路板贴片再流焊接工艺设计

表面贴装工艺流程，主要过程包括印制（或点胶）、贴装、（固化）、回流焊接、清洗、检测、返修等步骤，图7-22所示为SMT工艺流程及设备。

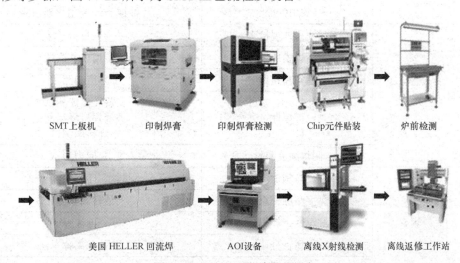

图7-22 SMT工艺流程及设备

7.3.2 电子元器件检测与准备

1. 电子元器件检测方法

根据抽样方案和验收标准从物料库中随机抽取样本数量要求的物料,按照检验标准与验收方法对样本进行质量检验,并如实记录数据。对整理后的数据进行分析,判断元器件是否合格,如不合格判断其缺陷。

因为有合格的原材料才可能有合格的产品,所以组装前来料检测是保障SMA可靠性的重要环节。随着SMT的不断发展和对SMA组装密度、性能、可靠性要求的不断提高,以及元器件进一步微型化、工艺材料应用更新速度加快等技术发展趋势,SMA产品及其组装质量对组装材料质量的敏感度和依赖性都在加大,组装前来料检测成为越来越不能忽视的环节。选择科学、适用的标准与方法进行组装前来料检测成为SMT组装质量检测的主要内容之一。

1)组装前来料检测的主要内容和检测方法

SMT组装前来料主要包含元器件、PCB、焊膏/助焊剂等组装工艺材料。检测的基本内容有:元器件的可焊性、引脚共面性、使用性能,印制电路板的尺寸和外观、阻焊膜质量、翘曲和扭曲、可焊性、阻焊膜完整性,焊膏的金属百分比、黏度、粉末氧化均量,焊锡的金属污染量,助焊剂的活性、浓度,黏结剂的黏性等。对应不同的检测项目,其检测方法也有多种,如仅元器件可焊性测试就有浸渍测试、焊球法测试、润湿平衡试验等多种方法。表7-9所示为SMT组装前来料检测的主要项目和基本检测方法。

表7-9 组装前来料检测的主要项目和基本检测方法

来料类别		检测项目	检测方法
元器件		可焊性	润湿平衡试验 浸渍测试 焊球法测试
		引脚共面性	光学平面检测 贴片机共面性检测
		使用性能	抽样——专用仪器检测
印制电路板		尺寸和外观检查	目检
		阻焊膜质量	专用量具测试
		翘曲和扭曲	热应力测试
		可焊性	旋转浸渍测试 波峰焊料浸渍测试 焊料珠测试
		阻焊膜完整性	热应力测试
工艺材料	焊膏	外观、印制性能检查	目检、印制性能测试
		黏度与触变系数	旋转式黏度计
		润湿性、焊料球	回流焊
		金属百分比	加热分离称重法
		合金粉末氧化均量	俄歇分析法

续表

来料类别		检测项目	检测方法
工艺材料	助焊剂	活性	铜镜试验
		浓度	比重计
		变质	目测颜色
	黏结剂	黏度与触变系数	旋转式黏度计
		黏结强度	黏结强度试验
		固化时间	固化试验
	清洗剂	组成成分	气体包谱分析法
	焊料合金	金属污染量	原子吸附测试

2）组装前来料检测标准

SMT 组装前来料检测的具体项目与方法一般由组装企业或产品公司根据产品质量要求和相关标准来确定，目前可遵循的相关标准已开始逐步完善。例如，美国电子电路互连与封装协会（IPC）制定的标准《电子组件的可接受性》（IPC-A-610D），中国电子行业标准《表面组装工艺通用技术要求》（SJ/T 10670—1995）、《锡铅膏状焊料通用规范》（SJ/T 11186—1998）、《表面组装元器件可焊性通用规范》（SJ/T 10669—1995）、《表面组装用胶黏剂通用规范》（SJ/T 11187—1998），国家标准《印制板表面离子污染测试方法》（GB 4677.22—1988），美国标准《涂敷印制电路组件用绝缘涂料》（MIL-I-46058C）等，都有 SMT 组装前来料检测的相应要求和规范。

SMT 组装企业根据产品客户和产品质量要求，以上述相关标准为基础，结合企业特点和实际情况，针对具体产品对象和具体组装来料，确定相关检测项目和方法，并将其形成规范化的质量管理程序与文件，在质量管理过程中予以严格执行。表 7-10 所示为某企业针对具体产品对象和质量要求所制定的表面贴片电阻等来料的进货检验规范，它详细地规范了检测项目、标准、方法和内容等。

表 7-10 表面贴片电阻进货检测规范

作业指导书编号	
进货检验规范	第 2 版第 0 次修改（贴片电阻）
目的及适用范围	① 本检验规范的目的是保证本公司所购贴片电阻的质量符合要求； ② 本检验规范适用于××制造有限公司无特殊要求的贴片电阻
参照文件	本作业规范参照本公司程序文件《进货检验控制程序》《可焊性、耐焊接热试验规范》《电子产品（包括元器件）外观检查和尺寸检验规范》，以及相关可靠性试验和相关技术、设计参数资料及 GB 2828 和 GB 2829 抽样检验标准

续表

规范内容	(1) 测试工量具及仪器：LCR 电桥（401A）或不低于本仪表精度的其他仪表，如游标卡尺、恒温电烙铁，浓度不低于 95% 的酒精； (2) 缺陷分类及定义： 　A 类：单位产品的极重要质量特性不符合规定，或者单位产品的质量特性极严重不符合规定 　B 类：单位产品的重要质量特性不符合规定，或者单位产品的质量特性严重不符合规定 　C 类：单位产品的一般质量特性不符合规定，或者单位产品的质量特性轻微不符合规定 (3) 判定依据：抽样检验依 GB 2828 标准，取特殊检验水平 S-3；AQL：A 类缺陷为 0，B 类缺陷为 0.4，C 类缺陷为 1.00。标有◆号的检验项目抽样检验依 GB 2829 标准，规定 RQL 为 30，DL 为 Ⅲ，抽样方案为：$n=6$，$A_c=0$，$R_e=1$				

序号	检验项目	验收标准	验收方法及工具	缺陷分类		
				A	B	C
1	阻值与偏差	实际阻值应在误差范围内	LCR 电桥		√	
2	标识	标识完备、准确、无错误	目测		√	
3	标识附着力	标识清晰，用浸酒精的棉球擦拭 3 次后无变化	酒精棉球			√
4	外观检查	无变形、无破损、无污迹，引线无氧化现象	目测			√
5	尺寸及封装	符合设计要求	游标卡尺		√	
6	可焊性	温度 260 ℃±10 ℃，时间 2 s，锡点圆润有光泽，稳固	恒温电烙铁			√
7	耐焊接热	温度 260 ℃+10 ℃，时间 5 s，外观、电气与力学性能良好	恒温电烙铁		√	
8	包装	包装良好，随附出厂时间及检验合格证	目测		√	

2. 电子元器件检测步骤

（1）领取任务，分析任务，明确任务的目的与要求。

（2）规划任务，制订任务。

（3）定标，根据入库单上的批量大小及质量验收标准确定样本大小，明确质量。

（4）抽样，根据抽样方案和验收标准随机抽样，注意抽样批次。

（5）试验，按照验收标准对样品进行质量检验。

（6）记录测量数据。

（7）判定，分析数据判定合格率，判断缺陷类别。

（8）处置，确认所验批次物料是否合格，并正确处置。

（9）按要求填写入库验收单。

3. FM 贴片收音机电子元器件检测

针对 FM 贴片收音机实际元器件进行测试。对测试后的数据进行填表与判断。

7.3.3 表面贴装电子元器件的装贴

（1）将各种贴片元器件料盘安装在供料架上。
（2）根据贴装元器件及位置要求，仔细查看印制电路板。
（3）开启贴片机电源及气源并检查气压压力。
（4）根据操作步骤，在贴片机操作计算机中编制好贴片程序。
（5）将印制好锡膏的印制电路板送入贴片机传送入口处，并按下贴片机"开始"键。
（6）结合贴片品质分析方法，评价贴片质量。

7.3.4 再流焊的实施

（1）运行参数设置：设定或修改各温区加热温度、冷却温度、运输速度及风机速度等。
（2）焊接温度曲线查询。
（3）焊接温度曲线测试。
（4）将印制电路板送入再流焊机入口，进行焊接。
（5）结合焊接品质分析方法，评价焊接质量。

7.3.5 装接后的检查测试

1. 所有元器件焊接完成后目视检查

（1）元器件：型号、规格、数量、安装位置及方向是否与图样符合。
（2）焊点：有无虚焊、漏焊、桥接、飞溅等缺陷。

2. 测总电流

（1）检查无误后将电源线焊到电池片上。
（2）在电位器开关断开的状态下装入电池。
（3）插入耳机。
（4）用万用表 200 mA 挡（数字万用表）或 50 mA 挡（指针万用表）跨接在开关两端测电流，用指针万用表时注意表笔极性。正常总电流应为 7~30 mA（与电源电压有关），并且 LED 正常点亮。以下是样机测试结果，可供参考。

工作电压：1.8 V、2 V、2.8 V、3 V、3.2 V。
工作电流：8 mA、11 mA、17 mA、24 mA、28 mA。
注意：如果总电流为零或超过 35 mA，应检查电路。

3. 搜索电台广播

如果总电流在正常范围，可按 S_1 搜索电台广播。只要元器件质量完好、安装正确、焊接可靠，不用调节任何部分即可收到电台广播。如果收不到电台广播，应仔细检查电路，特别要检查有无错装、虚焊、漏焊等缺陷。

4. 调接收频段（俗称调覆盖）

我国调频广播的频率范围为 87~108 MHz，调试时可找一个当地频率最低的 FM 电台（北京文艺台为 87.6 MHz），适当改变 L_4 的匝间距，使按下"RESET"键后第一次按"SCAN"键可收到这个低端电台。由于 SC1088 集成度高，如果元器件一致性较好，一般收到低端电台后均可覆盖 FM 频段，故可不调高端而仅做检查（可用一个成品 FM 收音机对照检查）。

5. 调灵敏度

本机灵敏度由电路及元器件决定,一般不用调整,调好覆盖后即可正常收听。

7.4 知识拓展

7.4.1 表面贴装产品检测装置

1. 自动光学检测（AOI）

AOI（Automatic Optic Inspection）是基于光学原理来对焊接生产中遇到的常见缺陷进行检测的设备。AOI 是新兴起的一种新型测试技术,但发展迅速,很多厂家都推出了 AOI 测试设备。当自动检测时,机器通过摄像头自动扫描印制电路板,采集图像,将测试的焊点与数据库中的合格参数进行比较,经过图像处理,检查印制电路板上的缺陷（图 7-23）。并通过显示器或自动标志把缺陷显示与标示出来,供维修人员修整,提高了产品质量和生产效率。

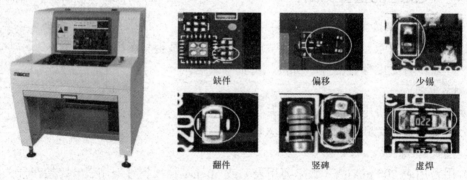

图 7-23 自动光学检测（AOI）设备及印制电路板上缺陷

AOI 可放置在印制后、焊前、焊后不同位置。

① AOI 放置在印制后。可对焊膏的印制质量作工序检测。可检测焊膏量过多、过少,焊膏图形的位置有无偏移、焊膏图形之间有无粘连等情况。

② AOI 放置在贴装机后、焊接前。可对贴片质量作工序检测。可检测元件贴错、元件移位、元件贴反（如电阻翻面）、元件侧立、元件丢失、极性错误以及贴片压力过大造成焊膏图形之间粘连等情况。

③ AOI 放置在再流焊炉后。可作焊接质量检测。可检测元件贴错、元件移位、元件贴反（如电阻翻面）、元件丢失、极性错误、焊点润湿度、焊锡量过多、焊锡量过少、漏焊、虚焊、桥接、焊球（引脚之间的焊球）、元件翘起（竖碑）等焊接缺陷。

目前电路板制造业所使用的典型 AOI 检查技术,包括底片检查、钻针检查、孔位检查、线路检查、盲孔检查、凸块检查、外观检查等。不同的检查应用,所涵盖的技术内涵就不相同,所使用的 AOI 辅助设备也有不小差异。

2. X射线检测仪

随着新型器件封装的快速发展,电子器件趋向体积小、质量轻、引线间距小,同时高密度贴装电路板、密集端脚布线均使得焊接缺陷增加,越来越多的不可见焊点缺陷使检测更具有挑战性,常规显示放大目测检验已不能满足需求。这对表面组装技术(SMT)及检测提出了更高的要求。而X射线焊点无损检测技术则可以满足需求,它与计算机图像处理技术相结合,对SMT上的焊点、印制电路板内层和器件内部连线进行高分辨率的检测。典型的X射线检测仪如图7-24所示。

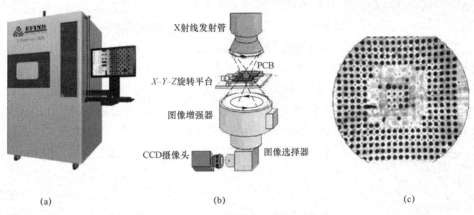

图7-24 X射线检测仪结构及工作原理
(a)外形;(b)结构;(c)透视图像

自动X射线检测(Automatic X-ray Inspection,AXI)其原理如图7-24(b)所示。当组装好的线路板沿导轨进入机器内部后,位于线路板上方有一X射线发射管,其发射的X射线穿过印制电路板后,被置于下方的探测器(一般为摄像机)接收,由于焊点中含有可以大量吸收X射线的铅,因此与穿过玻璃纤维、铜、硅等其他材料的X射线相比,照射在焊点上的X射线被大量吸收,而呈黑点产生良好图像,如图7-23(c)所示,使得对焊点的分析变得相当直观,故通过简单的图像分析法便可自动且可靠地检验焊点缺陷。

AXI检测的特点如下:

① 对工艺缺陷的覆盖率高达97%。可检查的缺陷包括虚焊、桥连、立碑、焊料不足、气孔、器件漏装等(图7-25)。尤其是X射线对BGA、CSP等焊点隐藏器件也可检查。

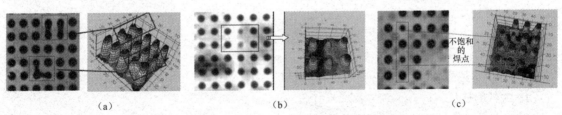

图7-25 常见的X射线检测到的不良现象
(a)桥连不良;(b)漏焊不良;(c)焊点不充分饱满

② 较高的测试覆盖度。可以对肉眼和在线测试检查不到的地方进行检查。比如:PCBA被判断有故障,怀疑是印制电路板内层走线断裂,X射线可以很快地进行检查。

③ 测试的准备时间大大缩短。
④ 能观察到其他测试手段无法可靠探测到的缺陷,如虚焊、空气孔和成形不良等。
⑤ 对双面板和多层板只需一次检查(带分层功能)。
⑥ 提供相关测量信息,用来对生产工艺过程进行评估,如焊膏厚度、焊点下的焊锡量等。

3. 针床测试仪

在线测试仪(In Circuit Tester,ICT)是一种在线式的印制电路板静态测试设备,业内称为 ICT/ATE/ATS 测试。由于 ICT 针床的测试速度快,并且与 AOI 和 AXI 相比能够提供较为可靠的电性测试,所以在一些大批量进行 PCBA 生产的企业中,成为测试的主流设备。但是,ICT 针床也有个致命的缺点,即测试反应速度慢。例如,为一块 PCBA 制作和调试 ICT 针床夹具,往往需要花费几天甚至几周的时间,并且每次都要有针床夹具的制作费用。对于一些研发类和对市场敏感度较高的企业,往往在急切研制和推出新产品时,ICT 针床夹具无法及时上马;或者频繁的产品更新,造成大量 ICT 针床报废产生极大的成本浪费;或者产品线过于宽大,导致需要大量不同的 ICT 针床夹具,使成本急剧上升。典型的针床测试仪如图 7-26 所示。

图 7-26 针床测试仪

采用传统的针床在线测试仪测量时,使用专门的针床与已焊接好的印制电路板上的元器件接触,并用数百毫伏电压和 10 mA 以内电流进行分立隔离测试,从而精确地测出所装电阻、电感、电容、二极管、三极管、可控硅、场效应管、集成块等通用和特殊元器件的漏装、错装、参数值偏差、焊点连焊、印制电路板开短路等故障,并将故障是哪个元件或开短路位于哪个点准确告诉用户。针床在线测试仪的优点是测试速度快,适合于单一品种民用型家电印制电路板极大规模生产的测试,而且主机价格较便宜。但是随着印制电路板组装密度的提高,特别是细间距 SMT 组装以及新产品开发生产周期越来越短,印制电路板品种越来越多,针床在线测试仪存在一些难以克服的问题,如测试用针床夹具的制作周期、测试周期长、价格贵;对于一些高密度 SMT 印制电路板,由于测试精度问题无法进行测试。

针床在线测试仪具有以下特点:
① 能检测出绝大多数生产问题。
② 即时判断和确定缺陷。
③ 包含一个线路分析模块、测试生成器和元器件库。
④ 对不同的元器件能进行模型测试。
⑤ 提供系统软件,支持写测试和评估测试。

4. 飞针测试仪

现今电子产品的设计和生产承受着产品生命周期短的巨大压力,产品更新的时间周期越来越短,因此在最短时间内开发新产品和实现批量生产对电子产品制作是至关重要的。飞针测试技术是目前电气测试问题的解决办法之一,它用移动探针取代针床,使用多个由电动机驱动,能够快速移动的电气探针接触器件的引脚进行电气测量,这种仪器最初是为裸板而设计的,也需要复杂的软件来支持,现在已经能够有效地进行模拟在线测试,飞针测试仪的出现已经改变了小批量与快速转换装配产品的测试方法。以前需要几周时间完成的测试现在仅需几小时就可完成,大大缩短了产品设计周期和投入市场的时间。典型的飞针测试仪如图7-27所示。

根据飞针测试时固定印制电路板的方式,飞针测试机的结构可分为竖立式和水平式。一般来说,飞针测试仪装有4~8根测试探针,由电动机通过皮带传动来带动测试探针,探针的移动包括 X、Y、Z 这3个方向。在测试前,测试工程师需把设计工程师的CAD数据(如印制电路板文件),转换成可使用的测试数据文件,这些文件包含了需要测试的每个焊点的坐标(x、y)及焊点在印制电路板中的网络值。

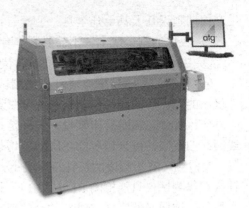

图7-27 飞针测试仪

飞针测试仪是对传统针床在线测试仪的一种改进,它用探针来代替针床,在 X-Y 机构上装有可分别高速移动的4个头共8根测试探针,最小测试间隙为0.2 mm。工作时在测单元(Unit Under Test,UUT)通过皮带或者其他UUT传送系统输送到测试机内,然后固定,测试仪的探针接触测试焊盘和通路孔,从而可测试UUT的单个元件,测试探针通过多路传输系统连接到驱动器(信号发生器、电源供应等)和传感器(数字万用表、频率计数器等)来测试UUT上的元件。当一个元件正在测试时,UUT上的其他元件通过探针器在电气上屏蔽以防止读数干扰。

飞针测试仪可以检查短路、开路和元件值。在飞针测试中也使用了一台相机来帮助查找丢失元件。用相机来检查方向明确的元件形状,如极性电容。随着探针定位精度和可重复性达到5~15 μm,飞针测试仪可精确地探测UUT。飞针测试解决了在SMA装配中见到的大量现有问题——可能长达4~6个测试开发周期:较高的夹具开发成本,不能经济地测试小批量生产;不能快速地测试原型样机装配。

飞针测试仪的编程比传统的针床在线测试系统更容易、更快捷,具有编程容易、能够在数小时内测试原型样机装配,以及测试低产量的产品而没有典型的夹具开发费用等优点。虽然飞针测试可解决生产环境中的许多问题,但还是不能解决所有的生产测试问题。飞针测试也有其缺点,因为测试探针与通路孔和测试焊盘上的焊锡发生物理接触,可能会在焊锡上留下小凹坑。而对于某些OEM客户来说,这些小凹坑可能被认为是外观缺陷,拒绝接受。有时在没有测试焊盘的地方探针会接触到元件引脚,所以可能会错过松脱或焊接不良的元件引脚。

飞针测试时间过长是另一个不足。传统的针床测试探针数目有500~3 000根,针床与SMA一次接触即可完成在线测试的全部要求,测试时间只要几十秒。而飞针探针只有4根,针床一次接触所完成的测试,飞针需要许多次运动才能完成,时间显然要长得多。另外,针床测试仪可使用顶面夹具同时测试双面SMA的顶面与底面元件,而飞针测试仪要求操作员测试完一面,翻转再测试另一面,由此看出,飞针测试并不能很好地适应大批量生产的要求。

尽管有上述这些缺点,飞针测试仪仍不失为一个有价值的工具,其优点如下。

① 较短的测试开发周期。系统接收到CAD文件后几小时内就可以开始生产,因此,原型电路板在装配后数小时即可测试,而不像针床测试,高成本的夹具与测试开发工作可能将

生产周期延误几天甚至几个月。

② 较低的测试成本。不需要制作专门的测试夹具。

③ 由于设定、编程和测试简单、快速，因此一般技术装配人员就可以进行操作测试。

④ 较高的测试精度。飞针在线测试的定位精度（10 μm）和重复性（±10 μm）以及尺寸极小的触点和间距，使测试系统可探测到针床夹具无法达到的 SMA 节点。

应该看到，相对针床来说，飞针是一种技术革新，还在不断发展中，随着无线通信和无线网络的发展，越来越多的 SMA 将增加无线接入能力，目前的针床测试仪只适用于低频频段，在射频（RF）频段的探针将变成小天线，产生大量的寄生干扰，影响测试结果的可靠性，针床在线测试仪只能检测 RF 电路在低频下的特性，RF 电路的其他测试由后续的功能测试仪去执行，这样必然降低 SMA 的缺陷覆盖率。飞针在线测试仪的探针数很少，较容易采取减少 RF 干扰的措施，实现 SMA 的低频和 RF 的在线测试，提高覆盖率。飞针在线测试与针床在线测试具有互补能力，因而，有些 SMA 在线测试供应商考虑合并飞针和针床技术，在同一台在线测试仪内融合飞针和针床结构，优势互补，达到高速测试、编程容易、降低成本的目的。

7.4.2 微组装技术

微组装技术（Mcroelectronics Packaging Technology，MPT 或 MAT）被称为第五代组装技术，它是基于微电子学、集成电路技术、计算机辅助设计与工艺系统发展起来的当代最先进的组装技术。MPT 实质上是高密度立体组装技术，是在高密度多层互连电路板上，用焊接和封装工艺把微型元器件（主要是高集成度电路）组装起来，形成高密度、高速度和高可靠性立体结构的微电子产品（组件、部件、子系统或系统）的综合性技术。20 世纪 70 年代以来，集成电路进入高速发展时代，大规模（LSI）、甚大规模（VLSI）、超大规模（ULSI）集成电路的不断发展，一片 IC 取代几十片、几百片乃至上千片中小规模 IC 已不鲜见。芯片所占的面积很小，而外封装则受引线间距的限制，难以进一步缩小。以当代成熟的 QFP 封装的引线间距 0.3 mm 而言，其封装效率也只能达到 8%（封装效率为芯片面积与封装面积之比）。由于功能增强，IC 的对外 I/O 引线还在增加，就单片 IC 芯片而言，若引线间距不变，I/O 引线增加 1 倍，封装面积将增加 4 倍，如果进一步减小引线间距，不仅技术难度极大，而且可靠性将降低。因此，进一步缩小体积的努力就放在芯片的组装上。芯片组装，即通常所说的裸芯片组装。将若干裸芯片组装到多层高性能基片上形成电路功能块乃至一件电子产品，这就是微组装技术。

微组装技术是一种综合性的电装技术。多层布线电路板和载体器件是微组装技术的两大支柱，其核心包括 SMT 和片式元器件。因此，SMT 的发展与应用促进了 MPT 的发展。

MPT 中使用的片式元器件是载体器件。这种器件的设计和制造都要求有很高的技术。载体器件是把有关器件（主要是大规模、甚大规模集成电路芯片）先装在具有特殊引出结构的载体上，制成合格的微电子组件。载体引出的基本要求是所有引出端的焊接面必须在同一个平面上，并且焊接组装条件都相同。

根据载体的材料和结构，载体器件有以下几种适用于 MPT，包括塑料有引线芯片器件（PLCC）、塑料方形扁平封装器件（PQFP）、陶瓷无引线芯片器件（LCCC）、载带自动焊器件（TAB）、网阵式插脚器件（PGA）。

1. 板载芯片技术

板载芯片技术（Chip On Board，COB）是芯片组装的一门技术，是将芯片直接粘贴在印制电路板上用引线键合，达到芯片与印制电路板的电气连接，然后用黑胶包封，如图7-28所示。

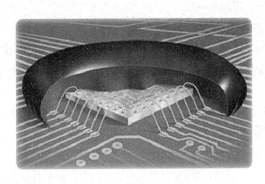

图7-28 板载芯片技术

1）板载芯片技术概述

板载芯片技术也叫IC软封装技术、裸芯片封装或绑定（Bonding），各公司的叫法可能不一样，但意思都是一样的。芯片粘贴（Die Bond，DB）也称为芯片黏结或固晶。引线键合（Wire Bond，WB）也称为引线互连绑定、绑线或打线。板载芯片技术（COB）主要焊接方式有以下几种。

（1）热压焊。

利用加热和加压力使金属丝与焊区压焊在一起，其原理是通过加热和加压力，使焊区（如铝）发生塑性变形的同时破坏压焊界面上的氧化层，从而使原子间产生吸引力达到键合的目的。此外，当两金属界面不平整加热加压时，可使上下的金属相互镶嵌。此技术一般用于玻璃板上芯片（Chip On Glass，COG）。

（2）超声焊。

超声焊是利用超声波发生器产生的能量，通过换能器在超高频的磁场感应下，迅速伸缩而产生弹性振动，使劈刀相应振动，同时在劈刀上施加一定的压力，于是劈刀在这两种力的共同作用下，带动铝丝在被焊区的金属化层（如铝膜表面）迅速摩擦，使铝丝和铝膜表面产生塑性变形，这种形变也破坏了铝层界面的氧化层，使两个纯净的金属表面紧密接触达到原子间的结合，从而实现焊接。主要焊接材料为铝线，焊头一般为楔形。

（3）金丝球焊。

球焊在引线键合中是最具代表性的焊接技术，因为现在的半导体封装二极管、三极管和CMOS封装都采用金线球焊，而且它操作方便、灵活、焊点牢固（直径为25 μm金丝的焊接强度一般为0.07~0.09 N/点），无方向性焊接，速度可高达15点/秒以上。金丝球焊也叫热压焊或热压超声焊，主要键合材料为金线，焊头为球形，故称球焊。

2）板载芯片技术制作工艺流程

（1）粘芯片。用点胶机在印制电路板的IC位置上涂适量的红胶（或黑胶），再用防静电设备（真空吸笔或镊子）将IC裸片正确放在红胶或黑胶上。

（2）烘干。将粘好的裸片放入热循环烘箱中烘干，也可以自然固化（时间较长）。

（3）引线键合（绑定、打线）。采用铝丝焊线机将晶片与印制电路板上对应的焊盘进行铝丝桥接，即 COB 的内引线焊接。

（4）前测。使用专用检测工具（按不同用途的 COB 有不同的设备，简单的就是高精密度稳压电源）检测 COB 板，将不合格的板子重新返修。

（5）点胶。采用点胶机用黑胶根据客户要求进行外观封装。

（6）固化。将封好胶的印制电路板放入热循环烘箱中，根据要求可设定不同的烘干时间。

（7）后测。将封装好的印制电路板再用专用的检测工具进行电气性能测试，区分好坏优劣。

2. 倒装芯片技术

倒装芯片（FC）技术在电子装联和微电子封装中越来越受到重视，采用 FC 技术的集成电路（IC）封装是最小的。倒装芯片技术将直接用于印制电路板的组装，是下一代高密度电子组装的主导技术。

1）倒装芯片技术概述

其实，倒装芯片之所以被称为"倒装"，是相对于传统的金属线键合连接方式（WB）与植球后的工艺而言的。传统的通过金属线键合与基板连接的芯片，其电气面朝上，而倒装芯片的电气面朝下，相当于将前者翻转过来，故称其为"倒装芯片"，如图 7-29 所示。

图 7-29 倒装芯片技术
(a) 电气面朝上；(b) 电气面朝下

倒装芯片在 1964 年开始出现，1969 年由 IBM 发明了倒装芯片的 C^4（Controlled Collapse Chip Connection，可控坍塌芯片连接）工艺。过去只有比较少量的特殊应用，近几年倒装芯片已经成为高性能封装的互连方法，它的应用得到比较广泛、快速的发展（图 7-30）。目前倒装芯片主要应用在 Wi-Fi、SiP、MCM、图像传感器、微处理器、硬盘驱动器、医用传感器以及 RFID 等方面。

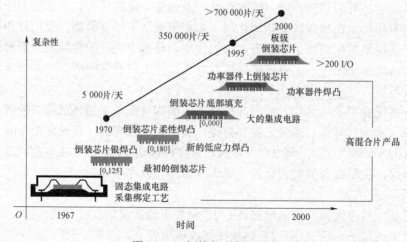

图 7-30 倒装芯片发展历史

与此同时，它已经成为小型 I/O 应用有效的互连解决方案。随着微型化及人们已接受 SiP，倒装芯片被视为各种针脚数量低的应用的首选方法。从整体上看，其在低端应用和高端应用中的采用，根据 TechSearch International Inc. 对市场容量的预计，焊球凸点倒装芯片的年复合增长率（CAGR）将达到 31%。

倒装芯片应用的直接驱动力来自其优良的电气性能，以及市场对终端产品尺寸和成本的要求。在功率及电信号的分配、降低信号噪声方面表现出色，同时又能满足高密度封装或装配的要求。可以预见，其应用会越来越广泛。

2）倒装芯片的特点

（1）最小的体积。

采用倒装芯片技术可以有效地减少线焊工艺所占的空间，使得组装的体积最小。在微电子封装中，表面贴装器件的体积比双列直插封装（DIP）小，芯片级封装（CSP）的体积就更小，倒装芯片技术直接进行芯片的组装，体积可谓最小。

（2）最低的高度。

倒装芯片组装将芯片用再流或热压方式直接组装在基板或印制电路板上，因此，它的组装高度是所有电子装联中最低的。方形扁平封装的高度不低于 3.10 mm，BGA 的高度不高于 2.336 mm，CSP 的高度只有 1.40 mm，倒装芯片组装高度比 CSP 还低。

（3）更高的组装密度。

倒装芯片技术用于芯片封装可增大集成度，减小体积，而倒装芯片技术用于印制电路板组装则可提高印制电路板的组装密度。倒装芯片技术可以将芯片组装在印制电路板的两个面上，这样将提高印制电路板的组装密度。

（4）更低的组装噪声。

由于倒装芯片组装将芯片直接组装在基板或印制电路板上，就组装噪声而言，倒装芯片组装产生的噪声低于 BGA 和 SMD。

（5）不可返修性。

倒装芯片组装是在基板或印制电路板上进行芯片的直接组装，因此，组装一旦完成，形成连接后就无法进行返修。

3. 多芯片组件技术

微组装技术是 20 世纪 90 年代以来在半导体集成电路技术、混合集成电路技术和表面组装技术的基础上发展起来的新一代电子组装技术。微组装技术是在高密度多层互连基板上，采用微焊接和封装工艺组装各种微型化片式元器件和半导体集成电路芯片，形成高密度、高速度、高可靠性的三维立体机构的高级微电子组件的技术。多芯片组件（Multi Chip Module，MCM）就是当前微组装技术的代表产品。

多芯片组件是在高密度多层互连基板上，采用微焊接、封装工艺将构成电子电路的各种微型元器件（IC 裸芯片及片式元器件）组装起来，并利用它实现芯片间互连的组件，形成高密度、高性能、高可靠性的微电子产品（包括组件、部件、子系统、系统）。它是为适应现代电子系统短、小、轻、薄和高速、高性能、高可靠、低成本的发展方向而在印制电路板和表面组装技术的基础上发展起来的新一代微电子封装与组装技术，是实现系统集成的有力手段。

多芯片组件已有十几年的历史，多芯片组件组装的是超大规模集成电路和专用集成电路的裸片，而不是中小规模的集成电路，技术上多芯片组件追求高速度、高性能、高可靠和多功能，而不像一般混合 IC 技术以缩小体积、质量为主。

比起将元件直接安装在印制电路板上，多芯片组件具有一定的优势。

（1）性能高，如芯片间传输路径缩短（减少了信号延迟）、低电源自感、低电容、低串扰以及低驱动电压。

（2）小型化，由于多芯片组件的小型化和多功能的优点，系统电路板的 I/O 数得以减少。

（3）广泛应用于专用集成电路，尤其是生产周期短的产品。

（4）主要使用廉价的硅芯片，允许混合的半导体技术，如 Si、Ge 或 GaAs。

（5）混合型结构，包括以芯片级或球栅阵列封装的形式进行表面安装的设备以及离散片式的电容器和电阻。

（6）由于封装体内芯片有限，可保证所封装产品有较高的成品率。

（7）通过缩短元件和芯片间的互连尺寸，提高产品可靠性。

（8）对各种两级互连有良好的适应性。引线框架方案可以提高连接点的性能，并使升级模块化。

（9）增加了许多新功能。

虽然使用多芯片组件有很多优势，但它仍然存在不足之处。阻碍其普遍应用的主要问题是元件如何保持各自的成品率。虽然它的行情看涨，但要提高大部分元件的成品率仍是任重而道远。另一个问题是成本，最新的叠层基片多芯片组件技术有较低的制造成本。

4. 三维立体封装技术

目前，半导体 IC 封装的主要发展趋势为多引脚、窄间距、小型、薄型、高性能、多功能、高可靠性和低成本，因而对系统集成的要求也越来越迫切。借助由二维多芯片组件到三维多芯片组件技术，实现 WSI 的功能是实现系统集成技术的主要途径之一。三维封装技术是现代微组装技术发展的重要方向，是微电子技术领域跨世纪的一项关键技术。

三维立体封装是近几年来正在发展着的电子封装技术。各类 SMD 的日益微小型化、引线的细线和窄间距化，实质上是为实现 $X-Y$ 平面（二维平面）上微电子组装的高密度化；而三维则是在二维的基础上，进一步向 Z 方向发展的微电子组装高密度化。实现三维，不但使电子产品的组装密度更高，也使其功能更多、传输速度更高、功耗更低、性能更好，并且有利于降低噪声、改善电子系统的性能，从而使可靠性更高等。三维立体封装主要有 3 种类型，即埋置型三维立体（图 7-31）、有源基板型三维立体（图 7-32）和叠层型三维立体（图 7-33）。

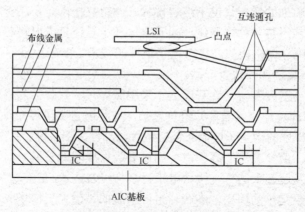

图 7-31 埋置型三维立体

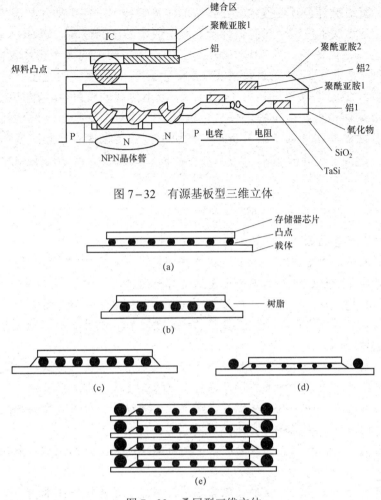

图 7-32 有源基板型三维立体

图 7-33 叠层型三维立体
(a) 倒扣式接合；(b) 树脂填充；(c) 磨球；(d) 制作叠层凸点；(e) 叠层

焊料凸点埋置型三维立体封装出现于 20 世纪 80 年代，它不但能灵活、方便地制作成埋置型，而且还可以作为 IC 芯片后布线互连技术，使埋置 IC 的压焊点与多层布线互连起来，可以大大减少焊接点，从而提高电子部件封装的可靠性。

有源基板型三维立体封装就是把具有大量有源器件的硅作为基板，在上面再多层布线，顶层再贴装 SMC/SMD 或贴装多个 LSI，形成有源基板型立体三维多芯片组件，从而达到 WSI 所能实现的功能。

叠层型三维立体封装是将 LSI、VLSI、二维多芯片组件甚至 WSI 或者已封装的器件，无间隙地层层叠装互连而成。这类叠层型三维立体封装是应用最为广泛的一种，其工艺技术不但应用了许多成熟的组装互连技术，还发展了垂直互连技术，使叠层型三维封装的结构呈现出五彩缤纷的局面。

三维立体封装是在垂直于芯片表面的方向上堆叠，互连两片以上裸片的封装。其空间占用小、电性能稳定，是一种高级的系统级封装（SiP）技术。三维立体封装可以采用混合互连技术，以适应不同器件间的互连，如裸片与裸片、裸片与微基板、裸片与无源元件间可根据需要采用倒装、引线键合等互连技术。在传统的芯片封装中，每个裸片都需要与之相应的高密度基板互连，基板成本占整个封装器件产品制造成本的比例很高。如 BGA 占 40%～50%，而倒装芯片用基板占比更高，达 70%～80%。三维立体封装内的多个裸片仅需要一个基板，同时由于裸片间大量的互连是在封装内实现的，互连线的长度大大减小，提高了器件的电性能。三维立体封装还可以通过共用 I/O 端口来减小封装的引脚数。概括地说，三维立体封装的主要优点是体积小、质量轻、信号传输延迟时间短、低噪声、低功耗，极大地提高了组装效率和互连效率，增大了信号带宽，加快了信号传输速度，具有多功能性、高可靠性和低成本性。例如，Amkor 公司采用裸片叠层的三维封装，比采用单芯片封装节约 30% 的成本。

知识梳理

（1）表面贴装器件的贴焊工艺技术特点与发展过程。

（2）表面贴装技术工艺流程。主要过程包括印制（或点胶）、贴装（固化）、回流焊接、清洗、检测、返修等步骤，并对其中每个步骤进行介绍。

（3）锡膏印制机。锡膏印制机结构与工作过程，印制质量分析与对策。

（4）贴片机。工作方式和类型、主要结构、主要指标，贴片工序对贴装元器件的要求，SMT 工艺品质分析。

（5）再流焊接机。再流焊工艺的特点与要求：主要结构和工作方式、种类与加热方法；新一代再流焊设备及工艺，各种再流焊设备及工艺性能比较，再流焊质量缺陷分析。

（6）任务实施过程。印制电路板贴片再流焊接工艺设计，电子元器件检测与准备，表面贴装电子元器件的装贴，再流焊的实施，装接后的检查测试。

（7）表面贴装产品检测装置。自动光学检测（AOI）、X 射线检测仪、针床测试仪、飞针测试仪。

（8）微组装技术。板载芯片技术、倒装芯片技术、多芯片组件技术、立体封装技术。

思考与练习

（1）焊接片状元器件时，对焊接温度和焊接时间有什么要求？拆卸片状元器件应注意哪些问题？卸下来的片状元器件为什么不能再用？

（2）请叙述手工焊接 SMT 元器件与焊接 THT 元器件有哪些不同。请说明手工焊接贴片元器件的操作方法。手工焊接 SMT 元器件时怎样设定电烙铁的温度？

（3）焊接 SMT 元器件时应注意哪些问题？如果想要拆焊晶体管和集成电路，应采用什么方法？如何进行？

（4）什么叫再流焊？主要用在什么元件的焊接上？请总结再流焊的工艺特点与要求。

（5）请叙述再流焊的工艺流程和技术要点。请叙述气相再流焊的工艺过程。

（6）什么叫 AOI 检测技术？AOI 检测技术有哪些优点？AXI 检测设备有哪些种类？它为什么检验 BGA 等集成电路的焊接质量？

（7）请说明焊接残留污物的种类，以及每种残留污物可能导致的后果。请说明清洗溶剂的种类。选择清洗溶剂时应该考虑哪些因素？免清洗焊接技术有哪两种？请详细说明。

（8）概括再流焊工艺过程。叙述再流焊操作软件中需要设置的参数。

（9）概括贴片机各个组成部件及其工作原理。

（10）叙述贴片机程序编制流程。

电子产品整机的成套装配工艺

8.1 任务驱动

任务：多功能无线蓝牙音响整机装调

电子产品整机由许多电子元器件、印制电路板、零部件、壳体等装配而成。电子产品的整机装配是根据设计文件的要求，按照工艺文件的工序安排和具体方案，以壳体为支撑，把焊接好的印制电路板、零部件、面板等实现装联并紧固到壳体结构上，达到实现整机的技术指标，快速、有效地制造稳定可靠产品的过程。整机装配工艺的好坏，将直接影响电子产品的质量。本任务以单片机试验板和蓝牙音响为整机装配任务载体，讲解电子产品通用整机装调工艺、生产管理、质量管控等知识。

8.1.1 任务目标

1. 知识目标
（1）掌握电子产品整机装配的工艺原则。
（2）掌握电子产品整机装配的基本要求和工艺流程。
（3）掌握整机连接的种类和方法。
（4）掌握整机检验的方法。
（5）掌握产品生产过程质量控制常识。
（6）掌握国际通用电子产品可接受性标准要求。
2. 技能目标
（1）能够遵守电子产品整机装配安全操作规范，能识读电子产品装配图及其工艺文件。

(2)掌握电子产品整机手工装配的技能。
(3)能进行整机的外观检验,并对整机装配过程做记录。
(4)能独立制作电子产品整机装配工艺文件。
(5)能够按照工艺要求对电子产品整机进行安装。
(6)能够应用质量管理体系,完成产品质量控制管理。
(7)能够结合国际通用定制产品可接受性标准,指导生产。

8.1.2 任务要求

根据印制电路板及元器件装配版图对照材料清单,完成印制电路板组件的制作,结合工艺文件标准格式,制定单片机试验板的装配工艺流程,进行单片机试验板的整机装配。

8.2 知识储备

8.2.1 电子产品整机装配基础

电子产品装配基础

随着电子技术的快速发展,对各种电子产品的质量要求越来越高,以日常工作生活中最常用的计算机、手机、网络通信设备、电视机等为例,使用这些设备时要求它出现故障的概率为零才能保证客户正常使用。因此,对电子产品整机的要求是工作效能稳定可靠、操作方便、便于维护、质量轻、结构合理、体积小、外形美观。

整机装配包括机械和电气两大部分工作,主要内容是指将各零、部、整件按照设计要求安装在不同的位置上,组合成一个整体,再用导线(线扎)将元、部件之间进行电气连接,完成一个具有一定功能的完整的机器,以便进行整机调整和测试。装配的连接方式分为可拆卸连接和不可拆卸连接。

由于装配过程需应用多项基本技术,装配质量在很多情况下很难进行定量分析,所以严格按照工艺要求进行装配,加强工人的工作责任心管理是十分必要的。

1. 整机装配的工艺要求

整机装配要求:安装牢固可靠,不损伤元件,避免碰坏机箱及元器件的涂敷层,不破坏元器件的绝缘性能,安装件的方向、位置要正确。

1)产品外观方面的要求

电子产品外观质量是产品给人的第一印象,保证整机装配中有良好的外观质量,是电子产品制造企业最关心的问题,基本上每个企业都会在工艺文件中提出各种要求来确保外观良好。虽然各个企业产品不同、采取的措施也不同,但都是从以下几个方面考虑的。

(1)存放壳体等注塑件时,要用软布罩住,防止灰尘等污染。
(2)搬运壳体或面板等要轻拿轻放,防止意外碰伤,且最好单层叠放。
(3)用工作台及流水线传送带传送时,要敷设软垫或塑料泡沫垫,供摆放注塑件用。
(4)装配时,操作人员要戴手套,防止壳体等注塑件沾染油污、汗渍。操作人员使用和放置电烙铁时要小心,不能烫伤面板、外壳。

（5）用螺钉固定部件或面板时，力矩大小选择要适合，防止壳体或面板开裂。

（6）使用黏合剂时，用量要适当，防止量多溢出，若黏合剂污染了外壳，要及时用清洁剂擦净。

2）安装方法方面的注意事项

装配过程是综合运用各种装联工艺的过程，制订安装方法时还应遵循一定的原则。整机安装的基本原则：先轻后重、先小后大、先铆后装、先装后焊、先里后外、先下后上、先平后高、易碎易损件后装以及上道工序不得影响下道工序的安装。同时要注意前后工序的衔接，使操作者感到方便，节约工时。具体的安装方法还有以下要求。

（1）装配工作应按照工艺指导卡进行操作，操作应谨慎，以提高装配质量。

（2）安装过程中应尽可能采用标准化的零部件，使用的元器件和零部件规格型号应符合设计要求。

（3）注意适时调整每个工位的工作量，均衡生产，保证产品的产量和质量。若因人员状况变化及产品机型变更产生工位布局不合理，应及时调整工位人数或工作量，使流水作业畅通。

（4）应根据产品结构、采用元器件和零部件的变化情况，及时调整安装工艺。

（5）在总装配过程中，若质量反馈表明装配过程中存在质量问题，应及时调整工艺方法。

3）结构工艺性方面的要求

结构工艺通常是指用紧固件和黏合剂将产品零部件按设计要求装在规定的位置上。电子产品装配的结构工艺性直接影响各项技术指标能否实现。结构是否合理，还影响到整机内部的整齐美观，影响到生产率的提高。结构工艺性方面主要要求如下：

（1）要合理使用紧固零件，保证装配精度，必要时应有可调节环节，保证安装方便和连接可靠。

（2）机械结构装配后不能影响设备的调整与维修。

（3）线束的固定和安装要有利于组织生产，应整齐美观。

（4）根据要求提高产品结构件本身耐冲击、抗振动的能力。

（5）应保证线路连接的可靠性，操纵机构精确、灵活，操作手感好。

2. 总装的基本要求

（1）总装前对零部件或组件进行调试、检验。

（2）总装应采用合理的安装工艺，用经济、高效、先进的装配技术，使产品达到预期的效果。

（3）严格遵守总装的顺序要求。

（4）总装过程中，不损伤元器件和零部件，保证安装件的正确，保证产品的电性能稳定，并有足够的机械强度和稳定度。

（5）总装中每个阶段都应严格执行自检、互检与专职调试检验的"三检"原则。

3. 总装的工艺过程

电子产品的总装工艺过程包括以下步骤。

（1）零部件的配套准备。

（2）零部件的装联。

（3）整机调试。

（4）总装检验。

(5) 包装。
(6) 入库或出厂。

4. 总装的质量检查

1) 总装的质检原则

总装完成后，按配套的工艺和技术文件的要求进行质量检查。

电子产品包装工艺

总装的质检原则：坚持自检、互检、专职检验的"三检"原则。其程序是：先自检，再互检，最后由专职检验人员检验。

2) 整机质量的几个方面

（1）外观检查。

（2）装联的正确性检查。

（3）安全性检查（包括绝缘电阻和绝缘强度的检查）。

（4）根据具体产品的具体情况，还可以选择其他项目的检查，如抗干扰检查、温度测试检查、湿度测试检查、振动测试检查等。

8.2.2 电子产品整机组装工艺过程

1. 电子产品整机装配原则

整机装配也称为整件装配，是将检验合格的零部件进行连接形成一个功能独立的产品。装配对整个产品至关重要，应遵循以下原则。

（1）确定零件和部件的位置、极性、方向，不能装错。应从低到高、从里向外、从小到大。前一道工序不应影响后一道工序。

（2）安装的元器件、零部件应牢固。焊接件焊点光滑无毛刺，螺钉连接部位牢固可靠。

（3）电源线和高压线连接可靠，不得受力。防止导线绝缘层损坏造成漏电及短路现象。

（4）操作时工具码放整齐有序，不得将螺钉、线头及异物落在零部件上从而破坏零件精度及造成外观损坏。

（5）将导线及线扎放置整齐，固定好高频线。要注意屏蔽保护，减小干扰。

2. 电子产品装配工艺流程

电子产品的质量好坏与其生产装配管理、工艺有直接的关系。整机装配是依据产品所设计的装配工艺程序及要求进行的，并针对大批量生产的电子产品的生产组织过程，科学、合理、有序地安排工艺流程。将电子产品生产工艺基本分为装配准备、部件装配、整机装配3个阶段。装配流程如图8-1所示。

电子产品的生产，要求企业生产体制完整，技术人

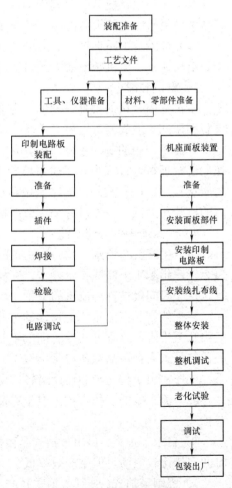

图8-1 装配流程框图

员水平高,生产设备齐全。同时要求工艺文件完备,技术工人严格依据技术文件操作,完成整机装配工作。

1)装配准备

装配准备是整机装配的关键,整机生产过程中不允许出现材料短缺的情况;否则将造成较大的损失。主要准备部件装配和整机装配所需要的零部件、工装设备、材料以及进行人员定位及流程的安排。

(1)工艺文件准备。指技术图样、材料定额、调试技术文件、设备清单等技术资料的准备。

(2)工具仪器的准备。指整个生产过程装配准备中各个岗位应使用的工具、工装和测试仪器的准备,并用专门人员调试配送到工位。

(3)材料零部件准备。指对所生产的产品使用的材料、元器件、外协部件、线扎进行预加工、预处理、清点,如元器件成形与引线挂锡、线扎加工等。各种备件应按照产品生产数量的要求做好准备。

2)印制电路板装配

(1)印制电路板装配应属于部件准备,但是由于比较复杂,技术水平要求高,所有电子产品生产中印制电路板装配是产品质量的核心,因此采用单独管理或外加工的方式。

(2)检验与电路调试是必要的过程,无论是自己装配的印制电路板还是由外面加工来的印制电路板,在整机装配前需要对各项技术参数进行测试,以保证整机质量。

3)整机装配

整机是由合格的部件、材料、零件经过连接紧固而成,再经过对整机的检验和调试才能成为可出售的产品。

产品生产中的每一步操作的好坏都关系到产品的质量。因此,技术人员在工艺管理执行过程中安排质量检验人员对其随时进行检查,特别是对关键的质量点进行严格控制,如印制电路板装配后的检查与调试、线扎制作完成

整机电路板组装

后的检验与测试。只要对每个环节严格检查,抓好质量,整机产品才可能合格。

4)产品加工生产流水线

(1)生产线与流水节拍。产品加工生产流水线就是把一部整机的装联划分成简单的工序,每个工序指配工人完成指定操作。在操作工序划分时,要注意每人操作所用的时间应大致相等,这个时间段被称为流水的节拍。

装配的产品在流水线上移动的方式有多种。有的是把装配的底座放到小车上,由装配工人沿轨道推进,这种方式受时间的限制,不严格。另一种常用的方式是利用传送带来运送产品,装配工人把产品从传送带上取下,在规定的时间内按规定装配后再放至传送带上,进入下一工序,由于传送带的连续运转,所以这种方式也受时间限制。

(2)流水线的工作方式。电子产品的装配流水线有两种工作方式,即自由节拍式和强制节拍式。

① 自由节拍式。自由节拍式是由操作者控制流水线的节拍,完成操作工艺。这种方式的时间安排比较灵活,但生产效率低。

② 强制节拍式。强制节拍式是产品在流水线上运行,每个操作工人必须在规定时间内把所要求的装配工作在规定的时间内完成,这种方式带有一定的强制性,但生产效率高,一般

来说工作内容简单、动作单纯、记忆方便，可减少差错，提高工效。

8.2.3 电子工艺文件的识读与编制

电子产品的整机装配是将各种电子元器件、机电器件及结构件，按照设计要求，安装在规定的位置上，组成具有一定功能的电子产品的过程。一个电子产品的质量是否合格，其功能和各项技术指标能否达到设计规定要求，与电子产品装配的工艺是否达到要求有直接关系。因此，电子产品的装配要遵循装配原则，按照整机装配要求和工艺流程进行。

1. 工艺文件概述

工艺文件是企业组织生产、指导操作和进行工艺管理各种技术文件的统称。具体来讲，按照一定的条件选择产品最合理的工艺过程（即生产过程），将实现这个工艺过程的程序、内容、方法、工具、设备、材料以及各个环节应该遵守的技术规程，用文字、图表形式表示出来，称为工艺文件。工艺文件主要是把如何在过程中实现成最终产品的操作文件。应用于生产的叫生产工艺文件，有的称为标准作业流程（Standard Operation Procedure），也有的称为作业指导书（Work Instruction），中国台湾和日本人喜欢把前者叫工艺文件，而欧美人喜欢把后者当成工艺文件，两者只是习惯叫法上不同，其实所展现的内容没有太大的差别。

工艺文件格式

2. 整套工艺文件

整套工艺文件应当包括工艺目录、工艺文件变更记录表、工艺流程图、工位/工序工艺卡片。工艺目录指整文件的目录，重要的是需要标明当前各文件的有效版本，这个很重要。变更记录通常是在文件内容变更后，进行走变更流程的记录，其主要内容有变更的内容页名称、变更的依据文件（通常为ECO）编号、变更前和变更后的版本。工艺流程图，就像做菜一样，要先买菜、洗菜、切菜、炒菜，最后才是吃菜，也就是指特定的内在逻辑先后顺序关系，它建立在事物的物理模型基础之上。当然必要时提供这些流程中的操作者及对操作的素质要求、需要几个人力、每个工序要花多少时间、操作要点是什么、要达到什么样的标准、用什么特殊工具，都是按流程图为基础来展开的。工位/工序的工艺卡片，就是具体到每个环节，通常为操作者使用，同时要写明本工位（或工序）名称、前工位（或工序）名称、后工位（或工序）名称、用什么材料、用什么工具、操作中要注意哪些事项、执行要达到什么标准，更多的主要内容是操作步骤顺序和方法。

3. 电子产品的工艺文件

工艺图和工艺文件是指导操作者生产、加工、操作的依据。对照工艺图，操作者都应该知道产品是什么样子，怎样把产品做出来，但不需要对它的工作原理过多关注。工艺文件一般包括生产线布局图、产品工艺流程图、实物装配图、印制电路板装配图等。

4. 工艺文件的作用

（1）组织生产，建立生产秩序。

（2）指导技术，保证产品质量。

（3）编制生产计划，考核工时定额。

（4）调整劳动组织。

（5）安排物资供应。

(6) 有助于工具、工装、模具管理。
(7) 可作为经济核算的依据。
(8) 可作为执行工艺纪律的依据。
(9) 可作为历史档案资料。
(10) 可作为产品转厂生产时的交换资料。
(11) 有助于各企业之间进行经验交流。

对于组织机构健全的电子产品制造企业来说，上述工艺文件的作用也正是各部门职员工作的依据。为生产部门提供规定的流程和工序，便于组织有序的产品生产；按照文件要求组织工艺纪律的管理和员工的管理；提出各工序和岗位的技术要求和操作方法，保证生产出符合质量要求的产品。质量管理部门检查各工序和岗位的技术要求和操作方法，监督生产符合质量要求的产品。生产计划部门、物料供应部门和财务部门核算确定工时定额和材料定额，控制产品的制造成本。资料档案管理部门对工艺文件进行严格的授权管理，记载工艺文件的更新历程，确认生产过程使用有效的文件。

5. 电子产品工艺文件的分类

工艺文件内容

根据电子产品的特点，工艺文件主要包括产品工艺流程、岗位作业指导书、通用工艺文件和管理性工艺文件几大类。工艺流程是组织产品生产必需的工艺文件；岗位作业指导书和操作指南是参与生产的每个员工、每个岗位都必须遵照执行的；通用工艺文件如设备操作规程、焊接工艺要求等，力求适用于多个工位和工序；管理性工艺文件，如现场工艺纪律、防静电管理办法等。

1) 基本工艺文件

基本工艺文件是供企业组织生产、进行生产技术准备工作最基本的技术文件，它规定了产品的生产条件、工艺路线、工艺流程、工具设备、调试及检验仪器、工艺装备、工时定额。一切在生产过程中进行组织管理所需要的资料，都要从中取得有关的数据。

基本工艺文件应包括零件工艺过程和装配工艺过程。

2) 指导技术的工艺文件

指导技术的工艺文件是不同专业工艺的经验总结，或者是通过试生产实践编写出来的用于指导技术和保证产品质量的技术条件，主要包括以下内容：

(1) 专业工艺规程。
(2) 工艺说明及简图。
(3) 检验说明（方式、步骤、程序等）。

3) 统计汇编资料

统计汇编资料是为企业管理部门提供的各种明细表，作为管理部门规划生产组织、编制生产计划、安排物资供应，进行经济核算的技术依据，主要包括以下内容：

(1) 专用工装。
(2) 标准工具。
(3) 工时消耗定额。

4) 管理工艺文件用的格式

(1) 工艺文件封面。
(2) 工艺文件目录。

（3）工艺文件更改通知单。
（4）工艺文件明细表。

6. 工艺文件的成套性

电子产品工艺文件的编制不是随意的，应该根据产品的生产性质、生产类型、复杂程度、重要程度及生产的组织形式等具体情况，按照一定的规范和格式编制配套齐全，即应该保证工艺文件的成套性。电子行业标准 SJ/T 10324 对工艺文件的成套性提出了明确的要求，分别规定了产品在设计定型、生产定型、钽电容样机试制或一次性生产时的工艺文件成套性标准；电子产品大批量生产时，工艺文件就是指导企业加工、装配、生产路线、计划、调度、原材料准备、劳动组织、质量管理、工模具管理、经济核算等工作的主要技术依据，所以工艺文件的成套性在产品生产定型时尤其应该加以重点审核。通常，整机类电子产品在生产定型时至少应具备下列几种工艺文件：

（1）工艺文件封面。
（2）工艺文件明细表。
（3）装配工艺过程卡片。
（4）自制工艺装备明细表。
（5）材料消耗工艺定额明细表。
（6）材料消耗工艺定额汇总表。

常用工艺文件表格包括工艺文件简号规定（表8-1）、工艺文件各类明细表（表8-2）、工艺文件的成套性要求（表8-3）、工艺文件封面（表8-4）、工艺文件目录（表8-5）、导线及扎线加工表（表8-6）、配套明细表（表8-7）、装配工艺过程卡（表8-8）、工艺说明及简图（表8-9）、工艺文件更改通知单（表8-10）。

表 8-1 工艺文件简号规定

序号	工艺文件名称	简号	字母含义	序号	工艺文件名称	简号	字母含义
1	工艺文件目录	GML	工目录	9	塑料压制件工艺卡	GSK	工塑卡
2	工艺路线表	GLB	工路表	10	电镀及化学镀工艺卡	GDK	工镀卡
3	工艺过程卡	GGK	工过卡	11	电化涂敷工艺卡	GTK	工涂卡
4	元器件工艺表	GYB	工艺表	12	热处理工艺卡	GRK	工热卡
5	导线及扎线加工表	GZB	工扎表	13	包装工艺卡	GBZ	工包装
6	各类明细表	GMB	工明表	14	调试工艺	GTS	工调试
7	装配工艺过程卡	GZP	工装配	15	检验规范	GJG	工检规
8	工艺说明及简图	GSM	工说明	16	测试工艺	GCS	工测试

表8-2 工艺文件各类明细表

序号	工艺文件各类明细表	简号	序号	工艺文件各类明细表	简号
1	材料消耗工艺定额汇总表	GMB1	7	热处理明细表	GMB7
2	工艺装备综合明细表	GMB2	8	涂敷明细表	GMB8
3	关键件明细表	GMB3	9	工位器具明细表	GMB9
4	外协件明细表	GMB4	10	工量器件明细表	GMB10
5	材料工艺消耗定额综合明细表	GMB5	11	仪器仪表明细表	GMB11
6	配套明细表	GMB6			

表8-3 工艺文件的成套性要求

序号	工艺文件名称	产品		产品的组成部分		
		成套设备	整机	整件	部件	零件
1	工艺文件封面	○	●	○	○	—
2	工艺文件明细表	○	●	○	—	—
3	工艺流程图	○	○	○	—	—
4	加工工艺过程卡	—	—	—	○	●
5	塑料工艺过程卡片	—	—	—	○	○
6	陶瓷、金属压铸和硬模铸造工艺过程卡片	—	—	—	○	○
7	热处理工艺卡片	—	—	—	○	○
8	电镀及化学涂敷工艺卡片	—	—	—	○	○
9	涂料涂敷工艺卡片	—	—	—	○	○
10	元器件引出端成形工艺表	—	—	—	○	○
11	绕线工艺卡	—	—	—	○	○
12	导线及线扎加工卡	—	—	—	○	—
13	贴插编带程序表	—	—	—	○	—
14	装配工艺过程卡片	—	●	●	●	—
15	工艺说明	○	○	○	○	○
16	检验卡片	○	○	○	○	○
17	外协件明细表	○	○	○	—	—
18	配套明细表	○	○	○	○	—
19	外购工艺装备汇总表	○	○	○	—	—
20	材料消耗工艺定额明细表	—	●	●	—	—
21	材料消耗工艺定额汇总表	○	●	●	—	—

续表

序号	工艺文件名称	产品		产品的组成部分		
		成套设备	整机	整件	部件	零件
22	能源消耗工艺定额明细表	○	○	○	—	—
23	工时、设备台时工艺定额明细表	○	○	○	—	—
24	工时、设备台时工艺定额汇总表	○	○	○	—	—
25	工序控制点明细表	—	○	○	—	—
26	工序质量分析表	—	○	○	○	○
27	工序控制点操作指导卡片	—	○	○	○	○
28	工序控制点检验指导卡片	—	○	○	○	○

注：●表示必需；○表示可选；—表示无。

表8-4 工艺文件封面

```
                    ***企业
                    ***产品

                    工艺文件

                              共    册
                              第    册
旧底图总号                     共    页

            产品型号：
底图总号     产品名称：
            产品图号：
            本册内容：
日期  签名                    批准：
                              年   月   日
```

表8-5 工艺文件目录

	工艺路线表			产品名称或型号		产品图号
序号	图号	名称	装入关系	部件用量	整件用量	工艺路线表内容
1	2	3	4	5	6	7

续表

旧底图总号	更改标记	数量	更改单号	签名	日期	签名		日期	第 页
						拟制			共 页
底图总号						审核			第 册
						标准化			第 页

表 8-6 导线及扎线加工表

导线及扎线加工表								产品名称或型号		产品图号			
编号	名称规格	颜色	数量	长度/mm				去向、焊接处		设备	工时定额	备注
				L 全长	A 端	B 端	A 剥头	B 剥头	A 端	B 端			
1	2	3	4	5	6	7	8	9	10	11	12	13	14

旧底图总号	更改标记	数量	更改单号	签名	日期	签名		日期	第 页
						拟制			共 页
底图总号						审核			第 册
						标准化			第 页

表8-7 配套明细表

配套明细表				装配件名称		装配件图号	
序号	编号	名称	数量	来自何处		备注	
1	2	3	4	5		6	
旧底图总号	更改标记	数量	更改单号	签名	日期	签名	日期	第 页
						拟制		共 页
底图总号						审核		第 册
						标准化		第 页

表8-8 装配工艺过程卡

装配工艺过程卡						装配件名称		图号
编号	装入件及辅助材料		车间	序号	工种	工序(工步)内容及要求	设备及工装	工时定额
	名称、牌号、技术要求	数量						
1	2	3	4	5	6	7	8	9
旧底图总号	更改标记	数量	更改单号	签名	日期	签名	日期	第 页
						拟制		共 页
底图总号						审核		第 册
						标准化		第 页

表8-9 工艺说明及简图

	工艺说明及简图			名称		编号或图号	
旧底图总号	更改标记	数量	更改单号	签名	日期	签名	日期	第 页
						拟制		共 页
底图总号						审核		第 册
						标准化		第 页

表8-10 工艺文件更改通知单

更改单号	工艺文件更改通知单	产品名称或型号	零部件、整件名称	图号	第 页	共 页
生效日期		更改原因			处理意见	
更改标记	更改前			更改标记	更改后	
拟制	日期	审核	日期	拟制	日期	审核	日期

7. 典型岗位作业指导书的编制

岗位作业指导书是指导员工进行生产的工艺文件，编制作业指导书时需要注意以下几点。

（1）为便于查阅、追溯质量责任，作业指导书必须写明产品（如有可能，尽量包括产品规格及型号）以及文件编号。

（2）必须说明该岗位的工作内容，对于操作人员，最好在指导书上指明操作的部位。

（3）写明本工位工作所需要的原材料、元器件和设备工具以及相应的规格、型号及数量。

（4）有图纸或实物样品加以指导的，要指出操作的具体部位。

（5）有说明或技术要求以告诉操作人员怎样具体操作以及操作注意事项。

（6）工艺文件必须有编制人、审核人和批准人签字。

一般地，一件产品的作业指导书不止一张，有多少工位就应有多少张作业指导书，因此，每一产品的作业指导书要汇总在一起，装订成册，以便生产时使用。

8. 工艺文件的编号及简号

工艺文件的编号是指工艺文件的代号，简称为"文件代号"，它由三部分组成，即企业的区分代号、该工艺文件的编制对象的十进制分类编号和检验规范的工艺文件简号，必要时工艺文件简号可以加区分号予以说明，如图8-2所示。

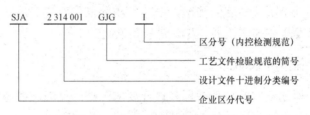

工艺文件编制

图8-2 工艺文件的编号及简号

第一部分"SJA"即上海电子计算机厂的代号。

第二部分是设计文件十进制数分类编号。

第三部分是工艺文件的简号，由大写的汉语拼音字母组成，用以区分编制同一产品的不同种类的工艺文件，图中的"GJG"即是工艺文件检验规范的简号。

区分号：当同一简号的工艺文件有两种或两种以上时，可用标注区分（数字）的方法加以区分。

9. 工艺文件的签署规定

工艺文件的签署栏供有关责任者签署使用，归档产品文件签署栏的签署人对工艺文件负相应的责任。签署栏主要内容包括拟制、审核、标准化审查和批准。

1）签署者的责任

（1）拟制签署者的责任。拟制签署者应对所编制的工艺文件的正确性、合理性、完整性和安全性等负责。

（2）审核签署者的责任。审核编制依据的正确性、工艺方案的合理性和专用工艺装备选用的必要性是否符合工艺方案的原则；操作的安全性、工艺文件的完整性，是否贯彻了标准和有关规定。

（3）批准签署者的责任。批准签署者应对工艺文件的内容负责，如工艺方案的选择是否能产出质量稳定可靠的产品；工艺文件的完整性、正确性、合理性及协调性；质量控制的可靠性、安全性、环境保护是否符合现行的规定；工艺文件是否贯彻了现行标准和有关规章制度等。

（4）标准化签署者的责任。标准化签署者对工艺文件是否贯彻了标准化现行资料标准和有关规章制度，工艺文件的完整性和签署是否符合工艺文件规定，是否最大限度地采用典型的工艺，工艺文件采用的材料、工具是否符合现行的标准等方面负责。

2）签署的要求

签署人应在规定的签署栏中签署，签署人员应严肃认真，按签署的技术责任履行职责，不允许代签或冒名签署。

10. 工艺文件的更改

工艺文件的更改应遵循的原则有以下几个。

（1）保证生产的顺利进行。

（2）保证更改后能更加合理。

（3）保证底图、复印图相一致。

（4）更改要有记录，便于在必要时查明更改原因。

拟制工艺文件更改通知单：更改通知单由工艺部门拟发，并按规定的签署手续进行更改。其内容应能反映相关部位更改前后的情况，更改的相关部位要表示清楚。若更改涉及其他技术文件，则应同时拟发相应的更改通知单，进行配套更改。

8.2.4 电子产品整机调试

整机调试是为了保证整机的技术指标和设计要求，把经过动、静态调试的各个部件组装在一起进行相关测试，以解决单元部件调试中不能解决的问题。

1. 整机调试的步骤

整机调试一般有以下几个步骤。

1）整机外观检查

整机外观检查主要检查外观部件是否完整、拨动是否灵活。以收音机为例，检查天线、电池夹子、波段开关、刻度盘等项目。

电子产品调试
设备与内容

2）整机的内部结构检查

内部结构检查主要检查内部结构装配的牢固性和可靠性。例如，电视机电路板与机座安装是否牢固；各部件之间的接插线与插座有无虚接；尾板与显像管是否插牢。

3）整机的功耗测试

整机功耗是电子产品设计的一项重要技术指标，测试时常用调压器对整机供电，即用调压器将交流电压调到 220 V，测试正常工作整机的交流电流，将交流电流值乘以 220 V 得到该整机的功率损耗。

（1）通电检查。设备整体通电前应先检查电源极性是否正确、电压输出值是否正确，可以先将电压调至较低值，测试没有问题后再调至要求值。对于被测试的设备，在通电前必须检查被调试单元电路板、元器件之间有无短路、有没有错误连接。一切正常方可通电。

（2）电源调试。空载调试与有载调试。调试主要检查输出电压是否稳定、数值和波形是否达到设计要求。避免电源电路未经调试就加在整机上，而引起整机中电子元器件的损坏。有载调试常常是在初调正常后加额定负载，测试并调整电源的各项性能参数，使其带负载能力增强，达到最佳的值。

（3）整机调试。对于整机，是将各个调试好的小单元进行组装形成的，所以整机装配好后应对各单元的指标参数进行调整，使其符合整机要求。整机调试常常分为静态调试和动态调试。静态调试是测试直流工作状态，分立元器件电路即测试电路的静态工作点，模拟集成电路是测试其各脚对地的电压值、电路耗散功率，对于数字电路应测试其输出电平。动态调试是测试加入负载后电路的工作状况，可以采用波形测试及瞬间观测法等，确定电路是否能够正常工作。

（4）整机技术指标测试。按照整机技术指标要求，对已经调整好的整机技术指标进行测试，判断是否达到质量技术要求，记录测试数据，分析测试结果，写出测试报告。

（5）例行试验。按工艺要求对整机进行可靠性试验、耐久性试验，如振动试验、低温运行试验、高温运行试验、抗干扰试验等。

（6）整机技术指标复测。依然按照整机技术指标要求，对完成例行试验的产品进行整机技术指标测试，记录测试数据，分析测试结果，写出测试报告。与整机技术指标测试结果进行对比，对例行试验后的合格产品包装入库。

2．调试的要点

调试技术包括调整和测试（检验）两部分内容。

（1）调整。主要是对电路参数的调整，使电路达到预定的功能和性能要求。

（2）测试。主要是对电路的各项技术指标和功能进行测量和试验，并同设计的性能指标进行比较，以确定电路是否合格。

3．调试的目的

（1）发现设计缺陷和安装错误，并改进与纠正，或提出改进建议。

（2）通过调整电路参数，确保产品的各项功能和性能指标均达到设计要求。

4．调试的过程

（1）通电前的检查（调试准备）。

（2）通电调试。包括通电观察、静态调试和动态调试。

（3）整机调试。包括外观检查、结构调试、通电检查、电源调试、整机统调、整机技术指标综合测试及例行试验等。

5．调试方法

调试包括测试和调整两个方面。测试和调整是相互依赖，相互补充的，通常统称为调试。因为在实际工作中，二者是一项工作的两个方面，测试、调整、再测试、再调整，直到实现电路设计指标。电子电路的调试，是以达到电路设计指标为目的而进行的一系列的"测量—判断—调整—再测量"的反复进行过程。为了使调试顺利进行，设计的电路图上应当标明各点的电位值、相应的波形图以及其他主要数据。调试方法通常采用先分调后联调（总调）的顺序。众所周知，任何复杂电路都是由一些基本单元电路组成的，因此，调试时可以循着信号的流程，逐级调整各单元电路，使其参数基本符合设计指标。这种调试方法的核心是，把组成电路的各功能块（或基本单元电路）先调试好，并在此基础上逐步扩大调试范围，最后完成整机调试。采用先分调后联调的优点是能及时发现问题和解决问题。新设计的电路一般采用此方法。对于包括模拟电路、数字电路和微机系统的电子装置，更应采用这种方法进行调试。因为只有把三部分分开调试后，分别达到设计指标，并经过信号及电平转换电路后才能实现整机联调；否则，由于各电路要求的输入输出电压和波形不符合要求，盲目进行联调，就可能造成大量的器件损坏。除了上述方法外，对于已定型的产品和需要相互配合才能运行的产品也可采用一次性调试。

测试是对装配技术的总检查，装配质量越高，调试直通率越高，各种装配缺陷和错误都会在调试中暴露出来。调试又是对设计工作的检验，凡是设计工作中考虑不周或存在工艺缺陷的地方都可以通过调试发现，并提供改进和完善产品的依据。

产品从装配开始直到合格品入库，要经过若干个调试阶段，产品调试是装配工作中的工序，是按照生产工艺过程进行的。在调试工序中检测出的不合格产品将被淘汰，由其他工序处理。

样机泛指各种电子产品、试验电路、电子工装以及科研开发设计的各种电子线路。在样机调试过程中，故障检测占了很大比例，而且调试和检测工作都是技术人员完成的。样机调试是技术含量很高的工作，需要扎实的技术基础和一定的实践经验。

按照上述调试电路的原则，具体调试步骤如下。

1）通电观察

把经过准确测量的电源接入电路，观察有无异常现象，包括有无冒烟、是否有异常气味、手摸元器件是否发烫、电源是否有短路现象等。如果出现异常，应立即切断电源，待排除故障后才能再通电。然后测量各路总电源电压和各器件的引脚电源电压，以保证元器件正常工作。通过通电观察，认为电路初步工作正常，就可转入正常调试。

2）静态调试

交流、直流并存是电子电路工作的一个重要特点。一般情况下，直流为交流服务，直流是电路工作的基础。因此，电子电路的调试有静态调试和动态调试之分。静态调试一般是指在没有外加信号的条件下所进行的直流测试和调整过程。例如，通过静态测试模拟电路的静态工作点、数字电路的各输入端和输出端的高、低电平值及逻辑关系等，可以及时发现已经损坏的元器件，判断电路工作情况，并及时调整电路参数，使电路工作状态符合设计要求。

电子产品静态调试

3）动态调试

动态调试是在静态调试的基础上进行的。调试的方法是在电路的输入端接入适当频率和幅值的信号，并循着信号的流向逐级检测各有关点的波形、参数和性能指标。调试的关键是善于对实测的数据、波形和现象进行分析和判断。这需要具备一定的理论知识和调试经验。发现电路中存在的问题和异常现象，应采取不同的方法缩小故障范围，最后设法排除故障。因为电子电路的各项指标互相影响，在调试某项指标时往往会影响另一项指标。实际情况错综复杂，出现的问题多种多样，处理的方法也是灵活多变的。

电子产品动态调试

6. 故障检测方法

查找、判断和确定故障位置及其原因是故障检测的关键，也是一件困难的工作。要求技术人员具有一定的理论基础，同时更要具有丰富的实践经验。下面介绍的几种故障检测方法是从长期实践中总结归纳出来的方法。具体应用中要针对具体检测对象，灵活运用，并不断总结适合自己工作领域的经验方法，才能达到快速、准确、有效排除故障的目的。

1）观察法

观察法是通过人体的感觉，发现电子线路故障的方法，这是一种最简单、最安全的方法，也是各种仪器设备通用的检测过程的第一步。观察法又可分为静态观察法和动态观察法。

（1）静态观察法即不通电观察法。

在线路通电前通过目视检查找出某些故障。实践证明，占线路故障相当比例的焊点失效、导线接头断开、接插件松脱、连接点生锈等故障，完全可以通过观察发现，没有必要对整个电路大动干戈，导致故障升级。静态观察要先外后内，循序渐进。打开机箱前先检查电器外表有无碰伤，按键、插头座电线电缆有无损坏，保险是否烧断等。打开机箱后，先看机内各种装置和元器件有无相碰、断线、烧坏等现象，然后轻轻拨动一些元器件、导线等进行进一步检查。对于试验电路或样机，要对照原理图检查接线和元器件是否符合设计要求，IC引脚有无插错方向或折弯，有无漏焊、桥接等故障。

（2）动态观察法又称通电观察法。

即给线路通电后，运用人体器官检查线路故障，一般情况下还应使用仪表，如电流表、电压表等监视电路状态。通电后，眼要看电路内有无打火、冒烟等现象，耳要听电路内有无异常声音，鼻要闻电器内有无烧焦、烧煳的异味，手要触摸一些管子、集成电路等是否发烫，发现异常立即断电。动态观察配合其他检测方法，易分析判断出故障所在。

2）测量法

测量法是故障检测中使用最广泛、最有效的方法。根据检测的电参数特性又可分为电阻法、电压法、电流法、波形法和逻辑状态法。

（1）电阻是各种电子元器件和电路的基本特征，利用万用表测量电子元器件或电路各点之间电阻值来判断故障的方法称为电阻法。测量电阻值，有

电子产品的检测方法

"在线"和"离线"两种方法，"在线"测量需要考虑被测元器件受其他串并联电路的影响，测量结果应对照原理图进行分析判断，"离线"测量需要将被测元器件或电路从整个印制电路板上脱焊下来，操作较麻烦，但结果准确、可靠。

（2）电子线路正常工作时，线路各点都有一个确定的工作电压，通过测量电压来判断故障的方法称为电压法。电压法是通电检测手段中最基本、最常用的方法，根据电源性质又可分为交流和直流两种电压测量。交流电压测量较为简单，对50 Hz市电升压或降压后的电压只需使用万用表。直流电压测量一般分为3步：测量稳压电路输出端是否正常；各单元电路及电路的关键"点"，如放大电路输出点、外接部件电源端等处电压是否正常；电路主要元器件如晶体管、集成电路各引脚电压是否正常。对这些元器件首先要测电源是否已经加上。根据产品中给出电路理论上各点的正常工作电压或集成电路各引脚的工作电压，与测得的正常电路各点电压进行对比，偏离正常电压较多的部位或元器件往往就是故障所在部位。

（3）电子电路在正常工作时，各部分工作电流是稳定的，偏离正常值较大的部位往往是故障所在，这就是用电流法检测电路故障的原理。电流法有直接测量和间接测量两种方法。直接测量就是用电流表直接串接在欲检测的回路测得电流值的方法，这种方法直观、准确，但往往需要断开导线、脱焊元器件引脚等才能进行测量，因而不大方便。间接测量法实际上是用测电压的方法换算成电流值，这种方法快捷方便，但如果所选测量点的元器件有故障则不容易准确判断。

（4）对交变信号产生和处理电路来说，采用示波器观察各点的波形是最直观、最有效的故障检测方法。波形法主要应用于以下3种情况：测量电路相关点的波形有无或形状相差较大来判断故障，若电路参数不匹配、元器件选择不当或损坏都会引起波形失真；通过观测波

形失真和分析电路可以找出故障原因；利用示波器测量波形的各种参数，如幅值、周期、前后沿、相位等，与正常工作时的波形参数对照，找出故障原因。

（5）逻辑状态法是对数字电路的一种检测方法，对数字电路而言，只需判断电路各部位的逻辑状态即可确定电路工作是否正常。数字逻辑状态主要有高、低两种电平状态，另外还有脉冲串及高阻状态，因而可以使用逻辑笔进行电路检测，逻辑笔具有体积小、使用方便的优点。

3）比较法

有时用多种检测手段及试验方法都不能判定故障所在，并不复杂的比较法却能得到较好结果。常用的比较法有整机比较、调整比较、旁路比较及排除比较等4种方法。

（1）整机比较法是将故障机与同一类型正常工作的机器进行比较，查找故障的方法，这种方法对缺乏资料而本身较复杂的设备尤为适用。整机比较法是以检测法为基础，对可能存在故障的电路部分进行工作点测定和波形观察或者信号监测，通过比较好坏设备的差别发现问题。当然由于每台设备不可能完全一致，对检测结果还要进行分析判断，这些常识性问题需要基本理论指导和日常工作的积累。

（2）调整比较法是通过整机设备可调元器件或改变某些现状，比较调整前后电路的变化来确定故障的一种检测方法。这种方法特别适用于放置时间较长，或经过搬运、跌落等外部条件变化引起故障的设备。运用调整比较法时最忌讳乱调乱动，而又不作标记，调整和改变现状应一步一步改变。随时比较变化前后的状态，发现调整无效或向坏的方向变化应及时恢复。

（3）旁路比较法是用适当容量和耐压的电容对被检测设备电路的某些部位进行旁路比较的检查方法，适用于电源干扰、寄生振荡等故障，因为旁路比较实际上是一种交流短路试验，所以一般情况下先选用一种容量较小的电容，临时跨接在有疑问的电路部位和"地"之间，观察比较故障现象的变化，如果电路向好的方向变化，可适当加大电容容量再试，直到消除故障，根据旁路的部位可以判定故障的部位。

（4）排除比较法是逐一插入组件，同时监视整机或系统，如果系统正常工作，就可排除该组件的嫌疑，再插入另一块组件试验，直到找出故障。有些组合整机或组合系统中往往有若干相同功能和结构的组件，调试中发现系统功能不正常时，不能确定引起故障的组件，这种情况下采用排除比较法容易确认故障所在。注意排除比较法可以采用递加排除法，也可采用递减排除法。多单元系统故障有时不是一个单元组件引起的，这种情况下应多次比较才能排除，采用排除比较法时每次插入或拔出单元组件前都要关断电源，防止带电插拔造成系统损坏。

4）替换法

替换法是用规格性能相同的正常元器件、电路或部件替换电路中被怀疑的相应部分，从而判断故障所在的一种检测方法，也是电路调试、检修中最常用的方法之一。实际应用中，按替换对象的不同，有元器件替换、单元电路替换、部件替换3种方法。

（1）元器件替换除某些电路结构较为方便外，一般都需拆焊操作，这样比较麻烦且容易损坏周边电路或印制电路板，因此，元器件替换一般只作为检测方法均难判别时才采用的方法，并且尽量避免对印制电路板做"大手术"。

（2）当怀疑某单元电路有故障时，用一台同型号或同类型的正常电路替换待查机器的相应单元电路，判定此单元电路是否正常。当电子设备采用单元电路为多板结构时，替换试验是较方便的，因此对现场维修要求较高的设备，尽可能采用可替换的结构，使设备具有维修性。

（3）随着集成电路和安装技术的发展，电子产品向集成度更高、功能更多、体积更小的方向发展。不仅元器件级的替换试验困难，单元电路替换也越来越不方便，过去十几块甚至几十块电路的功能，现在用一块集成电路即可完成，在单位面积的印制电路板上可以容纳更多的电路单元。电路的检测、维修逐渐向板卡级甚至整体方向发展，特别是较为复杂的由若干独立功能件组成的系统，检测主要采用的是部件替换方法。

5）跟踪法

信号传输电路包括信号获取和信号处理，在现代电子电路中占很大比例。跟踪法检测的关键是跟踪信号的传输环节。具体应用中根据电路的种类可有信号寻迹法和信号注入法两种。

（1）信号寻迹法是针对信号产生和处理电路的信号流向寻找信号踪迹的检测方法，具体检测时又可分为正向寻迹（由输入到输出顺序查找）、反向寻迹和等分寻迹 3 种。

正向寻迹是常用的检测方法，可以借助测试仪器逐级定性、定量检测信号，从而确定故障部位。反向寻迹检测仅仅是检测的顺序不同，等分寻迹法是将电路分为两部分，先判定故障在哪一部分，然后将有故障的部分再分为两部分检测，等分寻迹对于单元较多的电路是一种高效的方法。

（2）对于本身不带信号产生电路或信号产生电路有故障的信号处理电路，采用信号注入法是有效的检测方法，信号注入就是在信号处理电路的各级输入端输入已知的外加测试信号，通过终端指示器（如指示仪表、扬声器、显示器等）或检测仪器来判断电路工作状态，从而找出电路故障。

6）旁路法

当有寄生振荡现象时，可以利用适当容量的电容器，选择适当的检查点，将电容临时跨接在检查点与参考接地点之间，如果振荡消失，就表明振荡是产生在此附近或前级电路中；否则就在后面，再移动检查点寻找之。应该指出的是，旁路电容要适当，不宜过大，只要能较好地消除有害信号即可。

7）短路法

短路法就是采取临时性短接一部分电路来寻找故障的方法。

8）断路法

断路法用于检查短路故障最有效。断路法也是一种使故障怀疑点逐步缩小范围的方法。例如，某稳压电源接入一个带有故障的电路，使输出电流过大，可采取依次断开电路某一支路的办法来检查故障。如果断开该支路后电流恢复正常，则故障就发生在此支路。

9）暴露法

有时故障不明显，或时有时无，一时很难确定，此时可采用暴露法。检查虚焊时对电路进行敲击就是暴露法的一种。另外，还可以让电路长时间工作一段时间，如几小时，然后再来检查电路是否正常。这种情况下往往有些临界状态的元器件经不住长时间工作，就会暴露出问题来，然后对症处理。

实际调试时，寻找故障原因的方法多种多样，以上仅列举了几种常用的方法。这些方法的使用可根据设备条件、故障情况灵活掌握。对于简单的故障用一种方法即可查找出故障点，但对于较复杂的故障则需采取多种方法互相补充、互相配合才能找出故障点。

7. 电子产品调试

电子产品调试是电子产品生产过程中一道工序，调试的质量直接影响产品的性能指标。在规模化生产中，每一道工序都有相应的工艺文件，编制先进、合理的调试工艺文件是调试质量的保证。

1) 产品调试工艺的基本要求

（1）技术要求。

保证实现产品设计的技术要求是调试工艺文件的首要任务。将系统或整机技术指标分解落实到每个部件或单元的调试技术指标中，这些被分解的技术指标要能保证在系统或整机调试中达到设计技术指标。

在确定部件调试指标时，为了留有余地，往往要比整机调试指标高，而整机调试指标又比设计指标高。从技术要求角度讲，部件要求越高，整机指标越容易达到。

（2）生产效率要求。

提高生产效率具体到调试工序中，就要求该工序尽可能省时省工。而提高生产效率的关键有以下几方面：对规模生产而言每道工序尽量简化操作，因此尽可能选专用设备及自制工装设备，并有一定冗余；调试步骤及方法尽量简单明了，仪表指示及检测点数不宜过多；尽量采用先进的智能化设备和方法，降低对调试人员技术水平的要求。

（3）经济性。

经济性要求调试成本低，总体上说经济性同技术要求、效率要求是一致的，但在具体工作中往往又是矛盾的，需要统筹兼顾，寻找最佳组合。例如，技术要求高，保证质量和信誉产品，经济效益必然高，但如果调试技术指标定得过高，将使调试难度增加，成品率降低，就会引起经济效益下降。效率要求高，调试工时少，经济效益必然提高，但如果强调效率而大量研制专用设备或采用高价智能调试设备而使设备费用增加过多，也会影响经济效益。

2) 调试工艺文件的内容

无论是整机调试还是部件调试，在具体生产线上都是由若干工作岗位完成的。因此调试工艺文件应包括以下内容。

（1）调试工位顺序及岗位数。

（2）每个调试工位工作内容，即为工位制订的工艺卡。工艺卡包括：工位需要人数及技术等级、工时定额，需要的调试设备、工装及工具、材料，调试线路图（包括接线和具体要求），调试所需资料及要求记录的数据、表格，调试技术要求及具体方法、步骤等。

（3）调试工作的其他说明，如调试责任者的签署及交接手续等。

3) 调试工艺文件的制订

调试工艺文件是产品调试的唯一依据和质量保证。制订合理的调试工艺文件对技术人员的技术和工艺水平要求较高，而制订工艺文件一般经过以下步骤。

（1）了解产品要求和设计过程。在大中型企业中，设计和工艺是两个技术部门，因此负责工艺技术的人员应参加产品设计方案及试制定型的过程，全面了解产品背景和市场要求、工作原理、各项性能指标及结构特点等，为制订合理的工艺奠定技术基础。对于中、小规模生产，往往从产品的设计到具体制造工艺过程都是同一技术部门进行的，则不存在这个问题。

（2）调试样机。样机的调试过程也就是调试工艺的制订和完善过程。技术人员在参与样机的装配、调试过程中，抓住影响整机性能指标的部分作深入细致的调查和研究，在一定范围内变动调试条件和参数，寻求最佳调试指标、步骤和方法，初步制订调试工艺。

（3）小批量试生产调试。一般情况下，一个产品投入大批量生产前需进行小批量试生产，以便检验生产工艺和暴露矛盾。在这个过程中必须随时关注和修订调试工艺中的问题，并努力寻求效率、指标和经济性的最佳配合。由此制订的调试工艺对生产线而言是不能随意改变的。

（4）生产过程中必要的调整和完善。实际生产过程中，有些问题往往是始料不及的，因此即使成熟的工艺也要在实际中不断调整、完善，但这种调整和完善必须由负责该项工作的技术人员签字生效才能实行。

4）产品调试特点

进入批量生产的产品，一般都经过了原理设计、电路试验、样机制作和调试、小批量试生产等阶段，有些较复杂产品还经过原理性样机和工艺性样机等多次试验、调整和完善后，才能投入批量生产。因此，产品的调试与样机调试有很大的不同。

产品调试有以下特点：正常情况下没有原理性错误，工艺性欠缺一般也不会造成调试障碍，由于批量生产采用流水作业，因此如果出现装配性故障，往往都有一定规律，电子元器件和零部件按正常生产程序都经过了检验和测试，一般情况下，调试仅解决元器件特性参数的微小差别，在烤机后调试之前不用考虑它们失效或参数失配问题，产品调试是装配车间的一道工序，调试要求和操作步骤完全按调试工艺卡进行，因此产品调试的关键是制订合理的工艺文件。另外，调试的质量还同生产管理和质量管理水平有直接关系。

8. 调试中的注意事项

调试结果是否正确，很大程度上受测量正确与否和测量精度的影响。为了保证调试的效果，必须减小测量误差，提高测量精度。为此，需注意以下几点。

（1）正确使用测量仪器的接地端。

凡是使用低端接机壳的电子仪器进行测量，仪器的接地端应和放大器的接地端连接在一起；否则仪器机壳引入的干扰不仅会使放大器的工作状态发生变化，而且将使测量结果出现误差。

（2）在信号比较弱的输入端，尽可能用屏蔽线连接。屏蔽线的外屏蔽层要接到公共地线上。在频率比较高时要设法隔离连接线分布电容的影响，如用示波器测量时应该使用有探头的测量线，以减少分布电容的影响。

（3）测量电压所用仪器的输入阻抗必须远大于被测处的等效阻抗。因为，若测量仪器输入阻抗小，则在测量时会引起分流，给测量结果带来很大的误差。

（4）测量仪器的带宽必须大于被测电路的带宽；否则，测试结果就不能反映放大器的真实情况。

（5）要正确选择测量点。用同一台测量仪进行测量时，测量点不同，仪器内阻引进的误差大小将不同。

（6）测量方法要方便可行。需要测量某电路的电流时，一般尽可能测电压而不测电流，因为测电压不必改动被测电路，测量方便。若需知道某一支路的电流值，可以通过测取该支路上电阻两端的电压，经过换算得到。

（7）调试过程中，不但要认真观察和测量，还要善于记录。记录的内容包括试验条件、观察到的现象以及测量的数据、波形和相位关系等。只有了有了大量可靠的试验记录，并与理论结果加以比较，才能发现电路设计上的问题，完善设计方案。

（8）调试时出现故障，要认真查找故障原因。切不可一遇故障解决不了就拆掉线路重新安装。因为重新安装的线路仍可能存在各种问题，如果是原理上的问题，即使重新安装也解决不了。应当把查找故障并分析故障原因看成一次好的学习机会，通过它来不断提高自己分析问题和解决问题的能力。

9. 安全事项

在检修过程中，应当切实注意安全问题。有许多安全注意事项是普遍适用的。有的是针对人身安全的以保护操作人员的安全，有的是针对电子设备的以避免测试仪器和被检设备受到损坏。对于有些专用的精密设备，还有特别的注意事项是需要在使用前引起注意的。

（1）许多电子设备的机壳与内电路的地线相连，测试仪器的地应与被检修设备的地相连。

（2）检修带有高压危险的电子设备（如电视机显像管）时，打开其后盖板时应特别留神。

（3）在连接测试线到高压端子之前，应切断电源。如果做不到这一点，应特别注意避免碰及电路和接地物体。用一只手操作并站在有适当绝缘的地方，可减少电击的危险。

（4）滤波电容可能存有足以伤人的电荷，在检修电路前，应使滤波电容放电。

（5）绝缘层破损可以引起高压危险。在用这种导线进行测试前，应检查测试线是否被划破。

（6）注意仪表使用规则，以免损坏表头。

（7）应该使用带屏蔽的探头。当用探头触及高压电路时，绝不要用手去碰及探头的金属端。

（8）大多数测试仪器对允许输入的电压和电流的最大值都有明确规定，不要超过这一最大值。

（9）防止振动和机械冲击。

（10）测试前应研究待测电路，尽可能使电路与仪器的输出电容相匹配。

（11）在一些测试仪器上可以见到两个国际标准告警符号。一个符号是内有惊叹号的三角形，告诫操作员在使用一个特别端口或控制旋钮时，应按规程去做。另一个符号是表示电击的Z形符号，告诫操作人员在某一位置上有高压危险或使用这些端口或控制旋钮时，应考虑电压极限。

8.2.5 电子产品整机质检

电子产品整机质检

质量检验是生产过程中必要的工序，是保证产品质量的必要手段。检验极其重要，它伴随产品生产的整个过程。检验工作应执行三级检验制，即自检、互检、专职检验。一般讲的检验是指专职检验，即由企业质量部门的专职人员，对产品所需的一切原材料、元器件、零部件、整机等进行观测、比较和判断。

1. 检验工作的基本知识

产品的检验方法分为全检和抽检两种。具体采用哪种方法，要根据产品的特点、要求及生产阶段等情况决定，即要保证产品质量。

（1）全检。全检是对所有产品逐个进行检验。一些可靠性要求严格的产品（如军工产品）、试制产品及在生产条件、生产工艺改变后的部分产品必须进行全检。全检以后的产品可靠性高，但要使用大量的人力和物力，造成生产成本的增加。

（2）抽检。抽检是从待检产品中抽取一部分进行检验。电子产品的批量生产过程中，有些环节不可能也没有必要对生产出的零部件、半成品、成品都采用全检方法。抽检是目前广泛采用的一种检验方法。抽检应在产品设计成熟、工艺规范、设备稳定、工装可靠的前提下进行。抽取样品的量应根据《逐批检查计数抽样程序及抽样表》（GB 2828—1987）抽样标准和待检产品的基数确定。样品抽取时不应从连续生产的样品中抽取，而应从该批产品中任意抽取，抽检的结果要做好记录。不同质量要求的产品，其质量标准也不同，检验时要根据被检产品的检验标准来判断待检产品的合格与否。

2. 验收试验

（1）入库前的检验。产品生产所需的原材料、元器件、外协件等，在包装、存放、运输过程中有可能会出现变质或者有的材料本身就不合格。所以，入库前的检验就成为产品质量可靠性的重要前提。因此，这些材料入库前应按产品技术条件、技术协议进行外观检验或有性能指标的测试，检验合格后方可入库。对判定为不合格的材料则不能使用，并进行严格隔离，以免混料。

电子产品的检验工艺

（2）生产过程中的检验。检验合格的元器件、原材料、外协件在部件组装、整机装配过程中，可能因操作人员的技能水平、质量意识及装配工艺、设备、工装等因素的影响，使组装后的部件、整机有时不能完全符合质量要求。因此，对生产过程中的各道工序都应进行检验，并采用操作人员自检、生产班组互检和专职人员检验相结合的方式。

① 自检就是操作人员根据工序工艺指导卡对自己所装的元器件、零部件的装接质量进行检查，要求对不合格的部件应及时调整或更换，避免流入下道工序。

② 互检就是下道工序对上道工序的装调质量是否符合质量要求的检查，对有问题的部件应及时反馈给上道工序，绝不在不合格部件上进行工序操作。

③ 专职检验一般为部件、整机的后道工序。检验时应根据检验标准，对部件、整机生产过程中各装调工序的质量进行综合检查。检验标准一般以文字、图样形式表达，对一些不便用文字、图样表达的缺陷，应使用实物建立标准样品作为检验依据。

（3）整机检验。整机检验是检查产品经过总装、调试之后是否达到预定功能要求和技术指标的过程。整机检验主要包括直观检验、功能检验和主要性能指标测试等内容。

① 直观检验。直观检验的项目包括：产品是否整洁；面板、机壳表面的涂覆层及装饰件、标志、铭牌等是否齐全，有无损伤；产品的各种连接装置是否完好；各金属件有无锈斑；结构件有无变形、断裂；表面丝印、字迹是否完整、清晰；量程覆盖是否符合要求；转动机构是否灵活；控制开关是否到位等。

② 功能检验。功能检验就是对产品设计所要求的各项功能进行检查。不同的产品有不同的检验内容和要求。例如，对收音机，应检查收音、功放、电平指示等功能。收音机一般通过功能操作及视听方式进行检查，视听过程应注意声音是否失真、有无噪声等，还要注意各波段控制键的操作是否正常。

③ 主要性能指标测试。此项是整机检验的主要内容之一。现行国家标准规定了各种电子产品的基本参数及测量方法，通过检验判断产品是否达到国家和企业的技术标准。检验中一般只对其主要性能指标进行测试。

3. 例行试验

例行试验包括环境试验、机械试验、气候试验、运输试验、特殊试验和寿命试验。为了如实反映产品质量,达到例行试验的目的,例行实验的样品机应在检验合格的整机中随机抽取。

(1)环境试验。环境试验是评价分析环境因素对产品性能影响的试验,它通常是模拟产品在可能遇到的各种自然环境条件下进行的。环境试验是一种检验产品适应环境能力的方法。环境试验的项目是从实际环境中抽象、概括出来的,因此,环境试验可以是模拟一种环境因素的单一试验,也可以是同时模拟多种环境因素的综合试验。

(2)机械试验。不同的电子产品,在运输和使用过程中都会受到不同程度的振动、冲击、离心加速度以及碰撞、摇摆、爆炸等机械力的作用,机械应力可能使电子产品内部元器件的电气参数发生变化甚至损坏。一般包括振动试验、冲击试验、离心加速度试验等。

另外,还有气候试验(高温测试、低温试验、温度循环试验、潮湿试验、低气压试验)、运输试验、特殊试验、寿命试验等多种试验。

8.3 任务实施

8.3.1 单片机试验板制作

单片机试验板由主电路板和下载电路板两部分组成,主要包括电源电路、最小系统电路、流水灯(交通灯)电路、键盘电路、数码显示电路、ISP下载接口电路、串行通信电路、数字温度传感器电路、继电器控制电路、蜂鸣器电路、时钟电路、ISP下载线等。

1. 单片机试验板元器件明细表

单片机试验板要按照上述的电气组装工艺进行分步组装。单片机试验板元器件明细表见表8-11。

表8-11 单片机试验板元器件明细表

序号	元器件名称	规格型号	数量	标号
1	电路板		1块	
2	下载板		1块	
3	微动开关	6×6×4.3	11只	$S_0 \sim S_{10}$
4	按键开关	6×8自锁开关	1只	SB_0
5	发光二极管红	$\phi 3$	5个	VD_1、VD_4、VD_7、VD_{10}、VD_{15}
6	发光二极管黄	$\phi 3$	4个	VD_2、VD_5、VD_8、VD_{11}
7	发光二极管绿	$\phi 3$	5个	VD_3、VD_6、VD_9、VD_{12}、VD_0
8	数码管	LG5011BSR	6只	$L_0 \sim L_5$
9	瓷片电容	104	6个	$C_2 \sim C_7$
10	瓷片电容	10 pF	1个	C_{12}
11	瓷片电容	15 pF	1个	C_{11}

续表

序号	元器件名称	规格型号	数量	标号
12	瓷片电容	30 pF	2 个	C_9、C_{10}
13	电解电容	22 μF/16 V	1 个	C_8
14	电解电容	470 μF/16 V	1 个	C_1
15	1/16 W 金属膜电阻	1 kΩ	25 个	$R_0 \sim R_{19}$、$R_{21} \sim R_{24}$、R_{34}
16	1/16 W 金属膜电阻	3.3 kΩ	2 个	R_{35}、R_{36}
17	1/16 W 金属膜电阻	4.7 kΩ	1 个	R_{20}
18	1/16 W 金属膜电阻	10 kΩ	1 个	R_{25}
19	1/16 W 金属膜电阻	120 Ω	1 个	R_{37}
20	1/16 W 金属膜电阻	220 Ω	8 个	$R_{26} \sim R_{33}$
21	电阻排	A103J	4 个	$R_{P1} \sim R_{P4}$
22	晶体振荡器	49S – 12 MHz	1 只	Y_1
23	晶体振荡器	32 768 Hz	1 只	Y_2
24	集成电路	74HC244 – P	1 片	U_2
25	单片机	AT89S52 – P	1 片	U_1
26	蜂鸣器	5 V	1 只	FMQ
27	温度传感器	DS18B20	1 只	U_3
28	时钟芯片	PCF8563P	1 片	U_4
29	集成电路	SN75176 – P	1 片	U_7
30	光耦	TL521 – P	1 片	U_6
31	继电器	SRD – S – 105D	1 只	
32	二极管	1N4007 – P	1 只	VD_{16}
33	二极管	1N4148 – P	2 只	VD_{13}、VD_{14}
34	三极管	S9012 – P	7 只	$VT_1 \sim VT_7$
35	三极管	2SK2230 – P	1 只	VT_8
36	接插件	XH – 2P（2.54 – 直针）	1 套	J_1
37	接插件	XH – 4P（2.54 – 直针）	2 套	JP_1、J_4
38	接插件	301 端子 – 3P（蓝 5.0）	1 个	J_3
39	单插针	3 针（2.54）	6 个	$S_{11} \sim S_{16}$
40	跳线帽		6 个	$S_{11} \sim S_{16}$

续表

序号	元器件名称	规格型号	数量	标号
41	电源接头	R1.5电源接头	1个	J_2
42	USB插座	USB-B座	1个	J_5
43	下载线插座	DC310P	1个	J_6
44	下载线插头		1个	J_6
45	IC座	DIP40IC（圆孔）座	1个	U_1
46	IC座	DIP8IC座	3个	U_4、U_5、U_7
47	IC座	DIP20IC座	1个	U_2
48	排线	10P线	1 m	
49	USB线	USBAB型电缆	1根	
50	DB25	针、壳、体	1套	
51	集成电路	74HC244-S	1片	下载板
52	贴片二极管	1N4148-S	1个	下载板
53	贴片电容	0805F104M	1个	下载板
54	贴片电阻	0805J100K	1个	下载板

2．制作前的准备和注意事项

1）制作前的技术准备和生产准备

技术准备工作主要是指阅读、了解产品的图纸资料和工艺文件，熟悉部件、整机的设计图纸、技术条件及工艺要求等。生产准备工作包括工具、夹具和量具的准备。备好全部材料、零部件和各种辅助用料。

2）制作的基本要求

（1）零件和部件应清洗干净，妥善保管待用。

（2）备用的元器件、导线、电缆及其他加工件，应满足装配时的要求，如元器件引出线校直、弯脚等。

（3）采用锡焊方法安装电气时，应将已备好的元器件、引线及其他部件焊接在安装底板所规定的位置上，然后清除一切多余的杂物和污物，才能进入下道工序。

3）使用的工具

使用合适的工具，可以大大提高装配工作的效率和产品质量。电子产品装配常用的工具有电烙铁、尖嘴钳、斜口钳、镊子、剪子、改锥（大、中、小各一件）、钢皮尺、扳手等普通工具。专用工具有导线剥头钳、开口螺钉旋具等。

4）电烙铁使用的注意事项

电烙铁是手工施焊的主要工具，是电子产品装配人员常用工具之一，选择合适的电烙铁，合理地使用它，是保证焊接质量的基础。

（1）烙铁头初次通电升温时，应先浸上松香，再把焊锡均匀熔化在烙铁头上，即进行上锡。

（2）电烙铁内的加热芯在加热状态下应避免振动，使用时应轻拿轻放，不能用来敲击。

（3）使用电烙铁时应握持其手柄部位，常用的握持方法有3种。

① 握笔型。此法适用于小功率的电烙铁，焊接散热量小的被焊件，如焊接收音机、电视机的印制电路板及其维修。

② 反握型。就是手心朝上握住手柄，此法适用于大功率电烙铁，焊接散热量较大的被焊件。这种握法需要一段时间才能适应，但是动作稳定、不易疲劳。

③ 正握型。就是手心朝下握住手柄，此法使用的电烙铁也比较大，且多为弯形烙铁头，使用弯把烙铁时一般用此种握法。

（4）电烙铁金属管的温度很高，一般大于200 ℃，因此千万不可用手触摸。

（5）停止使用时，应拔出电源插头。

（6）电烙铁头要经常保持清洁，间隔一定的时间应将烙铁头取出，倒去氧化物，重新插入拧紧，防止烙铁头与加热芯烧结在一起。

（7）不可将烙铁头上多余的锡乱甩，应注意周围他人安全。

（8）烙铁头应经常保持清洁，可以沾一些松香清洁，也可用耐高温的湿海绵擦除烙铁头上的脏物。

3. 单片机试验板制作过程

电路板主板制作过程可以分为下面5个步骤进行。

第一步：装配电阻、二极管。

装配注意事项：先将电阻、二极管等元件整形，使元件刚好插入装配位置，先固定，调整合格后进行满焊。安装二极管时注意极性。第一步装配效果如图8-3所示。

第二步：装配晶体元件、集成电路、IC座。

装配注意事项：晶体元件比较金贵，要轻拿轻放；要注意光电耦合器的方向；IC座要朝安装电路板的方向装配，要保证所有引脚均插入过孔才能进行焊接；阻排安装时注意带"黑点"标识的一端安装在电路板上有方焊盘的位置，不要装错。发光二极管安装时注意极性、不同颜色装配位置，装配位置模拟十字路口交通灯，在安装位置的中间向4个路口方向看，从左至右依次为绿色、黄色、红色。第二步装配效果如图8-4所示。

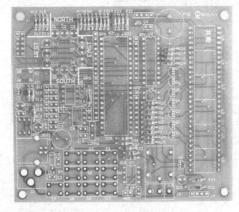

图8-3　第一步装配效果

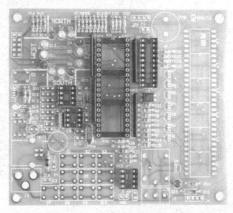

图8-4　第二步装配效果

第三步：装配按键、发光二极管、三极管、数字温度传感器。

装配注意事项：由于数字温度传感器的封装外形与三极管相同，应注意区分，还要注意区分三极管的类型，不要安错位置。安装三极管、数字温度传感器时均应注意安装方向。第三步装配效果如图 8-5 所示。

第四步：装配数码管、蜂鸣器、接插件。

装配注意事项：注意蜂鸣器安装方向，有极性；注意数码管安装方向；注意 ISP 下载线插座安装方向；接插件 J_3 安装时注意开口向电路板外侧。第四步装配效果如图 8-6 所示。

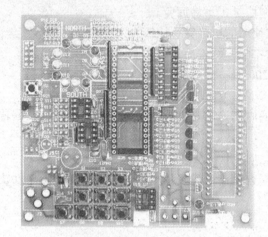
图 8-5　第三步装配效果

图 8-6　第四步装配效果

第五步：装配电源插座、USB 插座、电源开关、电解电容、继电器。

装配注意事项：电源插座、USB 插座焊接时要固定牢固，所有焊盘要焊满；电解电容装配过程中要注意极性。第五步装配效果如图 8-7 所示。

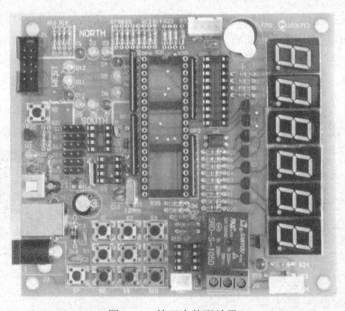
图 8-7　第五步装配效果

4. 下载线装配过程及注意事项

（1）排线制作注意事项。有标志的排线为 1 号线，其他线按照顺序依次为 2～10 号，3 号剪断，4、6、8、10 号线剥皮并绞合浸锡，其他排线剥皮浸锡后将多余芯线剪断，留 1.5 mm 长。排线剥头浸锡如图 8-8 所示。

（2）排线焊接注意事项。要先在电路板相应焊盘上锡，然后再焊接，安装位置比较紧密，注意不要短路。排线焊接效果如图 8-9 所示。

（3）并口插座焊接注意事项。先固定一只引脚，调整并口位置，使并口接口引脚与下载线电路板两面对正后再满焊。安装固定线卡时注意不要压线。装配完成的 ISP 下载线如图 8-10 所示。

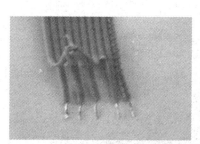  

图 8-8　排线剥头浸锡　　　图 8-9　排线焊接效果　　　图 8-10　装配完成的 ISP 下载线

8.3.2　多功能无线蓝牙音响制作及调试

多功能蓝牙音响具有蓝牙接收、免提通话、可前进快退、插卡 MP3 播放、AUX 功能、遥控、收音机等多种功能，可以遥控切换工作模式或调解。

总装任务：核心电路板已经制作完成，将音响外壳与电路固定，将喇叭按要求安装，并将外部电路接线、天线、开关、电池、音源输入接口等进行安装、连接，完成电气连接和安装后总装。

总装后，先进行检查，检查是否有虚焊、短路、断路等情况，若无故障，通电逐项检查其性能。

1. 总装流程

（1）检查、确认音响的各部分组成单元、零部件的完整性，是否齐套，有无零部件的瑕疵或损坏，一旦发现则要申请替换。

（2）确认零部件的安装方向。

（3）按照图例进行安装。

（4）按照指定的线色进行相应的焊接连接。

2. 音响组装注意事项及组装图例说明

（1）找到外壳 6 块拼板，分清楚哪块是音响哪个面的，去除多余的未去掉部分，去掉外壳拼板两面的保护纸，见图 8-11 至图 8-14。

图8-11 音响组装图例一

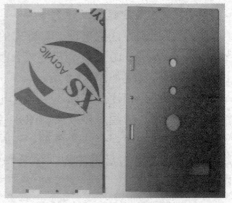
图8-12 音响组装图例二

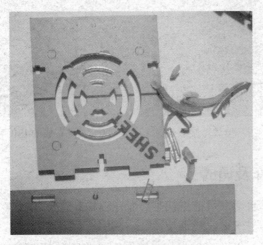
图8-13 音响组装图例三

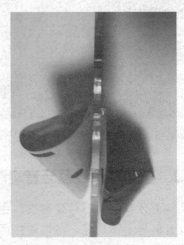
图8-14 音响组装图例四

（2）主板和主板接线见图8-15和图8-16。

图8-15 主板

（3）音响操作面板见图8-17，面板在外壳上的安装及方向见图8-18。

项目 8 电子产品整机的成套装配工艺

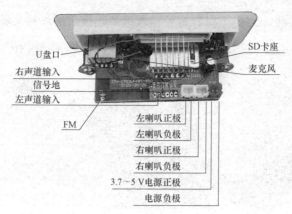

图 8-16 主板接线

图 8-17 音响操作面板

（4）两个扬声器的安装见图 8-19。注意安装方向。

图 8-18 面板在外壳上的安装及方向

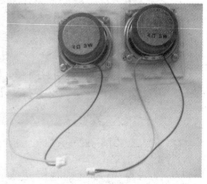

图 8-19 扬声器的安装

（5）电源开关、天线、充电插口、音频输入接口的安装见图 8-20。

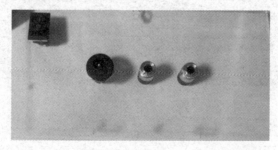

图 8-20 电源开关、充电插口、音频输入接口

（6）电源开关、天线、充电插口、音频输入接口连接线的焊接见图 8-21。

图 8-21　连接线的焊接

（7）天线与主板的焊接连接见图 8-22。只需要接一条线，焊接在插座最长的脚上即可。另一端焊接在主板的 E1 焊盘上。

（8）音频输入线与主板焊接连接见图 8-23。插座的长脚接地，另外两条线是左、右声道的输入，分别焊接到主板的相应位置即可，不做区分。

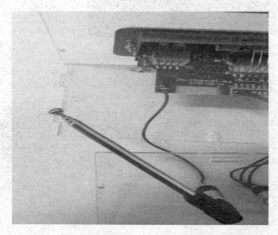 

图 8-22　天线与主板的焊接连接　　　　图 8-23　音频输入线与主板焊接连接

（9）总装。各部分都制作完成后，进行总装。将插头插入相对应的插座中。注意整理线材，适当采用捆扎，减少线路的交叉。固定好紧固螺钉，整机装配完成，见图 8-24。

图 8-24　整机装配完成

3. 多功能蓝牙音响调试条件说明

1）开关机

OFF/ON 电源开关：假关机（不断电情况下，仅关掉面板开关，会保持低电量耗电）。

开机：将电源开关拨至"ON"位置。

关机：将电源开关拨至"OFF"位置。

2）MP3 播放

开机状态下插入复制了 MP3 歌曲的 U 盘或者 SD 卡，机器将自动识别并播放，播放 MP3 时按键功能如下。

"上一曲"：短按时则播放上一首歌曲，长按时则音量减小。

"播放/暂停"：按第一次时则暂停正在播放的歌曲，再次按下时则还原成播放状态。

"下一曲"：短按时则播放下一首歌曲，长按时则音量加大。

"MODE"：机器工作模式选择，切换 SD 卡、U 盘、时钟、FM、蓝牙、LINE 模式。

3）FM 模式

使用"MODE"键将机器切换至 FM 状态。"上一曲"：短按为自高往低搜索电台，长按为音量减；"播放/暂停"：短按为自动搜索并存储电台；"下一曲"：短按为自低往高搜索电台，长按为音量加。

4）LINE 模式

按面板上的"MODE"键将机器切换至"LINE"状态。音源由"LINE/DC"输入，音量由外接音源设备控制，也可以由"上一曲"和"下一曲"键来调节音量。调节方法与 MP3 的音量调节相同。

5）时钟调节

按面板上的"MODE"键将机器切换至"时钟"状态，按"播放/暂停"键选择时或分，此时选中的部分闪烁，再按"上一曲"或"下一曲"键调节时间。注意：每次开机后都要重新调整时间。

6）蓝牙模式

按面板上的"MODE"键将机器切换至"BLUE"状态，打开带蓝牙功能的音频设备，搜索到"ZTV-CT02EA"并与之连接，音量可由外接音源设备控制，也可以由长按"上一曲"和"下一曲"键来调节音量；电话呼入时短按"播放/暂停"键为接听电话，长按为拒接。

电话呼出或者通话中时短按"播放/暂停"键为挂机。

8.4 知识拓展

8.4.1 电子产品的可靠性分析

电子产品设计可靠性是指电子产品在规定的条件下，在给定的时间内执行所要求的功能不出现失效的概率。提高产品可靠性是提高产品完好性和工作成功性，减少维修和寿命周期费用的重要途径，在产品研制过程中，深入开展可靠性工程，对提高产品可靠性具有十分重要的意义。

可靠性可以综合反映产品的质量。电子元件的可靠性是电子设备可靠性的基础，要提高设备或系统的可靠性必须提高电子元件的可靠性。可靠性是电子元件的重要质量指标，须加以考核和检验。

1. 可靠性的指标

衡量可靠性的指标很多，常见的有以下几种。

（1）可靠度 $R(t)$，即在规定条件下、规定时间内完成规定功能的概率，也称平均无故障时间 MTBF。

（2）平均维修时间 MTTR，是指产品从发现故障到恢复规定功能所需要的时间。

（3）失效率 $\lambda(t)$，是指产品在规定的使用条件下使用到时刻 t 后，产品失效的概率。

（4）有效度 $A(t)$，指产品能正常工作或发生故障后在规定时间内能修复，而不影响正常生产的概率大小等。

产品的可靠性变化一般都有一定的规律，其特征曲线如图 8-25 所示，由于其形状像浴盆，通常称之为"浴盆曲线"。

新产品从安装调试过程至移交生产试用阶段，由于设计、制造中的缺陷，零部件加工质量以及操作工人尚未全部熟练掌握等原因，致使这一阶段故障较多，问题充分暴露，这一阶段称为早期失效期。

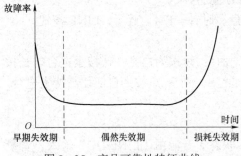

图 8-25 产品可靠性特征曲线

通过修正设计、改进工艺、老化元器件以及整机试验等，使产品进入稳定的偶然失效期。这时产品已经稳定，操作工人已逐步掌握了产品的性能、原理和调整的特点，故障明显减少，产品进入正常运行阶段。

在这一阶段所发生的故障，一般是由于维护不当、使用不当、工作条件（负荷、温度、环境等）劣化等原因，或者由于材料缺陷、控制失灵、结构不合理等设计、制造上存在的问题所致。使用一段时间后，由于器件耗损、整机老化及维护等原因，产品进入了损耗失效期。

随着使用时间延长，各元器件因磨损、腐蚀、疲劳、材料老化等逐渐加剧而失效，致使产品故障增多、效能下降，为排除故障所需时间和排除故障的难度都逐渐增加，维修费用上升。

2. 影响电子元器件可靠性的因素

1）设计不合理

根据元器件失效分析统计情况，电子元器件的失效不仅仅是电子元器件本身的品质问题，还有些是由于设计不合理引起的。

2）人为因素

元器件在运输、检验、安装等情况下，都可以导致元器件的失效。造成失效的因素有：电子元器件在运输中和在车辆的应用中受到的振动、冲击、碰撞等机械应力；在印制电路板焊接时的过热现象；在开关打开或关闭时产生的浪涌电压；发动机产生的噪声；干燥环境下的静电影响；生产场地周围的电磁场；以及印制电路板焊接完后，清洁工作中产生的超声振动等因素。

3）自然环境因素

自然环境条件严重影响产品的可靠性，给国民经济造成重大损失。据美国国家标准局近年的调查,由于腐蚀使美国每年的损失相当于国民生产总值的4%,这比美国每年的水灾、风灾、雷击和地震等自然灾害所造成损失的总和还要严重。美国曾经对机载电子设备全年的故障进行剖析,发现故障的原因如下:50%以上的故障是由各种环境所致,而温度、振动、湿度等3项环境造成电子设备43.58%的故障率。所以,温度、振动、湿度等环境条件对电子设备及设备中电子元器件的影响必须引起足够的重视。

4)其他因素

除了由于自然环境和人为失误引起的物理应力外,电子元器件制造设备或系统的操作条件也可影响到电子元器件的可靠性。实际上,组合环境对可靠性的危害要比单个环境的影响更大,如温度和湿度的并存作用往往是引起电子元器件腐蚀的主要原因。

3. 电子产品可靠性设计必须注意的事项

1)产品使用因素

温度、湿度、振动、腐蚀、污染、产品可能承受的压力、服务的严酷度、静电释放环境、射频干扰、吞吐量、应力强度等都是产品使用的因素,必须考查。

2)设计失效模式分析

就实际情况而言,了解失效的潜在原因是防止失效的根本,要预知所有这些原因几乎是不切实际的,所以还必须考虑到所涉及的不确定性。在设计、开发制造和服务过程中,可靠性工程方面的努力应该注重所有"可预计"和"可能未预计"的失效原因,以确保防止发生失效或使发生失效的概率最小。

3)失效模式和影响分析

失效模式和影响分析是指对系统进行分析,以识别潜在失效模式、失效原因及对系统性能(包括组件、系统或者过程的性能)影响的系统化程序。此项分析应尽可能在开发周期的早期阶段成功进行,以获得消除或减少失效模式的最佳效费比。

失效模式和影响分析可描述为一组系统化的活动,目的是发现和评价产品过程中潜在的失效及后果;找到能够避免或减少这些潜在失效发生的措施。它是对设计过程的更加完善化,以明确必须做什么样的设计和过程才能满足顾客的需要。

4)容差和最差案例分析

使用各种数学计算分析技术(如总和平方根、极值分析和统计公差)以使影响可靠性的变差特性化。主要分析产品的组成部分在规定的使用范围内,其参数偏差和寄生参数对性能容差的影响,并根据分析结果提出相应的改进措施。

电路容差分析工作应用在产品详细设计阶段,已经具备了电路的详细设计资料后完成。电路性能参数发生变化的主要表现有性能不稳定、参数发生漂移、退化等,造成这种现象的原因有组成电路零部件参数存在公差、环境条件的变化产生参数漂移、退化效应。设计过程中要分析电路上、下限工作条件。

5)最坏情况分析法

最坏情况分析法是分析电路组成部分参数最坏组合情况下的电路性能参数偏差的一种非概率统计方法。它利用已知零部件参数的变化极限来预计系统性能参数变化是否超过了允许范围。最坏情况分析法可以预测某个系统是否发生漂移故障,并提供改进方向,该方法简便、直观。但分析的结果偏于保守。

4. 电子产品可靠性设计内容

在产品设计过程中，为消除产品的潜在缺陷和薄弱环节，防止故障发生，以确保满足规定的固有可靠性要求所采取的技术活动，叫作产品可靠性设计。可靠性设计是可靠性工程的重要组成部分，是实现产品固有可靠性要求的最关键环节，是在可靠性分析的基础上通过制定和贯彻可靠性设计准则来实现的。

在产品研制过程中，常用的可靠性设计原则和方法有元器件选择和控制、热设计、简化设计、降额设计、冗余和容错设计、环境防护设计、健壮设计和人为因素设计等。除了元器件选择和控制、热设计主要用于电子产品的可靠性设计外，其余的设计原则及方法均适用于电子产品和机械产品的可靠性设计。

1）可靠性设计

可靠性设计方法包括：元器件的选型、购买、运输、储存；元器件的老化、筛选、测试；降额设计；冗余设计；电磁兼容设计；故障自动检测诊断；软件可靠性设计；失效保险；热设计；EMC 设计；安规设计；环境设计；电路设计关键等。

电路设计关键包括防电流倒灌、热插拔、过流保护、反射波干扰、电源干扰、静电防护、商店复位设计、看门狗设计、时钟信号驱动设计、高速信号匹配设计、印制电路板布线检查、去耦电容检查等。

2）可靠性测试

其主要包括环境适应性测试、EMC 测试、其他测试等。

（1）环境适应性测试，包括：高温测试（高温运行、高温储存）；低温测试（低温运行、低温储存）；高低温交变测试（温度循环测试、热冲击测试）；高温高湿测试（湿热储存、湿热循环）；机械振动测试（随机振动测试、扫频振动测试）；运输测试（模拟运输测试、碰撞测试）；机械冲击测试；开关电测试；源拉偏测试；冷启动测试；盐雾测试；淋雨测试；尘沙测试；防硫化测试等。

（2）EMC 测试，主要包括：传导发射；辐射发射；静电抗扰性测试；电快速脉冲串抗扰性测试；浪涌抗扰性测试；射频辐射抗扰性测试；传导抗扰性测试；电源跌落抗扰性测试；工频磁场抗扰性测试；电力线接触；电力线感应等。

（3）其他测试，主要包括外观测试、寿命测试、软件测试等。

① 外观测试，包括：附着力测试；耐磨性测试；耐醇性测试；硬度测试；耐手汗测试；耐化妆品测试等。

② 寿命测试，包括：某器件在活动部件的活动次数；某部件（如电视遥控器）的使用寿命；两个器件拔插连接的拔插次数等。

③ 软件测试，包括：基本性能测试；兼容性测试；边界测试；竞争测试；压迫测试；异常条件测试等。

8.4.2 电子产品生产的全面质量管理

产品的生产过程是一个质量管理的过程，产品生产过程包括设计阶段、试制阶段和制造阶段。如果在产品生产的某个阶段有质量问题，那么该产品最终的成品一定也存在质量问题。由于一个电子产品有许多元器件、零部件经过多道工序制造而成，全面的质量管理工作显得格外重要。质量是衡量产品适用性的一种度量，它包括产品的性能、寿命、可靠性、安全性、经济性等方面的内容。产品质量的优劣决定了产品的销路和企业的命运。

为了向用户提供满意的产品和服务，提高电子企业和产品的竞争能力，世界各国都在积极推行全面质量管理。全面质量管理涉及产品的品质质量、制造产品的工序质量和工作质量以及影响产品的各种直接或间接的质量工作。全面质量管理贯穿于产品从设计到售后服务的整个过程，要动员企业的全体员工参加。

1. 产品设计阶段的质量管理

设计过程是产品质量产生和形成的起点。要设计出具有高性价比的产品，必须从源头上把好质量关。设计阶段的任务是通过调研，确定设计任务书，选择最佳设计方案，根据批准的设计任务书，进行产品全面设计，编制产品设计文件和必要的工艺文件。本阶段与质量管理有关内容主要有以下几个方面。

（1）对新产品设计进行调研和用户访问，调查市场需求及用户对产品质量的要求，搜集国内外有关的技术文献、情报资料，掌握它们的质量情况与生产技术水平。

（2）拟定研究方案，提出专题研究课题，明确主要技术要求，对各专题研究课题进行理论分析、计算，探讨解决问题的途径，编制设计任务书草案。

（3）根据设计任务书草案进行试验，找出关键技术问题，成立技术攻关小组，解决技术难点，初步确定设计方案。突破复杂的关键技术，提出产品设计方案，确定设计任务书，审查批准研究任务书和研究方案。

（4）下达设计任务书，确定研制产品的目的、要求及主要技术性能指标。根据理论计算和必要的试验合理分配参数，确定采用的工作原理、基本组成部分、主要的新材料以及结构和工艺上主要问题的解决方案。根据用户的要求，从产品的性能指标、可靠性、价格、使用、维修以及批量生产等方面进行设计方案论证，形成产品设计方案的论证报告，确定产品最佳设计方案和质量标准。

（5）按照适用、可靠、用户满意、经济合理的质量标准进行技术设计和样机制造。对技术指标进行调整和分配，并考虑生产时的裕量，确定产品设计工作图纸及技术条件；对结构设计进行工艺性审查，制订工艺方案，设计制造必要的工艺装置和专用设备；制造零、部、整件与样机。

（6）进行相关文件编制。编制产品设计工作图纸、工艺性审查报告、必要的工艺文件、标准化审查报告及产品的技术经济分析报告；拟定标准化综合要求；编制技术设计文件；试验关键工艺和新工艺，确定产品需用的原材料、协作配套件及外购件汇总表。

2. 试制阶段的质量管理

试制过程包括产品设计定型、小批量生产两个过程。该阶段的主要工作是要对研制出的样机进行使用现场的试验和鉴定，对产品的主要性能和工艺质量做出全面的评价，进行产品定型。补充完善工艺文件，进行小批量生产，全面考验设计文件和技术文件的正确性，进一步稳定和改进工艺。本阶段与质量管理内容有关的因素主要有以下几个方面。

（1）现场试验。检查产品是否符合设计任务书规定的主要性能指标和要求，通过试验编写技术说明书，并修改产品设计文件。

（2）对产品进行装配、调试、检验及各项试验工作，做好原始记录，统计分析各种技术定额，进行产品成本核算，召开设计定型会，对样机试生产提出结论性意见。

（3）调整工艺装置，补充设计制造批量生产所需的工艺装置、专用设备及其设计图纸。

进行工艺质量的评审,补充完善工艺文件,形成对各项工艺文件的审查结论。

(4)在小批量试制中,认真进行工艺验证。通过试生产,分析生产过程的质量,验证电装、工装、设备、工艺操作规程、产品结构、原材料、生产环境等方面的工作,考查能否达到预定的设计质量标准,如达不到标准要求,则需进一步调整与完善。

(5)制定产品技术标准、技术文件,取得产品监督检查机构的鉴定合格证书,完善产品质量检测手段。

(6)编制和完善全套工艺文件,制订批量生产的工艺方案,进行工艺标准化和工艺质量审查,形成工艺文件成套性审查结论。

(7)按照生产定型条件,企业产品鉴定,召开生产定型会,审查其各项技术指标(标准)是否符合国际或国家的规定,不断提高产品的标准化、系列化和通用程度,得出结论性意见。

(8)培训人员,指导批量生产,确定批量生产时的流水线,拟定正式生产时的工时及材料消耗定额,计算产品劳动量及成本。

3. 电子产品制造过程的质量管理

制造过程是指产品大批量生产过程,这一过程的质量管理内容有以下几个方面。

(1)按工艺文件在各工序、各工种、制造中的各个环节设置质量监控点,严把质量关。

(2)严格执行各项质量控制工艺要求,做到不合格的原材料不上机、不合格的零部件不转到下道工序、不合格的整机产品不出厂。

(3)定期计量鉴定、维修保养各类测量工具、仪器仪表,保证规定的精度标准。生产线上尽量使用自动化设备,尽可能避免手工操作。有的生产线上还要有防静电设备,确保零部件不被损坏。

(4)加强员工的质量意识培养,提高员工对质量要求的自觉性。必须根据需要对各岗位上的员工进行培训与考核,考核合格后才能上岗。

(5)加强其他生产辅助部门的管理。

知识梳理

(1)电子产品整机装配基础、工艺过程、文件识读与编制、调试与检验。电子产品整机装配的基本要求、工艺流程、检验方法和工艺原则。

(2)用电安全、通用工艺、两种整机制作、整机调试,电子产品安全操作规程装配过程和注意事项,整机装配过程,实际的项目制作过程。

(3)电子产品质量,生产和全面质量管理,生产过程管理。电子产品质量是管理出来的,不是检验出来的。

思考与练习

(1)电子产品整机装配的工艺要求有哪些?

(2)电子产品总装的基本要求有哪些?

(3)简述电子产品总装的工艺过程。

(4)电子产品整机装配原则具体包括哪些内容?

（5）简述工艺文件内容。
（6）整套工艺文件应当包括哪些文件？
（7）整机调试一般有哪些步骤？
（8）简述产品在设计、试制和制造过程中的质量管理工作。

参 考 文 献

[1] 王卫平. 电子产品制造工艺［M］. 北京：高等教育出版社，2011.
[2] 李宗宝. 电子产品生产工艺［M］. 北京：机械工业出版社，2011.
[3] 廖芳. 电子产品制作工艺实训［M］. 北京：电子工业出版社，2012.
[4] 蔡建军. 电子产品工艺与标准化［M］. 北京：北京理工大学出版社，2012.
[5] 张俭，刘勇. 电子产品生产工艺与调试［M］. 北京：电子工业出版社，2016.
[6] 辜小兵. SMT工艺［M］. 北京：高等教育出版社，2012.
[7] 王成安. 电子产品生产工艺与生产管理［M］. 北京：北京邮电大学出版社，2010.
[8] 张文典. 实用表面贴装技术［M］. 北京：电子工业出版社，2010.
[9] 吴懿平，鲜飞. 电子组装技术［M］. 武汉：华中科技大学出版社，2006.
[10] 王天曦，王豫明. 贴片工艺与设备［M］. 北京：电子工业出版社，2008.
[11] 万少华. 电子产品结构与工艺［M］. 北京：北京邮电大学出版社，2008.
[12] 牛百齐，周新虹，王芳. 电子产品工艺与治理管理［M］. 北京：机械工艺出版社，2018.
[13] 赵便华. 电子产品工艺与管理［M］. 北京：机械工业出版社，2010.
[14] 徐中贵. 电子产品生产工艺与管理［M］. 北京：北京大学出版社，2015.